SUMMARY OF MACHINING

機械工作要論

4TH EDITION

第4版

工学博士
浅田千秋＝序
大西久治＝著／**伊藤 猛**＝改訂

Ohmsha

本書を発行するにあたって、内容に誤りのないようできる限りの注意を払いましたが、本書の内容を適用した結果生じたこと、また、適用できなかった結果について、著者、出版社とも一切の責任を負いませんのでご了承ください。

本書に掲載されている会社名・製品名は一般に各社の登録商標または商標です。

本書は、「著作権法」によって、著作権等の権利が保護されている著作物です。本書の複製権・翻訳権・上映権・譲渡権・公衆送信権（送信可能化権を含む）は著作権者が保有しています。本書の全部または一部につき、無断で転載、複写複製、電子的装置への入力等をされると、著作権等の権利侵害となる場合があります。また、代行業者等の第三者によるスキャンやデジタル化は、たとえ個人や家庭内での利用であっても著作権法上認められておりませんので、ご注意ください。
本書の無断複写は、著作権法上の制限事項を除き、禁じられています。本書の複写複製を希望される場合は、そのつど事前に下記へ連絡して許諾を得てください。

出版者著作権管理機構
（電話 03-5244-5088、FAX 03-5244-5089、e-mail：info@jcopy.or.jp）

JCOPY ＜出版者著作権管理機構 委託出版物＞

序

　本書の原著者，大西久治氏は，永年，名古屋市立工業高等学校の名校長として，すぐれた業績を残された方であるが，そのかたわら，本書の奥付に見られるように，数々のすぐれた書物を著され，広く日本全国にその工業教育の波を拡げられた篤学の士である．およそ校長職というものは激務であって，そのかたわら何ごとかをなすということは至難のわざと思われるが，このことは氏がいかに努力の人であり，一方では同僚，後輩にいかに慕われていたかを示すもので，多くの人々が氏にあらゆる協力を惜しむことがなかったのである．

　本書がここに，氏のよき後継者であり，すぐれた協力者である伊藤猛氏によってみごとに改訂され，再び世に問われるに至ったことが，これらのすべてを物語っている．本書が広く江湖に迎え入れられることを願って，推せんのことばとしたい．

　　1986年10月

　　　　　　　　　　　　　　　　　大同工業大学名誉学長
　　　　　　　　　　　　　　　　　工学博士　浅 田 千 秋

はしがき

　機械工作は，設計図に基づいて部品をつくり，これを組み立てていろいろな機械を生産することです．技術の究極の目的は，製品をつくることにあるのですから，機械工作は機械工学のうちで最も重要な基盤であるといっても過言ではありません．

　それにしても，工作技術の範囲はきわめて広く，多種多様にわたっています．それに加えて，科学技術の進歩のはげしい今日，新しい工作法がつぎつぎに研究開発されています．ひとつは，機械の精度の要求がますます高くなったことから，精密工作法がひろく採用されるようになり，工作機械に油圧機構が取り入れられるようになったことです．もうひとつは，均一な製品を能率的に多量生産するために，工作の手順が自動化され，自動制御や数値制御が採用されてきたことがあげられましょう．

　本書は，現代の機械工作の全般について，その科学的根拠を明らかにしながら，実務にも役立つように，できるだけ簡潔にわかりやすく解説したものです．本書が，これから機械工作について学ぼうとする人びとの入門書として，また，この道で働いている人びとの参考書として，あるいは学生，生徒諸君の教材として，少しでも役立つならば幸です．

　本書を執筆するにあたって，伊藤　猛　氏ならびに山崎　利彦　氏に多大の援助を受けました．ここに記して感謝の意を表します．

1971年7月

著　者

第4版への序

　本書の初版が大西久治先生によって執筆されてから10数年の後，第2版を刊行（1986年）しました．この間に機械工作の分野では，多くの加工方式が自動化，省力化され，一方で材料関係の進歩もいちじるしく，つぎつぎに新材料が出現しました．また，機械的な加工方式が電気的なそれへと移行したものも多く，これにともなって刃物に対する考え方も変わり，要求される精度も一段と高くなりました．しかしながら自動化，省力化されたとはいえ，加工原理までが変わったものはそう多くはありません．そこで，できるだけの加除，改訂を行ないましたが，そのような部分では旧版のよい点はなるべくそのまま残しました．

　第3版では，単位系のSIへの移行にともない，本書で使用されている単位を全面的にSI系に改め，また，規格の改正にもとづいて，表面粗さの項も改めました．

　その後，今回の第4版までに15年がすぎ，ふたたび表面粗さのJIS規格が変わりました．ISO規格に整合され，"表面性状"の規格へと大改正されたため，これにもとづいて，全面的に書き改めました．そのほかのJIS規格についても，全般にわたって最新なものに改めました．

　さらに，技術のいっそうの進展がみられたNC工作機械の項を全面的に書き直し，また金型の項を新たに加えて説明しました．

　本書が，引き続きお役に立てられることができれば，改訂者として望外の喜びです．

　　2013年3月

　　　　　　　　　　　　　　　　　　　　　　　　　　　　伊藤　猛

目次

1章　機械の製作

1・1　金属の加工性と工作法‥‥‥‥‥ 001
1・2　機械製作の順序‥‥‥‥‥‥‥‥ 002
1・3　図面に用いる記号‥‥‥‥‥‥‥ 003
　1.　材料記号‥‥‥‥‥‥‥‥‥‥‥ 003
　2.　寸法公差とはめあいの表示‥‥‥ 004
　(1)　寸法公差‥‥‥‥‥‥‥‥‥‥ 004
　(2)　はめあい方式‥‥‥‥‥‥‥‥ 004
　(3)　はめあいの等級と種類‥‥‥‥ 008
　(4)　はめあい方式による
　　　　公差の記入‥‥‥‥‥‥‥‥‥ 008
　3.　表面性状の表示‥‥‥‥‥‥‥‥ 008
　(1)　表面性状について‥‥‥‥‥‥ 008
　(2)　表面性状のパラメータ‥‥‥‥ 009
　(3)　表面性状の図示方法‥‥‥‥‥ 010

2章　鋳造

2・1　鋳造の原理‥‥‥‥‥‥‥‥‥‥ 013
　1.　鋳造の概要‥‥‥‥‥‥‥‥‥‥ 013
　2.　鋳造性‥‥‥‥‥‥‥‥‥‥‥‥ 014
　3.　鋳物の長所‥‥‥‥‥‥‥‥‥‥ 014
2・2　木型‥‥‥‥‥‥‥‥‥‥‥‥‥ 015
　1.　木型用材料‥‥‥‥‥‥‥‥‥‥ 015
　2.　木型の形式‥‥‥‥‥‥‥‥‥‥ 015
　3.　木型製作に必要な条件‥‥‥‥‥ 016
　(1)　縮みしろ‥‥‥‥‥‥‥‥‥‥ 016
　(2)　仕上げしろ‥‥‥‥‥‥‥‥‥ 016
　(3)　抜きこう配‥‥‥‥‥‥‥‥‥ 016
　(4)　面取りとすみ肉‥‥‥‥‥‥‥ 016
2・3　鋳型‥‥‥‥‥‥‥‥‥‥‥‥‥ 017
　1.　鋳物砂‥‥‥‥‥‥‥‥‥‥‥‥ 017
　(1)　鋳物砂の性質‥‥‥‥‥‥‥‥ 017
　(2)　鋳物砂の配分‥‥‥‥‥‥‥‥ 017
　(3)　鋳物砂試験‥‥‥‥‥‥‥‥‥ 017
　(4)　鋳物砂の処理‥‥‥‥‥‥‥‥ 019
　2.　鋳型の構造‥‥‥‥‥‥‥‥‥‥ 019
　(1)　鋳型の形式‥‥‥‥‥‥‥‥‥ 019
　(2)　鋳型の構造‥‥‥‥‥‥‥‥‥ 020
　(3)　鋳型製作用工具と機械‥‥‥‥ 021
　(4)　塗型‥‥‥‥‥‥‥‥‥‥‥‥ 022
2・4　鋳鉄の鋳造‥‥‥‥‥‥‥‥‥‥ 022
　1.　溶解炉‥‥‥‥‥‥‥‥‥‥‥‥ 022
　2.　キュポラの操作‥‥‥‥‥‥‥‥ 022
　3.　溶解中の計測‥‥‥‥‥‥‥‥‥ 023
　4.　鋳込み‥‥‥‥‥‥‥‥‥‥‥‥ 025
2・5　特殊鋳鉄と鋳鋼‥‥‥‥‥‥‥‥ 025
　1.　球状黒鉛鋳鉄‥‥‥‥‥‥‥‥‥ 025
　2.　合金鋳鉄‥‥‥‥‥‥‥‥‥‥‥ 026
　3.　可鍛鋳鉄‥‥‥‥‥‥‥‥‥‥‥ 026
　4.　鋳鋼‥‥‥‥‥‥‥‥‥‥‥‥‥ 027
　5.　アーク炉‥‥‥‥‥‥‥‥‥‥‥ 027

2・6	非鉄金属の鋳造	027	2. 鋳物の不良と対策	031
1.	銅合金鋳物	027	3. 鋳物の検査	031
2.	軽合金	028	2・8 精密鋳造法	032
3.	非鉄金属の溶解	028	1. シェルモールド鋳造法	032
2・7	鋳込み後の処理	030	2. インベストメント鋳造法	033
1.	鋳物の仕上げ	030	2・9 特殊鋳造法	034
（1）	湯口, 鋳ばりの除去	030	1. ダイカスト	034
（2）	砂落とし	030	2. 低圧鋳造法	035
（3）	酸洗い	031	3. 遠心鋳造法	036

3章 溶　　接

3・1	溶接の種類と形式	037	（2） 炭酸ガス アーク溶接	046
1.	溶接の種類	037	（3） サブマージド アーク溶接	047
2.	ろう付け	039	（4） アーク スタッド溶接	047
3.	溶接の形式	039	3・4 抵抗溶接	047
（1）	溶接継手の種類	039	1. 電気抵抗の溶接作用	047
（2）	グルーブの形式	040	2. 点溶接	048
3・2	ガス溶接	040	3. シーム溶接	049
1.	アセチレンと酸素	040	4. フラッシュ溶接	049
2.	溶接トーチと炎	041	5. バットシーム溶接	050
3.	ガス溶接棒と溶剤	042	3・5 溶接の欠陥と検査	050
4.	溶接トーチの運びかた	042	1. 溶接の欠陥	050
3・3	アーク溶接	043	（1） 気ほう	050
1.	アークの溶接作用	043	（2） スラグ巻込み	050
2.	アーク溶接機	044	（3） 融合不良, 溶込み不足, アンダ カット	050
（1）	交流アーク溶接機	044	（4） 割れ	051
（2）	直流アーク溶接機	044	（5） ひずみ	051
（3）	高周波アーク溶接機	045	2. 欠陥の原因と対策	051
（4）	アーク溶接用具	045	3. 溶接部の検査	051
3.	アーク溶接棒	045	4. 溶接技術検定	052
4.	アーク溶接のビード	045	3・6 ガス切断およびアーク切断	052
（1）	ストレート ビード	046	1. ガス切断	052
（2）	ウィービング ビード	046	2. アーク切断	053
5.	特殊アーク溶接法	046		
（1）	イナート ガス アーク溶接	046		

目次

4章 塑性加工

- 4・1 塑性加工の原理 ……………… 055
  - 1. 弾性と塑性 ……………… 055
  - 2. 加工硬化と再結晶 ……………… 056
  - 3. 冷間加工と熱間加工 ……………… 057
- 4・2 鍛造 ……………… 058
  - 1. 鍛造とその種類 ……………… 058
  - 2. 鍛造用材料 ……………… 059
  - 3. 鍛造温度 ……………… 059
  - 4. 加熱炉 ……………… 060
  - 5. 鍛造用工具と機械 ……………… 061
  - 6. 鍛造機械 ……………… 062
    - (1) ドロップ ハンマ ……………… 062
    - (2) ばねハンマ ……………… 062
    - (3) 空気ハンマ ……………… 063
    - (4) 蒸気ハンマ ……………… 063
    - (5) 水圧プレス ……………… 063
  - 7. 自由鍛造 ……………… 064
  - 8. 型鍛造 ……………… 065
- 4・3 転造と押出し ……………… 067
  - 1. 転造 ……………… 067
    - (1) 転造の特色 ……………… 067
    - (2) ねじ転造 ……………… 067
    - (3) 歯車転造 ……………… 067
  - 2. 押出し加工 ……………… 068
- 4・4 圧延と引抜き ……………… 069
  - 1. 圧延 ……………… 069
    - (1) 熱間圧延と冷間圧延 ……………… 069
    - (2) 圧延作用 ……………… 070
    - (3) 継目なし管の製作 ……………… 070
  - 2. 引抜き加工 ……………… 071
    - (1) 引抜き加工の原理 ……………… 071
    - (2) 接合管の製作 ……………… 071
- 4・5 金型 ……………… 072
  - 1. 成形加工の"型" ……………… 072
  - 2. 金型の種類 ……………… 072
    - (1) プレス用金型 ……………… 072
    - (2) 鍛造用金型 ……………… 073
    - (3) 鋳造用金型 ……………… 073
    - (4) プラスチック用金型 ……………… 075
    - (5) ゴム用金型 ……………… 075

5章 板金加工

- 5・1 板金加工用材料 ……………… 077
  - 1. 鋼板 ……………… 077
  - 2. 銅板,銅合金板 ……………… 078
  - 3. アルミニウム板,アルミニウム合金板 ……………… 079
- 5・2 板金加工用機械 ……………… 079
  - 1. せん断機 ……………… 079
    - (1) スコヤ シヤ ……………… 079
    - (2) ガング スリッタ ……………… 079
    - (3) ロータリ シヤ ……………… 080
    - (4) バイブロ シヤ ……………… 080
  - 2. 曲げ機械 ……………… 080
    - (1) プレス ブレーキ ……………… 080
    - (2) タンジェント ベンダ ……………… 081
  - 3. プレス ……………… 081
    - (1) クランク プレス ……………… 081
    - (2) トグル プレス ……………… 082
    - (3) 摩擦プレス ……………… 082
    - (4) 油圧プレス ……………… 082
- 5・3 せん断加工 ……………… 083
  - 1. せん断加工の原理 ……………… 083
    - (1) せん断の過程 ……………… 083

（2） ポンチとダイスのすきま‥‥‥ 083
（3） 切り口のだれとかえり‥‥‥‥ 083
（4） せん断に要する力‥‥‥‥‥‥ 083
2. 打抜き加工‥‥‥‥‥‥‥‥‥‥ 084
（1） 打抜きと穴抜き‥‥‥‥‥‥ 084
（2） 打抜き型の種類‥‥‥‥‥‥ 084
（3） 型の材料‥‥‥‥‥‥‥‥‥ 086
3. ダイ セット‥‥‥‥‥‥‥‥‥ 086
4. 板取り‥‥‥‥‥‥‥‥‥‥‥‥ 087
（1） 桟幅‥‥‥‥‥‥‥‥‥‥‥ 087
（2） 板取り‥‥‥‥‥‥‥‥‥‥ 087
5・4 曲げ加工‥‥‥‥‥‥‥‥‥‥‥ 087
1. 曲げ加工の原理‥‥‥‥‥‥‥‥ 087
（1） 最小曲げ半径‥‥‥‥‥‥‥ 087
（2） スプリング バック‥‥‥‥ 088
2. 曲げ型‥‥‥‥‥‥‥‥‥‥‥‥ 089
（1） Ｖ曲げ型‥‥‥‥‥‥‥‥‥ 089
（2） Ｕ曲げ型‥‥‥‥‥‥‥‥‥ 089

5・5 絞り加工‥‥‥‥‥‥‥‥‥‥‥ 089
 1. 絞り加工の原理‥‥‥‥‥‥‥‥ 089
 （1） 絞り加工による変形‥‥‥‥ 089
 （2） 絞り率‥‥‥‥‥‥‥‥‥‥ 090
 （3） 再絞り‥‥‥‥‥‥‥‥‥‥ 090
 （4） 絞り法に要する力‥‥‥‥‥ 091
 （5） しわ押えに要する力‥‥‥‥ 091
 2. 板取り‥‥‥‥‥‥‥‥‥‥‥‥ 091
 3. 絞り型‥‥‥‥‥‥‥‥‥‥‥‥ 091
 （1） ポンチ先端とダイス肩の丸み‥ 091
 （2） ポンチとダイスのすきま‥‥‥ 092
 （3） 絞り型の形式‥‥‥‥‥‥‥ 092
 4. 特殊な絞り加工‥‥‥‥‥‥‥‥ 093
 （1） マーホーム法‥‥‥‥‥‥‥ 093
 （2） ハイドロフォーム法‥‥‥‥ 094
 （3） ホィーロン法‥‥‥‥‥‥‥ 094
 （4） へら絞り‥‥‥‥‥‥‥‥‥ 094

6章 熱 処 理

6・1 熱処理の原理‥‥‥‥‥‥‥‥‥ 095
 1. 熱処理の目的と種類‥‥‥‥‥‥ 095
 2. 鋼の変態‥‥‥‥‥‥‥‥‥‥‥ 096
 3. 炭素鋼の平衡状態図‥‥‥‥‥‥ 096
 4. 熱処理の原理‥‥‥‥‥‥‥‥‥ 098
6・2 熱処理設備‥‥‥‥‥‥‥‥‥‥ 098
 1. 加熱炉‥‥‥‥‥‥‥‥‥‥‥‥ 098
 （1） マッフル炉‥‥‥‥‥‥‥‥ 099
 （2） 電気炉‥‥‥‥‥‥‥‥‥‥ 099
 （3） 塩浴炉‥‥‥‥‥‥‥‥‥‥ 099
 2. 高温計と温度制御設備‥‥‥‥‥ 100
 3. 焼入れ設備‥‥‥‥‥‥‥‥‥‥ 101
6・3 焼入れと焼きもどし‥‥‥‥‥‥ 102
 1. 焼入れ‥‥‥‥‥‥‥‥‥‥‥‥ 102
 2. 恒温焼入れ‥‥‥‥‥‥‥‥‥‥ 103
 3. 焼きもどし‥‥‥‥‥‥‥‥‥‥ 104
6・4 焼きなましと焼きならし‥‥‥‥ 104
 1. 焼きなまし‥‥‥‥‥‥‥‥‥‥ 104
 （1） 完全焼きなまし‥‥‥‥‥‥ 105
 （2） 恒温焼きなまし‥‥‥‥‥‥ 105
 （3） 球状化焼きなまし‥‥‥‥‥ 105
 （4） 拡散焼きなまし‥‥‥‥‥‥ 105
 （5） 低温焼きなまし‥‥‥‥‥‥ 105
 2. 焼きならしとサブゼロ処理‥‥‥ 106
 （1） 焼きならし‥‥‥‥‥‥‥‥ 106
 （2） サブゼロ処理‥‥‥‥‥‥‥ 106
6・5 表面硬化‥‥‥‥‥‥‥‥‥‥‥ 106
 1. 浸炭‥‥‥‥‥‥‥‥‥‥‥‥‥ 106
 2. 窒化‥‥‥‥‥‥‥‥‥‥‥‥‥ 107
 3. 高周波焼入れ‥‥‥‥‥‥‥‥‥ 107

7章　切削加工

- 7・1　切削機構 …………………… 109
  - 1.　切り粉の状態 ……………… 109
    - （1）　流れ形切削 …………… 110
    - （2）　せん断形切削 ………… 110
    - （3）　裂断形切削 …………… 110
    - （4）　き裂形切削 …………… 110
  - 2.　構成刃先 …………………… 111
    - （1）　発生の機構 …………… 111
    - （2）　構成刃先の利害 ……… 111
    - （3）　構成刃先の発生防止 … 111
  - 3.　切削加工と表面性状 ……… 112
  - 4.　高温切削 …………………… 113
- 7・2　切削工具 …………………… 114
  - 1.　切削工具材料の特性 ……… 114
  - 2.　合金工具鋼 ………………… 115
  - 3.　高速度鋼 …………………… 115
  - 4.　超硬合金 …………………… 117
    - （1）　製造法と成分 ………… 117
    - （2）　超硬合金の特性 ……… 118
  - 5.　セラミックスその他 ……… 118
- 7・3　切削剤 ……………………… 118
  - 1.　切削剤の作用 ……………… 118
  - 2.　切削剤の種類 ……………… 119
    - （1）　エマルション形 ……… 119
    - （2）　コロイド形 …………… 119
    - （3）　ソリューション形 …… 119
    - （4）　不活性切削剤 ………… 119
    - （5）　活性切削油 …………… 119
  - 3.　切削剤と表面あらさ ……… 120
- 7・4　切削力と切削所要動力 …… 120
  - 1.　切削抵抗 …………………… 120
    - （1）　三つの分力 …………… 120
    - （2）　切削抵抗の変化 ……… 121
  - 2.　切削所要動力 ……………… 121
  - 3.　切削機構と工作機械 ……… 121
    - （1）　主軸回転数 …………… 122
    - （2）　機械の剛性 …………… 122
    - （3）　強力な馬力 …………… 122
- 7・5　切削工作機械 ……………… 122
  - 1.　ボール盤 …………………… 122
    - （1）　ボール盤の種類 ……… 123
    - （2）　ボール盤の回転と送り機構 … 125
    - （3）　ボール盤作業の種類 … 126
    - （4）　ドリル ………………… 126
  - 2.　中ぐり盤 …………………… 128
    - （1）　横中ぐり盤 …………… 129
    - （2）　立て中ぐり盤 ………… 129
    - （3）　精密中ぐり盤 ………… 129
    - （4）　ジグ中ぐり盤 ………… 130
  - 3.　旋盤 ………………………… 131
    - （1）　旋盤の主要部分 ……… 131
    - （2）　主軸の回転速度 ……… 135
    - （3）　旋盤の付属品と付属装置 … 136
    - （4）　旋盤のねじ切り装置 … 140
    - （5）　旋盤用バイト ………… 141
    - （6）　旋盤の種類 …………… 144
  - 4.　平削り盤 …………………… 148
    - （1）　平削り盤の種類 ……… 148
    - （2）　テーブル駆動装置 …… 148
    - （3）　切削速度とバイト …… 150
  - 5.　形削り盤 …………………… 150
    - （1）　形削り盤の構造 ……… 151
    - （2）　油圧式形削り盤 ……… 153
    - （3）　形削り盤用バイトと切削速度 … 153
  - 6.　立て削り盤 ………………… 153
  - 7.　フライス盤 ………………… 154

（1）	フライス盤の種類と構造‥‥‥ 155	（3）	ラック形カッタを用いる 歯車形削り盤‥‥‥‥‥‥‥‥ 169
（2）	フライス盤付属品‥‥‥‥‥‥ 157		
（3）	フライス盤作業とフライス‥‥ 159	（4）	ピニオン形カッタを用いる 歯車形削り盤‥‥‥‥‥‥‥‥ 170
（4）	フライスによる切削‥‥‥‥‥ 161		
（5）	割出し法‥‥‥‥‥‥‥‥‥‥ 163	（5）	かさ歯車歯切り盤‥‥‥‥‥‥ 171
8.	歯切り盤‥‥‥‥‥‥‥‥‥‥ 164	（6）	歯車のシェービング‥‥‥‥‥ 172
（1）	歯切りの方式‥‥‥‥‥‥‥‥ 165	9.	ブローチ盤‥‥‥‥‥‥‥‥‥ 173
（2）	ホブ盤‥‥‥‥‥‥‥‥‥‥‥ 165		

8章 数値制御加工

8・1	機械加工の能率化‥‥‥‥‥‥ 177	1.	NC工作機械のしくみ‥‥‥‥ 187
1.	ジグ，取付け具‥‥‥‥‥‥‥ 177	（1）	サーボ機構の種類‥‥‥‥‥‥ 187
2.	ジグの種類‥‥‥‥‥‥‥‥‥ 178	（2）	NC工作機械の制御方式‥‥‥ 190
3.	ジグ・取付け具の活用と経済性‥ 180	2.	NCプログラム‥‥‥‥‥‥‥ 191
8・2	工作機械の専用化と自動化‥‥‥ 181	（1）	プログラミングの流れ‥‥‥‥ 191
1.	生産方式の多様化‥‥‥‥‥‥ 181	（2）	実際のNCプログラム‥‥‥ 193
2.	多品種少量生産方式‥‥‥‥‥ 182	3.	NC工作機械の種類‥‥‥‥‥ 194
3.	専用工作機械‥‥‥‥‥‥‥‥ 182	（1）	NC旋盤‥‥‥‥‥‥‥‥‥‥ 194
4.	工作機械の自動化‥‥‥‥‥‥ 184	（2）	NCフライス盤‥‥‥‥‥‥‥ 196
5.	自動化工作機械の一例（自動 旋盤）‥‥‥‥‥‥‥‥‥‥‥ 185	（3）	NCボール盤‥‥‥‥‥‥‥‥ 196
		（4）	マシニング センタ‥‥‥‥‥ 196
8・3	NC工作機械‥‥‥‥‥‥‥‥‥ 187		

9章 研削加工

9・1	研削機構‥‥‥‥‥‥‥‥‥‥‥ 199	（1）	と粒‥‥‥‥‥‥‥‥‥‥‥‥ 202
1.	研削といしの構造‥‥‥‥‥‥ 199	（2）	粒度‥‥‥‥‥‥‥‥‥‥‥‥ 202
（1）	といし構成の三要素‥‥‥‥‥ 199	（3）	結合剤‥‥‥‥‥‥‥‥‥‥‥ 202
（2）	といしの五因子‥‥‥‥‥‥‥ 200	（4）	研削といしの形状‥‥‥‥‥‥ 205
2.	研削作用‥‥‥‥‥‥‥‥‥‥ 200	（5）	といしの表わしかた‥‥‥‥‥ 205
3.	研削抵抗‥‥‥‥‥‥‥‥‥‥ 201	2.	研削条件‥‥‥‥‥‥‥‥‥‥ 205
4.	研削仕上げ面‥‥‥‥‥‥‥‥ 201	（1）	といし車の周速度‥‥‥‥‥‥ 205
（1）	表面あらさ‥‥‥‥‥‥‥‥‥ 201	（2）	といし車の切込み‥‥‥‥‥‥ 206
（2）	研削焼けと研削割れ‥‥‥‥‥ 202	（3）	研削液‥‥‥‥‥‥‥‥‥‥‥ 206
9・2	研削といしと研削条件‥‥‥‥‥ 202	9・3	研削盤‥‥‥‥‥‥‥‥‥‥‥‥ 207
1.	研削といし‥‥‥‥‥‥‥‥‥ 202	1.	研削盤の種類‥‥‥‥‥‥‥‥ 207

（1） 円筒研削盤‥‥‥‥‥‥‥‥‥ 207	（5） といし修正装置‥‥‥‥‥‥‥ 211
（2） 万能研削盤‥‥‥‥‥‥‥‥‥ 207	（6） 万態研削盤の内面研削装置‥‥ 212
（3） 心なし研削盤‥‥‥‥‥‥‥‥ 207	（7） 自動定寸装置‥‥‥‥‥‥‥‥ 212
（4） 平面研削盤‥‥‥‥‥‥‥‥‥ 208	3． 心なし研削盤‥‥‥‥‥‥‥‥‥ 213
（5） 内面研削盤‥‥‥‥‥‥‥‥‥ 208	（1） 心なし研削法‥‥‥‥‥‥‥‥ 213
（6） 工具研削盤‥‥‥‥‥‥‥‥‥ 209	（2） 送りの理論‥‥‥‥‥‥‥‥‥ 213
（7） その他の研削盤‥‥‥‥‥‥‥ 209	（3） 自動研削サイクル‥‥‥‥‥‥ 214
2． 研削盤の構造‥‥‥‥‥‥‥‥‥ 210	4． 平面研削盤‥‥‥‥‥‥‥‥‥‥ 214
（1） 主軸台‥‥‥‥‥‥‥‥‥‥‥ 210	（1） 往復テーブル形‥‥‥‥‥‥‥ 214
（2） 心押し台‥‥‥‥‥‥‥‥‥‥ 211	（2） 回転テーブル形‥‥‥‥‥‥‥ 214
（3） といし台‥‥‥‥‥‥‥‥‥‥ 211	5． ねじ研削盤‥‥‥‥‥‥‥‥‥‥ 215
（4） テーブル送りの油圧駆動‥‥‥ 211	6． 歯車研削盤‥‥‥‥‥‥‥‥‥‥ 215

10章　特殊加工法

10・1 精密表面加工‥‥‥‥‥‥‥‥‥ 217	1． 放電加工‥‥‥‥‥‥‥‥‥‥‥ 227
1． ホーニング‥‥‥‥‥‥‥‥‥‥ 217	（1） 放電加工の原理‥‥‥‥‥‥‥ 227
（1） ホーニング盤の構造‥‥‥‥‥ 218	（2） 電極の位置制御‥‥‥‥‥‥‥ 228
（2） ホーニング ヘッド‥‥‥‥‥ 218	（3） 電極材料‥‥‥‥‥‥‥‥‥‥ 228
（3） といしの運動と圧力‥‥‥‥‥ 219	（4） 放電加工の速度と精度‥‥‥‥ 229
（4） ホーニング盤研削液‥‥‥‥‥ 219	（5） ワイヤカット放電加工‥‥‥‥ 229
（5） ホーニング盤の加工能率‥‥‥ 219	2． 電解加工‥‥‥‥‥‥‥‥‥‥‥ 231
（6） 外面ホーニング仕上げ‥‥‥‥ 220	（1） 電解加工の原理‥‥‥‥‥‥‥ 231
2． 超仕上げ‥‥‥‥‥‥‥‥‥‥‥ 220	（2） 電解加工機の構造‥‥‥‥‥‥ 231
（1） 超仕上げの機構‥‥‥‥‥‥‥ 220	（3） 電極と電極の送り‥‥‥‥‥‥ 231
（2） 超仕上げ用研削液‥‥‥‥‥‥ 221	（4） 電解研削加工‥‥‥‥‥‥‥‥ 232
（3） 超仕上げ加工の特徴‥‥‥‥‥ 221	（5） 電解研摩‥‥‥‥‥‥‥‥‥‥ 232
（4） 超仕上げ盤‥‥‥‥‥‥‥‥‥ 222	3． 超音波加工‥‥‥‥‥‥‥‥‥‥ 233
3． ラッピング‥‥‥‥‥‥‥‥‥‥ 222	4． 電子ビーム加工‥‥‥‥‥‥‥‥ 234
（1） ラッピングの原理‥‥‥‥‥‥ 222	5． プラズマ加工‥‥‥‥‥‥‥‥‥ 235
（2） 湿式法と乾式法‥‥‥‥‥‥‥ 223	6． レーザビーム加工‥‥‥‥‥‥‥ 236
（3） ラッピング速度と圧力‥‥‥‥ 224	10・3 その他の加工法‥‥‥‥‥‥‥‥ 237
（4） ラップとラップ剤‥‥‥‥‥‥ 224	1． ショット ピーニング‥‥‥‥‥ 237
（5） ハンド ラッピング‥‥‥‥‥ 224	（1） ショット ピーニングの原理‥ 237
（6） ラップ盤‥‥‥‥‥‥‥‥‥‥ 225	（2） 吹付け方法‥‥‥‥‥‥‥‥‥ 237
10・2 特殊加工法‥‥‥‥‥‥‥‥‥‥ 227	2． バレル仕上げ‥‥‥‥‥‥‥‥‥ 238

（1）バレル仕上げの原理･･････････ 238
（2）メディア（と料）･･････････････ 239
（3）コンパウンド･･･････････････････ 239
（4）バレルの速度･･･････････････････ 240

11章　手仕上げと組立て

11・1　手仕上げ･････････････････････ 241
　1．たがね仕上げ･･････････････････ 241
　2．やすり仕上げ･･････････････････ 242
　（1）鉄工やすり･････････････････ 242
　（2）組やすり･･･････････････････ 242
　（3）回転やすり･････････････････ 242
　3．きさげ仕上げ･･････････････････ 243
　（1）きさげの種類と用途････････ 243
　（2）きさげの刃先角････････････ 243
　（3）すり合わせとあたり････････ 244
　（4）定盤の三枚合わせ･･････････ 244
　4．けがき････････････････････････ 245
　（1）けがき定盤と金ます････････ 245
　（2）けがき用工具･･････････････ 245
　5．ねじ立て･･････････････････････ 246
　（1）タップ･････････････････････ 246
　（2）ダイス･････････････････････ 247
　6．リーマ仕上げ･･････････････････ 248
11・2　組立て･･･････････････････････ 249
　1．組立て作業の内容･･････････････ 249
　2．組立て作業方式と互換性･･････ 249
　3．組立て用工具･･････････････････ 250
　（1）スパナ類･･････････････････ 250
　（2）自在スパナ････････････････ 250
　（3）ねじ回し，ペンチ，
　　　プライヤ，ニッパ･････････ 251

12章　精密測定

12・1　長さの測定･･････････････････ 253
　1．ブロックゲージ････････････････ 253
　2．ノギス････････････････････････ 254
　3．マイクロメータ････････････････ 255
　4．測長機････････････････････････ 255
　5．コンパレータ･･････････････････ 256
　（1）ダイヤルゲージ･･･････････ 256
　（2）空気マイクロメータ･･･････ 257
　（3）電気マイクロメータ･･･････ 257
　6．限界ゲージ････････････････････ 258
　（1）栓ゲージ･･････････････････ 258
　（2）リングゲージ･････････････ 258
　（3）はさみゲージ･････････････ 258
12・2　角度の測定･･････････････････ 259
　1．角度ゲージ････････････････････ 259
　2．角度定規･･････････････････････ 259
　3．サインバー･･･････････････････ 259
　4．オートコリメータ ････････････ 260
12・3　ねじの測定･･････････････････ 260
　1．ねじの精度････････････････････ 260
　2．有効径の測定･･････････････････ 261
12・4　歯車の測定･･････････････････ 262
　1．歯車の精度････････････････････ 262
　2．歯厚の測定････････････････････ 263
　3．歯車試験機････････････････････ 263

索引 ･･････････････････････････････ 266

1
機械の製作

　機械工作法 (mechanical technology) とは，原材料を工業的に所要の形状，寸法に加工して部品をつくり，これを組み立てて，機械をつくることである．原材料は，主として金属材料であって，製鉄所などでつくられる板，管，線，角，丸棒などが使われる．また，鋳造工場で鉄や非鉄金属を溶解成形したものが加工される．工業的というのは，多量生産によってコストの安い機械をつくることを意味する．

1・1　金属の加工性と工作法

　金属材料は，可溶性，塑性および切削性をもっているので，これらの性質を利用して加工成形するのである．金属材料を高温度に加熱して溶解し，型に流し込んで**鋳物**をつくる鋳造や，金属材料の一部を溶かして接合する溶接は，金属材料の**可溶性** (fusibility) を利用した工作法である．

　塑性 (plasticity) とは，金属材料にある限度以上の力を加えると変形する性質のことであって，板を曲げたり絞ったりするプレス加工，ねじ山や歯形の転造，製鉄工場の圧延，押出し，引抜きなどに利用される．金属材料を高温度に加熱すると，いっそう展性や延性が増すので，成形が容易になる．これが鍛造である．

　切削性 (machinability) とは，金属材料の一部を切りくず (chip) の形で除去することができる性質である．主として刃物をもって切断したり，削ったり，といし (砥石) などで研削したりする切削加工に利用される．

　切削加工の多くは，工作物の形状，寸法をきわめて正確に加工することができるので，板，管，角，丸棒などの材料をはじめ鋳造，鍛造などでつくられた部分品に

施される．

　金属材料を溶解して成形する鋳造や，プレス加工，転造加工などを非除去加工というのに対応して，切削加工を除去加工ということがある．除去加工には，切削加工のほかに，放電や電解などによる特殊な加工法がある．

1・2　機械製作の順序

　機械を製作するには，まず設計し，図面をつくらなければならない．設計は，製作した機械が所要の目的を果たすのに充分な動作をし，工作が容易で，コストが安くなるように，しかもデザインを考えて行なわれる．図面は，製作に用いる製作図がつくられ，これをさらにリコピーして各工場に配られる．工作は，この図面によって材料を準備したり，生産計画をたてたり，工程計画をつくったりして作業が進められる．

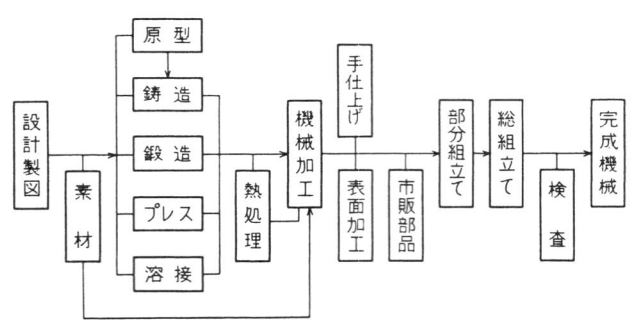

1・1 図　機械製作の順序．

　1・1 図は，一般的な機械製作の順序を示したものである．

　ここで素材というのは，板，管，角，丸棒などのことで，ふつう機械工場または溶接工場にまわされて加工される．

　熱処理とは，鉄鋼などの焼入れ，焼きもどしによって，金属材料の性質を向上させる工作のことである．

　手仕上げは機械工場でできない部分を手作業で仕上げる加工である．たがねではつりとったり，やすりで削ったり，機械加工した平面や曲面をきさげやといし（砥石）で精密加工するものである．

　表面加工は，部品にめっきや塗装をするなど，表面にだけ特別な処理をする工作法で，塗装は部分組立てまたは総組立ての後に行なわれる．

　ボルト，ナット，ボールベアリングなどのように，規格化された部品は，専門

の製造工場でつくられ，一般に市販されているものが使われる．

検査は，総組立ての完成検査のほか，各工場ごとに形状，寸法，欠陥などについて行なわれる．

1・3 図面に用いる記号

1. 材料記号

部品の材質を明示するには，JIS で規定している**材料記号**を用いている．この材料記号は，3種類の文字が組み合わされてできている．

1番目の文字は材質名称で，1・1表のように英語，ローマ字の頭文字または化学元素の記号を用いる．2番目の文字は，規格名と製品名の略号で，1・2表のように，英語またはローマ字の頭文字またはその組合わせになっている．3番目の文字は，材質の種類を示し，最低引張り強さを表わすものと種別番号の数字を表わすものとがある．1・3表は，JIS の金属材料記号表を示したものである．

1・1表 材料記号1番目の文字(材質名).

記号	名　称	備　考	記号	名　称	備　考
A	アルミニウム	Aluminium	Ni	ニッケル	Nickel(元素記号)
Mcr	金属クロム	Metalic Cr	P	り　ん	Phosphorus(元素記号)
C	炭　　素	Carbon(元素記号)	Pb	鉛	Plumbun(元素記号)
C	銅	Copper	S	鋼	Steel
C	ク ロ ム	Chromium	Si	けい素	Silicon(元素記号)
F	鉄	Ferrum	T	チタン	Titanium
M	モリブデン	Molybdenum	W	ホワイトメタル	White Metal
M	マグネシウム	Magnesium	W	タングステン	Wolfram(元素記号)
Mn	マンガン	Manganese(元素記号)	Zn	亜　鉛	Zinc(元素記号)

1・2表 材料記号2番目の文字(規格名または製品名).

記号	名　称	備　考	記号	名　称	備　考
B	棒またはボイラ	Bar, Boiler	H	熱間加工品	Hot work
C	鋳　造　品	Casting	K	工　具　鋼	Kôgu(ローマ字)
C	冷間加工品	Cold work	KH	高 速 度 鋼	Kôgu High speed
CMB	黒心可鍛鋳鉄品	Malleable Casting Black	KS	合金工具鋼	Kôgu Special
CMW	白心可鍛鋳鉄品	Malleable Casting White	KD	(〃) ダイス鋼	ローマ字
D	引　　抜	Drawing	KT	(〃) 鍛造型鋼	ローマ字
DC	ダイカスト鋳物	Die Casting	L	低　炭　素	Low carbon
F	鍛　造　品	Forging	P	薄　　板	Plate
H	高　炭　素	High carbon	R	条	Ribbon

(次ページに続く.)

記号	名 称	備 考	記号	名 称	備 考
S	一般構造用圧延材	Structural	UH	耐 熱 鋼	Heat-resisting Use
SC	冷間成形鋼	Structural Cold forming	UJ	軸 受 鋼	ローマ字
SD	異形棒鋼	Deformed	UM	快 削 鋼	Machinability
T	管	Tube	UP	ば ね 鋼	Spring
TB	ボイラ・熱交換器用管	Boiler, heat exchanger	US	ステンレス鋼	Stainless
TP	配 管 用 管	Tube Piping	W	線	Wire
U	特 殊 用 途 鋼	Special-Use	WR	線 材	Wire Rod

2. 寸法公差とはめあいの表示

（1） 寸法公差 大量生産の場合には，あらかじめ実用上さしつかえのない**許容限界寸法**，すなわち**最大許容寸法**と**最小許容寸法**とを決めておき，実際寸法がこの範囲内にあればよいことにする．この場合，最大許容寸法と最小許容寸法との差を**寸法公差**(tolerance)あるいは単に**公差**という．また最大許容寸法から呼び寸法を減じたものを上の寸法許容差，最小許容寸法と呼び寸法の差を下の寸法許容差と呼ぶ．

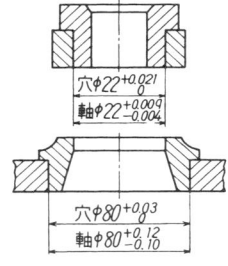

1·2 図　穴と軸に対する限界寸法．

1·2 図は，同じ呼び寸法に対して，穴および軸に対する上下の寸法許容差を併記した例を示したものである．

1·3 図は，穴と軸でないはめあい部分に対して許容限界寸法を記入した例で，部品番号を用いて記入してある．

（2） はめあい方式 穴と軸のはめあいをその状態によって分けると，つぎの三つになる．

（i） すきまばめ これは，軸が最大許容寸法にでき，穴が最小許容寸法になっても，すきまが残るはめあいである．

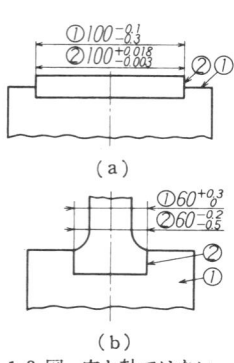

1·3 図　穴と軸ではない部分の限界寸法．

（ii） しまりばめ これは，軸が最小許容寸法にでき，穴が最大許容寸法にできても，しめしろがあるはめあいである．

（iii） 中間ばめ これは，すきまばめとしまりばめの中間的な状態で，穴が最大許容寸法にできていても，しめしろがあるか，あるいはしめしろが0となっているはめあいである．

はめあいの許容限界寸法を決めておいて製品の検査を**限界ゲージ**(limit gauge)を

1・3表　おもな JIS 金属材料記号($N/mm^2 = 0.102\ kgf/mm^2$)

規格番号	名称	分類	種類の記号	引張り強さ (N/mm^2)	規格番号	名称	分類	種類の記号	引張り強さ (N/mm^2)
JIS G 3101	一般構造用圧延鋼材	—	SS 330 SS 400 SS 490 SS 540	330〜430 400〜510 490〜610 540 以上	JIS G 4053	機械構造用合金鋼鋼材	クロム鋼鋼材	SCr 415 SCr 420 SCr 430 SCr 435 SCr 440 SCr 445	780 以上 830 以上 780 以上 880 以上 930 以上 980 以上
JIS G 3106	溶接構造用圧延鋼材	—	SM 400 A SM 400 B SM 400 C	400〜510			クロムモリブデン鋼鋼材	SCM 415	830 以上
			SM 490 A SM 490 B SM 490 C	490〜610				SCM 418, 420, 421, 425, 430, 435, 440, 445, 822	880 以上 〜1030 以上
			SM 490 YA SM 490 YB	490〜610					
			SM 520 B SM 520 C	520〜640	JIS G 4202	アルミニウムクロムモリブデン鋼鋼材	—	SACM 645	—
			SM 570	570〜720					
JIS G 3131	熱間圧延軟鋼板, 鋼帯	—	SPHC SPHD SPHE	270 以上	JIS G 4303	ステンレス鋼棒	オーステナイト系	SUS 201 など 35 種	480 以上 〜690 以上
JIS G 3141	冷間圧延鋼板, 鋼帯	—	SPCC	—			オーステナイト・フェライト系	SUS 329 J1 など 3 種	590 以上, 620 以上
			SPCCT, SPCD, SPCE, SPCF, SPCG	270 以上			フェライト系	SUS 405 など 7 種	410 以上 〜450 以上
JIS G 3201	炭素鋼鍛鋼品	A: 焼なまし, 焼ならしまたは焼戻し B: 焼入れ焼戻し	SF 340 A ⋮ SF 590 A SF 540 B ⋮ SF 640 B	340〜440 ⋮ 590〜690 540〜690 ⋮ 640〜780			マルテンサイト系	SUS 403 など 14 種	590 以上 〜780 以上
							析出硬化系	SUS 630 SUS 631	1310 以上 1030 以上
JIS G 4051	機械構造用炭素鋼鋼材	—	S 10 C 〜S 58 C の 20 種	熱処理後, 焼ならし 310 以上 〜650 以上	JIS G 4401	炭素工具鋼鋼材	11 種	SK 140 SK 120 ⋮ SK 60	
		肌焼き用	S 9 CK 〜S 20 CK の 3 種		JIS G 4403	高速度工具鋼鋼材	タングステン系(4 種)	SKH 2 ⋮ SKH 10	
JIS G 4052	焼入性を保証した構造用鋼鋼材(H 鋼)	マンガン鋼, マンガンクロム鋼 など 6 種	SMn 420 H, SMnC 420 H, SCr 415 H など 24 種				粉末冶金製造のモリブデン系	SKH 40	
							モリブデン系(10 種)	SKH 50 ⋮ SKH 59	
JIS G 4053	機械構造用合金鋼鋼材	ニッケルクロム鋼鋼材	SNC 236 SNC 415 SNC 631 SNC 815 SNC 836	740 以上 780 以上 830 以上 980 以上 930 以上	JIS G 4404	合金工具鋼鋼材	8 種	SKS 11 ⋮ SKS 81	主として切削工具用
							4 種	SKS 4 ⋮ SKS 44	主として耐衝撃工具用
		ニッケルクロムモリブデン鋼鋼材	SNCM 220, 240, 415, 420, 431, 439, 447, 616, 625, 630, 815 の各種	—			10 種	SKS 3 ほか SKD 1 ほか	主として冷間金型用
							10 種	SKD 4 ほか SKT 3 ほか	主として熱間金型用

(次ページに続く。)

規格番号	名称	分類	種類の記号	引張り強さ (N/mm²)
JIS G 4801	ばね鋼鋼材	シリコンマンガン鋼	SUP 6, 7	1230 以上
		マンガンクロム鋼	SUP 9, 9 A	
		クロムバナジウム鋼	SUP 10	
		マンガンクロムボロン鋼	SUP11	
		シリコンクロム鋼	SUP12	
		クロムモリブデン鋼	SUP13	
JIS G 5101	炭素鋼鋳鋼品	—	SC 360	360 以上
			SC 410	410 以上
			SC 450	450 以上
			SC 480	480 以上
JIS G 5501	ねずみ鋳鉄品	—	FC 100	100 以上
			FC 150	150 以上
			FC 200	200 以上
			FC 250	250 以上
			FC 300	300 以上
			FC 350	350 以上
JIS G 5705	可鍛鋳鉄品	白心可鍛鋳鉄品 6種	FCMW 35-04 ほか	340 以上
		黒心可鍛鋳鉄品 7種	FCMB 27-05 ほか	270 以上
		パーライト可鍛鋳鉄品 11種	FCMP 44-06 ほか	440 以上
JIS H 3100	銅および銅合金の板および条	無酸素銅	C 1020 P, R	195 以上
		タフピッチ銅	C 1100 P, R	
		りん脱酸銅	C 1201 P, R ほか	
		丹銅	C 2100 P, R ほか	205 以上 ほか
		黄銅	C 2600 P, R ほか	275 以上
		快削黄銅	C 3560 P, R ほか	345 以上 ほか
		すず入り黄銅	C 4250 P, R	295 以上
		ネーバル黄銅	C 4621 P ほか	375 以上
		アルミニウム青銅	C 6140 P ほか	480 以上
		白銅	C 7060 P	275 以上
		その他	(以上 P は板, R は条)	
JIS H 3250	銅および銅合金の棒	快削黄銅	C 3601 BE, BD ほか	295 以上 ～ 335 以上 (BEは押出し棒, BDは引抜き棒)
		鍛造用黄銅	C 3712 BE, BD ほか	
JIS H 4000	アルミニウムおよびアルミニウム合金の板および条	板・条および円板	A 1085 P, A 1080 P ほか	55 ～ 135
			A 1100 P, A 1N30 P ほか	75 ～ 165
			A 8021 P, A 8079 P	125 ～ 185
		合せ板	A 2014 PC, A 2024 PC, A 7075 PC	480 以上 ～ 520 以上
JIS H 5120	銅および銅合金鋳物	銅鋳物 1種	CAC 101	175 以上
		銅鋳物 2種	CAC 102	155 以上
		銅鋳物 3種	CAC 103	135 以上
		黄銅鋳物 1種	CAC 201	145 以上
		黄銅鋳物 2種	CAC 202	195 以上
		黄銅鋳物 3種	CAC 203	245 以上
		高力黄銅鋳物 1種	CAC 301	430 以上
		高力黄銅鋳物 4種	CAC 304	755 以上
		青銅鋳物 1種	CAC 1	165 以上
		青銅鋳物 7種	CAC 7	215 以上
		シルジン青銅鋳物 1種	CAC 801	345 以上
		シルジン青銅鋳物 2種	CAC 802	440 以上
		シルジン青銅鋳物 3種	CAC 803	390 以上
		りん青銅鋳物 2種A	CAC 502 A	195 以上
		りん青銅鋳物 3種B	CAC 503 B	265 以上
		アルミニウム青銅鋳物 1種	CAC 701	440 以上
		アルミニウム青銅鋳物 2種	CAC 702	490 以上
		アルミニウム青銅鋳物 3種	CAC 703	590 以上
		アルミニウム青銅鋳物 4種	CAC 704	590 以上
JIS H 5202	アルミニウム合金鋳物	15種	AC 1 B	330 以上
			AC 2 A	180 以上
			AC 9 B	170 以上
JIS H 5203	マグネシウム合金鋳物	鋳物2種 C, E	MC 2 C, MC 2 E	12種 (鋳型の区分は砂型, 金型, 精密)
		鋳物 14種	MC 14	
JIS H 5301	亜鉛合金ダイカスト	1種	ZDC 1	325 以上
		2種	ZDC 2	285 以上
JIS H 5302	アルミニウム合金ダイカスト	1, 3, 5, …14種, Si 9種, Mg 9種など20種類	ADC 1, 3, 5, …ADC 14, AlSi 9, AlMg 9	Al-Si系, Al-Mg系, Al-Mg-Mn系 など6材種
JIS H 5401	ホワイトメタル	1, 2, 2 B, 3, …10種の11種類	WJ 1, 2, 2 B, 3, …WJ 10	高速高荷重軸受用～中速小荷重軸受用

用いて行なうようにすれば，生産の能率はあがり，部品の**互換性**が得られる．これを**はめあい方式**（flt system）と呼ぶ．はめあい方式には，穴を基準にする**穴基準式**と軸を基準とする**軸基準式**との二つがあるが，一般的には穴基準式が用いられる．

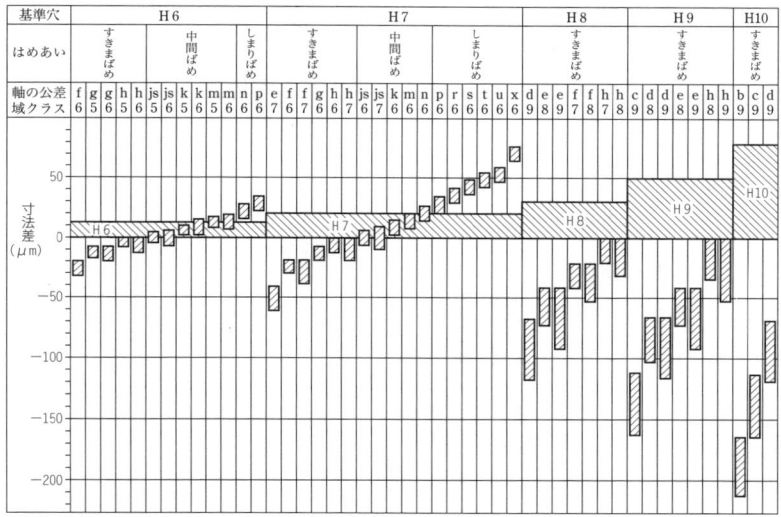

1・4図　穴基準はめあい関係図

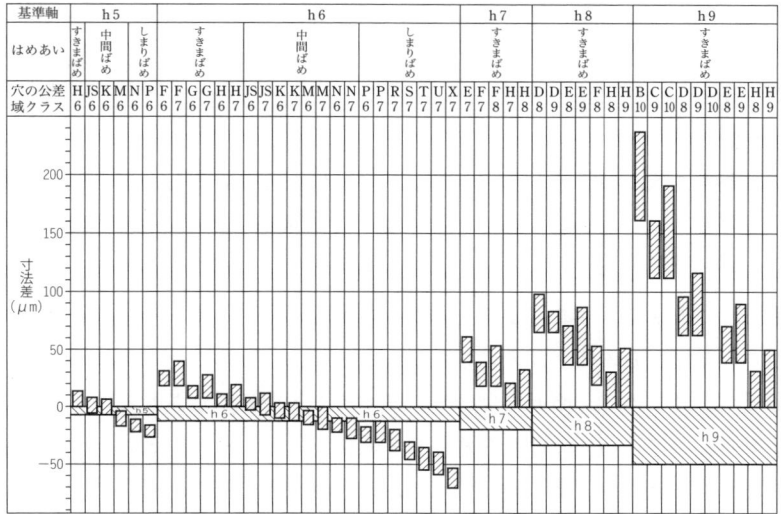

1・5図　軸基準はめあい関係図

（3） はめあいの等級と種類　JIS の規定では，穴基準式は製品の公差の大小によってH6，H7……H10 までの5種類の等級の穴を基準穴とし，これに対して，軸の適当な公差域クラスを選んで必要なはめあいができるようにしてある．また，軸基準式では，h5，h6……h9 までの5種類の等級の軸を基準とし，これに対して穴の適当な公差域クラスを選んではめあいができるようになっている．1・4 図，1・5 図は，とくに呼び寸法の区分が 30 mm をこえ 50 mm 以下の場合について，これらの数値を図示したものである．

（4） はめあい方式による公差の記入

はめあい方式による公差は，呼び寸法のあとに JIS に規定されているはめあいの公差域クラスの記号を記入して示す．1・6 図は，その記入例を示したものである．このうち，図（d）では，はめあいの公差域クラスの記号と上下寸法差を併記してある．

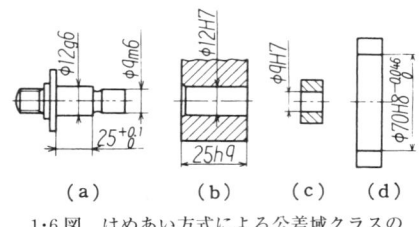

1・6 図　はめあい方式による公差域クラスの記入．

また，1・7 図は穴および軸に対するはめあいの公差域クラスの記号を併記したもので，寸法線の上に穴の記号が，寸法線の下に軸の記号がそれぞれ記入されている．

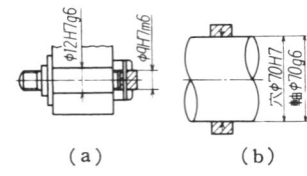

1・7 図　穴および軸に対する公差域クラスの併記．

3.　表面性状の表示

（1） 表面性状について　加工された工作物の表面を見ると，ざらざらしたものから，つるつるしたものに至るまで，さまざまな表面の段階の表面粗さがあるが，これは主として，その工作物が加工されるときに生じたものであって，加工の種類や方法などによって，さまざまな表面が得られることがわかる．

このような加工面の仕上げのよしあしは，その工作物の性能とコストに非常に大きい影響を及ばすので，図面にはそれに関する指示が必ず示されているが，このような品物の表面についての情報を総称して**表面性状**という．従来使われていた表面粗さを表わすパラメータは6種類であったが，測定機のデジタル化にともない，表面性状としては 60 種類以上に飛躍的に拡大されている．

1・4表　表面性状パラメータの関係.

輪郭曲線パラメータ (JIS B 0601, JIS B 0610)	モチーフパラメータ (JIS B 0631)	負荷曲線に関連するパラメータ (JIS B 0671, JIS B 0631)
粗さパラメータ **うねりパラメータ** **断面曲線パラメータ** 負荷曲線に関連するパラメータ 転がり円うねりパラメータ	粗さモチーフパラメータ うねりモチーフパラメータ	包絡うねり曲線(モチーフ法)を 平均線とするパラメータ 粗さ曲線によるパラメータ 断面曲線によるパラメータ

（２）　表面性状のパラメータ　表面性状のパラメータは，1・4表に示すような関係となっている．この中で主体をなすのが輪郭曲線パラメータで，そのうち一般に使われるのが粗さパラメータ，うねりパラメータ，断面曲線パラメータである．ここでは，最もよく用いられている粗さパラメータをとりあげて説明する．

一般に，加工された品物の表面をこれと直角な平面で切断して拡大して見れば，1・5表に示すような測定断面曲線が得られる．表面性状とは，そのでこぼこの高さを μm(マイクロメートル，0.001 mm)の単位で測って表わしたものである．その測定方法によっていろいろな方式があるが，そのおもなものは，粗さパラメータについていえば，算術平均粗さ，最大高さ粗さおよび十点平均粗さなどである(1・8図).

これら粗さパラメータの記号には，それぞれ Ra, Rz および Rz_{JIS} のように，頭文字に"R"を付けた記号を用いる．これらの記号と，

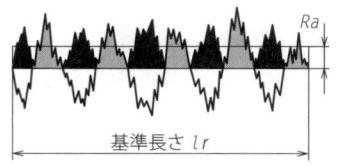

（a）　算術平均粗さ（Ra）

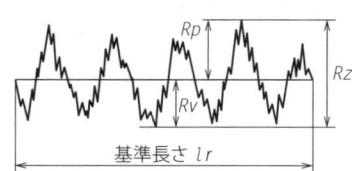

（b）　最大高さ粗さ（Rz）

1・5表　おもな輪郭曲線とそのパラメータ

輪郭曲線とその模式図		輪郭曲線パラメータ とその記号
測定断面曲線	～～～	
粗さ曲線	～～～	**粗さパラメータ** ： Ra, Rp, Rz など
うねり曲線	～～～	**うねりパラメータ** ： Wa, Wp, Wz など
断面曲線	～～～	**断面曲線パラメータ** ： Pa, Pp, Pz など

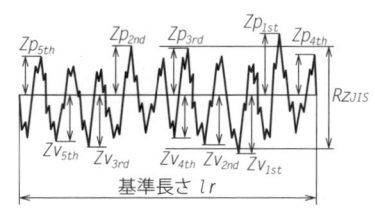

（c）　十点平均粗さ（Rz_{JIS}）

1・8図　粗さ曲線と粗さパラメータ.

1・6表に示す標準数列の中から選んだ数値とを使って，要求事項を指示する．
なお，参考として，1・7表に各種の加工方法による粗さの範囲を示す．

1・6表 粗さパラメータを指示する際の標準数列（単位 μm）．

	0.012	0.125	1.25	**12.5**	125	1250
	0.0160	0.160	**1.60**	16.0	160	**1600**
	0.020	**0.20**	2.0	20	**200**	
	0.025	0.25	2.5	**25**	250	
	0.032	0.32	**3.2**	32	320	
	0.040	**0.40**	4.0	40	**400**	
	0.050	0.50	5.0	**50**	500	
	0.063	0.63	**6.3**	63	630	
0.008	0.080	**0.80**	8.0	80	**800**	
0.010	**0.100**	1.00	10.0	**100**	1000	

〔注〕 太字は優先的に用いる．ただし，Ra の適用は 0.008 〜 400 の範囲，Rz, Rz_{JIS} の適用範囲は 0.025 〜 1600 の範囲．

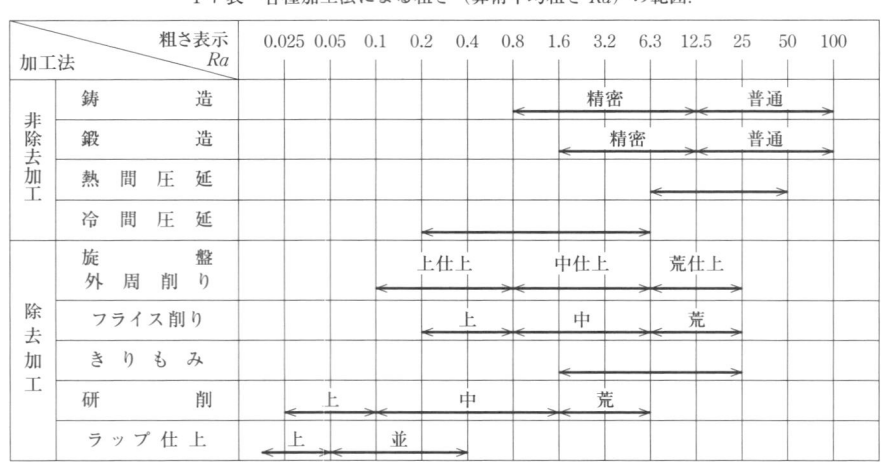

1・7表 各種加工法による粗さ（算術平均粗さ Ra）の範囲．

（3） 表面性状の図示方法 表面性状は，1・9図に示すような図示記号を用いて指示する．指示の図示例を 1・10図に示す．

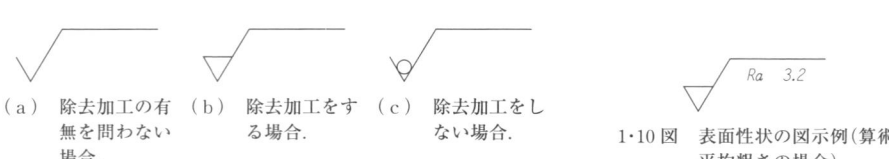

(a) 除去加工の有無を問わない場合．
(b) 除去加工をする場合．
(c) 除去加工をしない場合．

1・9図 表面性状の図示記号．

1・10図 表面性状の図示例（算術平均粗さの場合）．

図示方法については，JIS B 0031 にくわしく定められている．ここでは，加工にとくにかかわる事項について述べる．

表面性状は加工の方法によるところが大きいので，要求事項として加工の方法も同時に指示しておくことが望ましい．これらの要求事項を指示するときは，1・11 図に示すような位置にそれぞれを記入する．

また，加工の方向によって表面に独特の筋目模様が生じることがある．この模様の方向を筋目方向といい，この指示は 1・11 図中の d の位置に記入する．これには 1・8 表に示すような記号が用いられる．

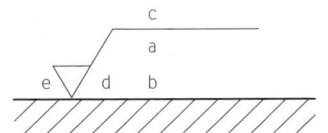

a：通過帯域または基準長さ，パラメータとその値．
b：二つ以上のパラメータが要求されたときの二つ目以上のパラメータ指示．
c：加工方法
d：筋目およびその方向．
e：削り代

1・11 図　表面性状の要求事項を指示する位置．

1・8 表　筋目の方向の記号．

記号	=	⊥	X	M	C	R	P
意味	筋目の方向が記号を指示した図の投影面に平行	筋目の方向が記号を指示した図の投影面に直角	筋目の方向が記号を指示した図の投影面に斜めで2方向に交差	筋目の方向が多方向に交差	筋目の方向が記号を指示した面の中心に対してほぼ同心円状	筋目の方向が記号を指示した面の中心に対してほぼ放射状	筋目が粒子状のくぼみ，無方向または粒子状の突起
説明図							

一般の削り代については，同一図面に後加工の状態が指示されている場合にだけ指示し（1・12 図は一例で，図中の"3"が削り代），鋳造品，鍛造品などの素形材の形状に最終形状（旋削など）が表わされる図面に用いられる．

1・9 表は表面性状の図示例を示したものである．

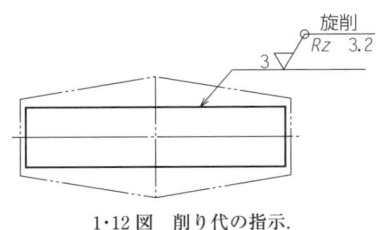

1・12 図　削り代の指示．

1・9表 要求事項の指示の図示例.

例	図 示 例	要 求 事 項
1	フライス削り U 0.008 - 4/Ra 50 C L 0.008 - 4/Ra 6.3 〔注〕 原国際規格では，"U"および"L"が明確に理解できるこの例ではそれらを省略してよいとなっている．	両側許容限界の表面性状を指示する場合の指示 　―両側許容限界 　―上限値　$Ra = 55\ \mu m$ 　―下限値　$Ra = 6.2\ \mu m$ 　―筋目は中心の周りにほぼ同心円状 　―加工方法：フライス削り
2	Rz 6.3 (✓) Ra 0.8	1か所を除く全表面の表面性状を指示する場合の指示 1か所を除く全表面の表面性状 　―片側許容限界の上限値 　―$Rz = 6.1\ \mu m$ 　―加工方法：除去加工 1か所の異なる表面性状 　―片側許容限界の上限値 　―$Ra = 0.7\ \mu m$ 　―加工方法：除去加工
3	研削 Ra 1.6 ⊥ - 2.5/Rzmax　6.3	二つの片側許容限界の表面性状を指示する場合の指示 　―二つの片側許容限界の上限値 　　1)　$Ra = 1.5\ \mu m$　　2)　$Rz\ max = 6.7\ \mu m$ 　―筋目の方向：ほぼ投影面に直角 　―加工方法：研削

2
鋳　　　造

　鋳造してつくった鋳物は，きわめて用途が広い．エンジンのシリンダや，工作機械のベッドやフレームも鋳物でできている．軸受やバルブは，青銅鋳物である．このほか，鋳物は日用品や美術工芸品にも使われる．このように鋳物が多く使われるのは，鋳造の容易な金属であれば，形状の複雑なものや大小各種の製品が比較的安価にできるからである．

　鋳造技術は，原型(模型)の製作にはじまり，鋳型製作，金属の溶解，鋳込みが重点になり，後処理に及ぶ．これらの技術は，最近新しい設備や機械の普及よっていちじるしく進歩し，鋳物の量産化がはかられている．

2・1　鋳造の原理

1.　鋳造の概要

　高温に加熱して溶解させた金属は，流動するようになるから，これを中空の型に流し込んで，製品をつくることができる．この作業を**鋳造**(casting)といい，また鋳造してできた製品を**鋳物**(castings)という．

　型，すなわち**鋳型**(mold)

2・1 図　鋳物工場

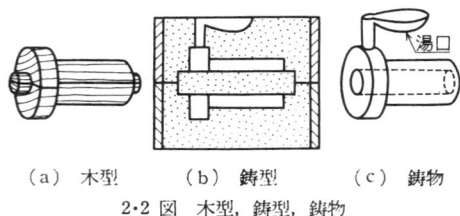

2・2図 木型, 鋳型, 鋳物

は, 主として砂型と金型が使われている. また, いろいろな粘結剤を使った型もある.

鋳型は, 鋳物に相当する空間をもったもので, これをつくるには, 鋳物と同じ形状の**原型**または**模型**（pattern）を鋳型の中に埋め込み, それを抜き出せばよい. この原型は, 木材でつくった**木型**が多く用いられてきたが, 多量生産の時代になって, アルミニウム合金, 銅合金などでつくった**金型**や合成樹脂製の**樹脂型**などが使われている. 2・2図は, 木型, 鋳型およびそれによってできた鋳物を示したものである.

2. 鋳 造 性

金属が鋳造されるためには, 溶解温度が低いことが望ましく, 溶融金属（これを**湯**と呼ぶ.）の流動性がよいこと, 溶解するときガスの吸収が少ないことなどが重要な条件になる.

したがって, どんな金属でも鋳造できるというわけではない. 原則的には, 他の元素を多く含んでいるものほど鋳造しやすく, 純金属に近いものは鋳物をつくりにくい. 炭素量が 1.7% 以下の鋼に比べると, 2.5〜4.0% の炭素を含む鋳鉄は鋳造がしやすく, 7-3 黄銅（Zn 30% の Cu-Zn 合金.）よりは 6-4 黄銅（Zn 40% の Cu-Zn 合金.）, ジュラルミン（Cu 4%, Mg 0.5% の Al-Cu-Mg 合金.）よりはシルミン（Si 12% の Al-Si 合金.）のほうが**鋳造性**（castability）に富むのはそのためである.

3. 鋳物の長所

鋳物のすぐれている点は, 複雑な形状の製品を容易につくることができることである. とくに, 鋳造品の約 80% を占める鋳鉄は, 鋳造がしやすいうえに, 鋼材に比べると材料費がきわめて安いという長所がある. また, 切削加工が容易なこと, 摩耗によく耐えること, 剛性や振動の吸収性にすぐれていることなども, 鋳鉄の特徴である.

しかし, 薄物はつくりにくく, 精度や材質の均一性に欠け, 延性やじん(靱)性に劣るという欠点もある.

2・2 木　　型

1. 木型用材料

木型用の木材として最も多く用いられるのは，**ヒメコマツ**である．質がち（緻）密で，加工がしやすく，安価だからである．次いで，**ヒノキ，ホウノキ**が用いられ，**ケヤキ**や**サクラ**は，複雑で正確を要する木型に適している．

木型をつくる補助材料には，接着剤として**にかわ**や**プラスチック接着剤**があり，**セラニックス**や**アルミニウム ペイント**などが**塗料**として用いられる．

2. 木型の形式

木型は，それを用いて鋳型をつくる方法によって，込め型とけずり型とに分けることができる．

込め型は，2・3 図に示すように，製品と同じ形をした木型である．これには，木型全体が一体になった**単体型**〔同図(a)〕のほかに，型込めを容易にするために，全体を二つまたは二つ以上に分けた**割り型**〔同図(b)〕とがある．割り型の結合には，同図(c)のような，**だぼ，いんろう，あり**などを用いる．

けずり型は，板に鋳物のある断面を形どり，これで鋳物砂をけずり取って鋳型をつくるもので，**板型**ともいう．

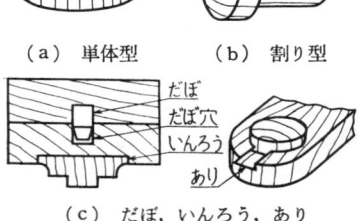
(a) 単体型　　(b) 割り型
(c) だぼ，いんろう，あり
2・3 図　込め型

2・4 図(a)のように，軸を中心に板型を回転させて鋳型をつくるものを**ひき（挽）型**または**回し型**といい，同図(b)のように板型でか（搔）きずって鋳型をつくる形式のものを**かき型**と呼んでいる．

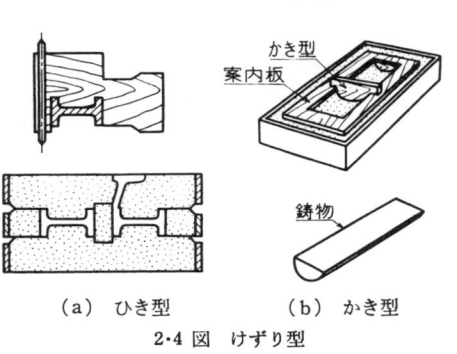
(a) ひき型　　　(b) かき型
2・4 図　けずり型

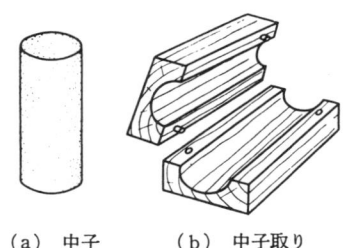
(a) 中子　　(b) 中子取り
2・5 図　中子と中子取り．

このほかに**中子取り**がある．**中子**とは，2·5 図(a)のように，中空な部分や穴のある鋳物をつくるときに，中空部や穴に相当する砂型をつくって，これを全体の鋳型(おも型)に組み込むものである．中子取りにも，**箱型**〔同図(b)〕のほかに，**ひき型**，**かき型**がある．

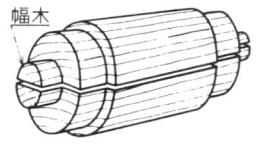
2·6 図 幅木

中子を組み込む鋳型には，これを所定の位置におさめるくぼみを設けなければならない．木型でいえば，2·6 図に示すように，そのくぼみに相当する突起をつけておくのである．この部分を**幅木**という．

3. 木型製作に必要な条件

(1) 縮みしろ 溶解した金属が冷却，凝固するときには収縮する．その割合が**縮みしろ**で，木型はそれを見込んであらかじめ寸法を大きくつくる．鋳造用金属の縮みしろは，2·1 表に示すとおりである．

2·1 表 縮みしろ

鋳造用金属	縮みしろ(mm) (1000 mm につき.)
鋳 鉄	8〜10
Al 合金，青銅	12
黄 銅	14
鋳 鋼	16〜20

木型製作用のものさしは，**伸び尺**または**鋳物尺**といい，この縮みしろに応じて長くなっている．

(2) 仕上げしろ 鋳物を機械加工して仕上げる部分には**仕上げしろ**をつける．仕上げしろは，鋳鉄の場合，ふつう 3〜5 mm で，大形鋳物では 5〜8 mm である〔2·7 図(a)〕．

(3) 抜きこう配 木型を鋳型から抜き取りやすくするために，木型の垂直面にこう(勾)配をつける．これを**抜きこう配**といい，ふつう 1/100 くらいにする〔2·7 図(b)〕．

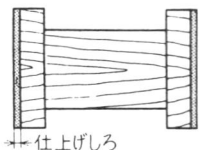 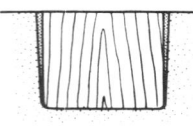
(a) 仕上げしろ　　(b) 抜きこう配
2·7 図　仕上げしろと抜きこう配．

(4) 面取りとすみ肉 2·8 図(a)に示すように，木型のかどには丸みをつける．これが**面取り**である．また，すみ(隅)には同図(a)，(b)のように**すみ肉**をつけて丸みをつける．鋳型のかどやすみがとがっていると，こわれやすいばかりでなく，鋳物になったとき，その部分の鋳造組織が悪くなる．

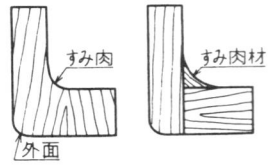
(a) 面とり　(b) すみ肉
2·8 図　面取りとすみ肉．

このほか，鋳物が冷却，凝固するとき，変形やき(亀)裂のおそれがある場合は，木型にあらかじめ補強用の**捨てざん**をつけることがある．

2・3 鋳　　　型
1. 鋳物砂

（1）　**鋳物砂の性質**　鋳型として砂型が最も多く用いられているのは，砂は取扱いが簡単であり，繰り返して使うことができ，したがって費用が安くつくからである．しかし，どんな砂でもよいというわけではなく，鋳型としての必要な性質を備えていなければならない．

第一に，**成形性**が必要である．すなわち，なめらかな鋳型の表面が得られ，しかも，ある程度の時間が経過しても変形しないことが必要である．また，溶湯は高温度であるので，鋳物のはだに焼けついたり，化学変化をおこしたりしないだけの**耐熱性**も要求される．さらに，**通気性**をもっていて，溶湯が吸収しているガスや砂型から発生するガスを逃がすことも必要である．このほか，保温性，復用性，均一性なども望ましい条件になる．

（2）　**鋳物砂の配分**　鋳型に必要な条件からいって，ただ砂だけでは鋳型はつくれない．砂を粘着させるために，粘土とか**ベントナイト**（bentonite，火山灰が風化して粘土状になったもの．）とか，あるいは油や合成樹脂を**粘結剤**として砂に加える必要がある．また，クッション剤として石灰粉，穀粉などを混入する．**クッション剤**とは，鋳物砂が高温度になると膨張するので，その影響を緩和させる役目をするものである．

古くから使われている神奈川砂，川口砂，神戸砂などは，けい(硅)酸(SiO_2)を主成分とする砂粒に適当な粘土分が含まれているので，天然のまま鋳物砂としての性質を備えている．しかし最近は，いろいろな砂，粘結剤，クッション剤を適当な割合で配合した**合成砂**を用いることが多い．いずれにしても，5〜8％の水分を含ませて成形性をよくする．

（3）　**鋳物砂試験**　鋳物砂の性質を知って，その配合を改善するために鋳物砂試験が行なわれる．これには水分試験，粘土分試験，粒度試験，通気度試験などがある．それぞれ試験器機があり，試験方法がJIS(日本工業規格)で規定されている．

水分は，試料の重量と，それを乾燥してからの重量とを測定し，比較して求めることができる．

粘土分は，試料を容器に入れ，3％のか性ソーダ水溶液を加えてかくはん(攪拌)し，砂粒と粘土とを分離して測る．しかし，この方法によると直径 0.02 mm よりも小さい砂粒は粘度分として加わる．

粒度 (grain size) は，砂粒の大きさを表わす数値で，これを測定するには標準ふるい(篩)を用いる．試料について各粒度の重量百分率(％)をまとめたものを粒度分布と呼んでいる．2・2 表は，標準ふるい目(網ふるい)の呼び寸法(mm)とふるいの目開きおよび金属線の径を示したものである．

2・2 表 網ふるいの目開きおよび金属線の径. (単位 mm)

呼び寸法	ふるいの目開き	金属線の径	呼び寸法	ふるいの目開き	金属線の径	呼び寸法	ふるいの目開き	金属線の径	呼び寸法	ふるいの目開き	金属線の径
125	125	8.00	31.5	31.5	4.00	8.0	8.00	2.00	2.36	2.36	1.03
106	106	6.30	26.5	26.5	3.55	6.7	6.70	1.80	2.00	2.00	0.953
90	90.0	6.30	22.4	22.4	3.55	5.6	5.60	1.66	1.70	1.70	0.840
75	75.0	6.30	19.0	19.0	3.15	※5.00	5.00	1.60	1.40	1.40	0.717
63	63.0	5.60	16.0	16.0	3.15	4.75	4.75	1.60	1.18	1.18	0.634
53	53.0	5.00	13.2	13.2	2.80	4.00	4.00	1.40	1.00	1.00	0.588
45	45.0	4.50	11.2	11.2	2.50	3.35	3.35	1.27	※印の付いているものは，当分の間使用できる．		
37.5	37.5	4.50	9.5	9.50	2.24	2.80	2.80	1.11			

通気度は，鋳物砂を突き固めて，断面積 $A(\text{cm}^2)$，高さ $h(\text{cm})$ の試験片をつくりこれを，2・9 図に示した**通気度試験機**に取り付け 2000 cc の空気が試験片を通過するのに要する時間 t (min) を測って，その途中で，1000 cc の空気が通過してゆくときの空気圧 p (水柱 cm) を測定しておくと通気度 P(cc/cm²/min) はつぎの式で計算できる．

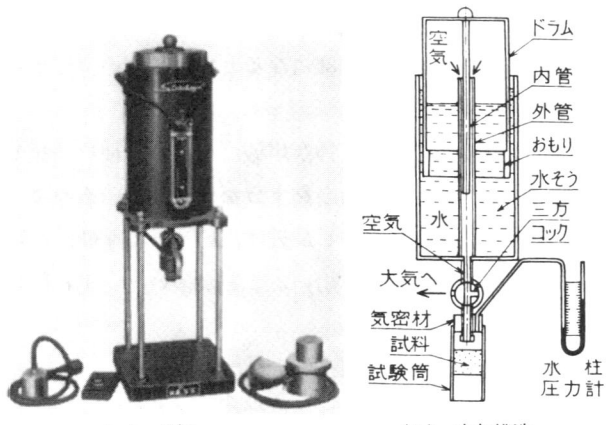

(a) 外観　　　　(b) 内部構造
2・9 図 通気度試験機

通気度 $P = \dfrac{2000\,h}{pAt}$

以上のほか,鋳物砂試験には,強度試験,耐火試験などがある.

(4) **鋳物砂の処理** いちど使用した鋳物砂は,回収したあと老化に応じて処理し,山砂,けい砂,粘土などを適当に調合して再び使用する.

鋳物砂の処理機械に,**砂ふるい機**(2·10 図),**砂混ぜ機**(2·11 図),**砂ほぐし機**(2·12 図),**速練機**(2·13 図)などがある.

2·10 図 砂ふるい機

2·11 図 砂混ぜ機

2·12 図 砂ほぐし機

2·13 図 速練機

2. 鋳型の構造

(1) **鋳型の形式** 鋳型は 2·14 図(a)のように,上下 2 個または数個の**型わく**を用い,そのわく(枠)の中で型込めするのがふつうである.これを**わく込め鋳型**という.大形鋳物の場合などには,同図(b)のように土間を下型の代わりにした**土間込め鋳型**にする.同図(c)は,形が簡単で,表面が粗雑でもよい鋳物に利用する

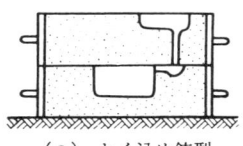 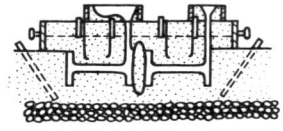 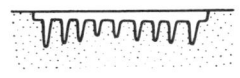

(a) わく込め鋳型　　(b) 土間込め鋳型　　(c) 開放鋳型

2·14 図　鋳型の形式.

開放鋳型である．また，鋳型には，乾燥の程度によって，生型(なまがた)，乾燥型および焼き型がある．型込めしたままの鋳型が生型で，これには当然，数％の水分を含んでいる．乾燥型は，この生型を100℃以上に加熱して，水分を除いたものであり，焼き型は，これをさらに800℃くらいの高温で焼いたものである．

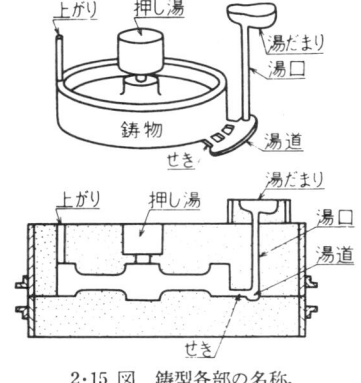

2·15 図　鋳型各部の名称.

ふつうの鋳物は生型で充分であるが，大形なもの，精密なものは乾燥型にする．乾燥型は粘土分が砂粒に固着して強固であり，水分の影響を受けず，溶湯が平均して冷却され，よい組織の鋳物ができる．南部鉄びんなどは焼き型でつくっている．

乾燥型の代わりに利用されるものにガス型がある．これはけい砂にけい酸ソーダなどを配合した鋳物砂で鋳型をつくり2·16 図に示すように二酸化炭素を吹き込むと化学作用によって強固な水分の少ない鋳型ができる．これは中形・大形の鋳物・形状が複雑な鋳物・中子などに適している．

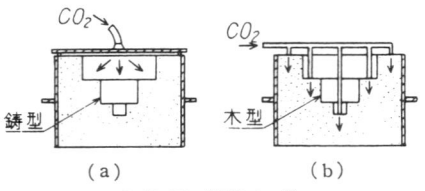

2·16 図　炭酸ガス法

（2）**鋳型の構造**　2·15 図は，鋳型の各部の名称を示したものである．湯は**湯だまり**に注ぎ込まれ，**湯口**，**湯道**，**せき**を通って鋳型に達する．**押し湯**は，湯の重力によって湯のまわりをよくしたり，湯の収縮に対して湯を補給するために設けるものである．**上がり**は，鋳型内の空気を追い出したり，湯のまわりを見る役目をする．したがって上がりは湯だまりよりもやや低くなっている．

ガス抜き穴は，水蒸気やガスを抜くためのものである．大形鋳物では，鋳型の下

にコークスを敷き，ここに集まったガスを，管を設けて抜き出すようにする．

　(3) **鋳型製作用工具と機械**　鋳型は，**鋳型わく，定盤**のほか，**突き棒，スタンプ，湯口棒，かき定規，こて，へら，気抜き針，型上げ，筆**などを使って，手で型込めすることができる．しかし，多量生産の場合は，これではとてもまにあわないので，機械化した造型機によって型込めする．

　造型機の代表的なものは，2・17 図の**ジョルト スクイーズ式造型機**（jolt squeeze moulding machine）である．

下型わくに詰めた砂にジョルト（振動）を与えて突き固め，上型わくに詰めた砂は，一定の深さまでスクイーズ（圧縮）するようになっている．動力はすべて圧縮空気である．

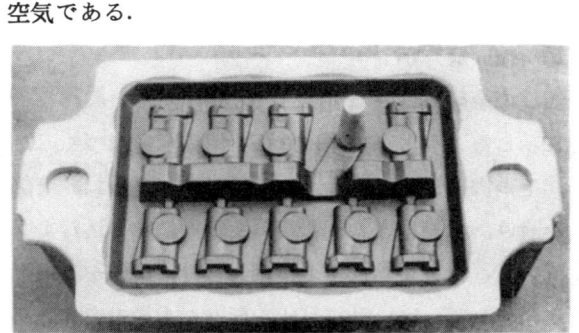

2・17 図　ジョルト スクイーズ
　　　　式造型機

2・18 図　定 盤 型

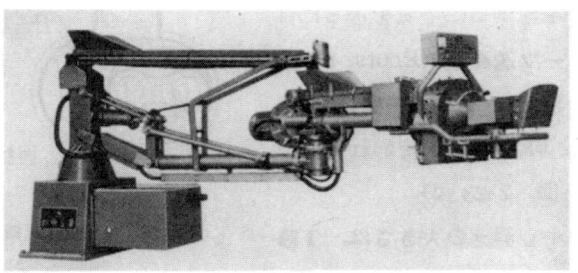

2・19 図　サンド スリンガ

2・20 図　中子造型機

造型機に用いる原型は金型で，2・18 図のように，湯口なども原型の一部として設けた**定盤型**にする．定盤の表面だけに原型を取り付けたものを**パターン プレ**

ート (pattern plate), 定盤の裏表に, 上型と下型になる原型を取り付けたものを**マッチ プレート**(match plate)と呼んでいる．この外, 大形鋳物の型込めのとき, 鋳物砂を突き固める**サンド スリンガ** (sand slinger), 中子をつくる**中子造型機** (core making machine) がある (2・19図, 2・20図).

（4） 塗 型　鋳物を鋳型から離れやすくし, 鋳はだ(肌)を美しくするため, 鋳型の表面に**黒鉛**などを塗る．これを**塗型**(とかた)といい, 土状黒鉛を粉末にして鋳型にふりかけたり, 粘土などとともに水に溶かして筆で塗るのである．りん(鱗)状の黒鉛粉末は, そのまま**板筆**を使って塗りつける．土状黒鉛にコークス粉末や木炭粉末を混ぜ, これを粘土水または糖蜜で溶いたものを**黒味**と呼んでいる．

2・4　鋳鉄の鋳造
1.　溶 解 炉

鋳鉄の溶解には**キュポラ** (cupola) が用いられる．2・21図に示したように, 本体は鉄板を円筒形に形づくったもので, その内壁を耐火れんがで**内張り**(lining)し, 下部に羽口を設け, 風箱に送られた空気を炉内に吹き込むようになっている．これを脚柱の上に据え付け, 炉底を半円形のとびら式にして, けい砂に粘土を混ぜたものを突き固めた砂床にしてある．

キュポラに空気を送るには, **ルーツ送風機** (Roots blower)または**ターボ送風機** (turbo blower) が使われる (2・22図, 2・23図).

キュポラの大きさは, 1時間当たりの溶解能力 (t) で表わす．

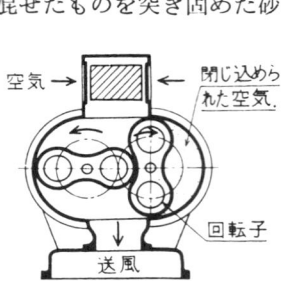

2・21 図　キュポラ

2・22 図　ルーツ送風機

2・23 図　ターボ送風機

2.　キュポラの操作

キュポラは, 溶解作業によって内壁が侵食されるので, 1回ごとに補修する．侵食のはげしいところは耐火れんがを取り換え, 内壁全体を耐火モルタル(耐火れん

が粉を粘土水で練り固めたもの.)で塗り固めるのである．炉底も毎回とりこわして新しい砂床にする．

炉の操作は，炉底に積んだまき(薪)に点火し，その上に**初込めコークス**を投入して，これを燃焼させることから始まる．初込めコークスが全体に燃え始めると，装入口から地金，石灰石を入れ，次いで，**追込みコークス**を入れる．追込みコークスは，重量比で地金の 10～15％，大形炉では 8～10％ である．続いて，地金，石灰石，コークスを順次積み重ね，湯がたまれば**湯出し**をする．

石灰石 ($CaCO_3$) は，コークスや地金に混じっている酸化鉄，砂，灰分や炉壁などの溶けたものに流動性を与える**溶剤** (flux) である．その量は，地金の 2～4％ とする．石灰石によって溶かされた不純物を**のろ** (slag) といい，湯出しの前にのろ出し口から流し出す．

なおキュポラの炉内温度は 1700℃ 以上になり，溶湯の温度は 1400～1550℃ になるのがふつうである．

3. 溶解中の計測

キュポラの操作中は，送風管の風圧や溶湯の温度などを計測し，湯の成分判定などを行なって，目的にかなった鋳物をつくるようにする．

（1） **風圧の測定**　送風管内の風圧は，2・24 図のような**風圧計**で測る．ガラスのU字管に水を入れ，一端をゴム管で送風管につなぎ，風圧のために生じる水準差 H (mm) を読みとるのである．

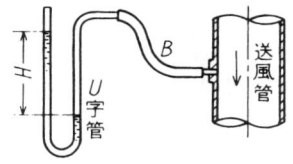

2・24 図　風圧計

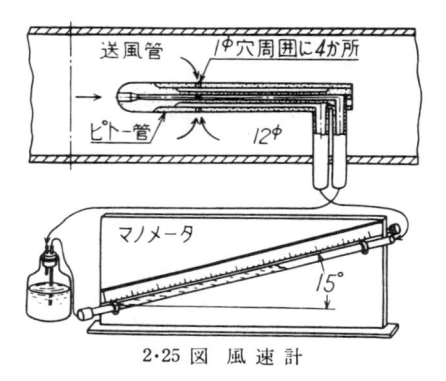

（2） **風速の測定**　送風管内の風速は，2・25 図に示すように，ピトー管を利用した**風速計**で測る．マノメータで水柱 H (mm) を読むと，風速 v (m/min) は

$$v = 60\sqrt{\frac{2g}{\rho} \times \frac{H}{1000}}$$

2・25 図　風速計

式中，ρ＝空気の比重 (0.0012)，g＝重力加速度 (9.8 m/sec²) である．

送風量 $Q(\mathrm{m^3/min})$ は，送風管の断面積を $A(\mathrm{m^2})$ とすると

$$Q = A \times v = A \times 60\sqrt{\frac{2g}{\rho} \times \frac{H}{1000}}$$

となる．

（3） 温度の測定 炉内温度や溶湯の温度を測定するには，熱電高温計，光高温計などが用いられる．

熱電高温計（thermo-couple pyrometer）は，2・26 図に示してあるような，熱電対を利用した高温度計である．指示計は，温度目盛りになっていて，1600℃ まで測って読みとることができる．

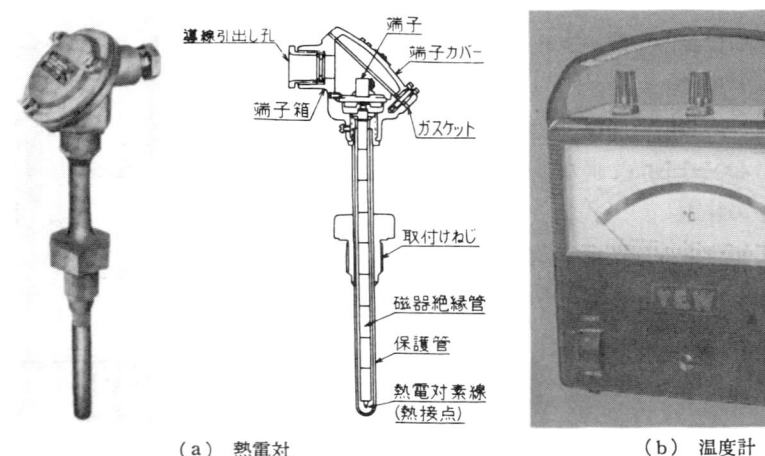

(a) 熱電対　　　　　　　　　　　　(b) 温度計

2・26 図　熱電対高温計

光温度計（optical pyrometer）は，高温体の輝きを標準の輝きと比較して温度を測定するものである．直接高温体に触れることなく，2000℃ くらいまで測定できる．2・27 図 は，光温度計を示す．

（4） 溶湯の検査 溶湯を小さいとりべに受けると，その表面に特有の模様ができ，また火花が飛び散る．それを観察してキュポラ内の溶解状態や成分を知ることができる．

また，砂型で**くさび形試験片**をつくり，その破面の色，チル（急冷されて白くなった部分．）の深さ，ち密さなどを観察すれば，溶湯の材質がわかる．金型に鋳込んだ**円形試験片**によって溶湯の性質を調べることもある．

4. 鋳込み

溶湯を運び，鋳型に注入するには**とりべ**(ladle)を用いる．とりべには，1人か2人で取り扱えるくらいの小さいものから，起重機で運ぶ大形のもの(2・28図)まである．いずれも鋼板でつくり，小形のものは中子砂で，中形のものは耐火粘土と鋳物砂で，大形のとりべは耐火れんがで内張りし，その表面に黒味を塗ってある．

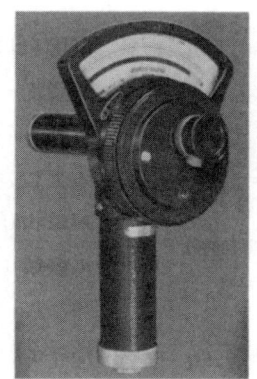

(a) 外観 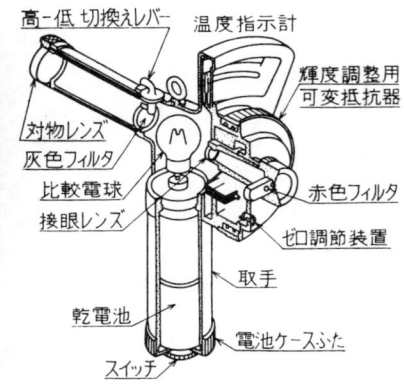 　　(b) 内部構造
2・27図 光高温計

とりべに受けた溶湯は，しばらく放置して適当な**鋳込み温度**(1300～1400°C)になるのを待って鋳込む．鋳込み温度が高すぎると組織があらくなり，す(巣)や割れも生じやすい．反対に低すぎると，俗にいう**湯足**すなわち流動性が悪くなる．

鋳込む前に，鋳型におもり(錘)をのせ，上型が溶湯の圧力で押し上げられるのを防ぐ．

2・28図 かけつり式とりべ

2・5 特殊鋳鉄と鋳鋼

1. 球状黒鉛鋳鉄

ふつうの鋳鉄は，破面が灰色に見えるので**ねずみ鋳鉄**(gray pig iron)といわれるものである．炭素(C)が黒鉛の形で存在し，その組織を顕微鏡でのぞいてみると，2・29図(a)に示すように，片状になっている．鋳造しやすく，切削加工が容易で，耐摩耗性が大きいなどの長所がある反面，引張り強さが弱く均質性に欠けるという欠点がある．

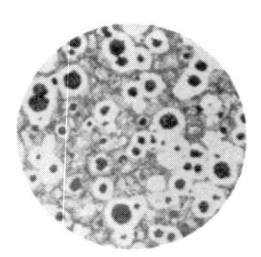

(a) 普通鋳鉄　　(b) 球状黒鉛鋳鉄
2・29 図　普通鋳鉄と球状黒鉛鋳鉄の組織．

この黒鉛を比較的少なくし，同図(b)に示すように，球状にして均一に分布させると，引張り強さが 70 kg/mm² にも達する強じんな鋳物ができる．これが**球状黒鉛鋳鉄**または**ダクタイル鋳鉄**(ductile cast iron) と呼ばれるものである．鋳造後，900°C くらいの温度で焼きなましを施すと，さらに粘さを増し，強くなる．

球状黒鉛組織は，溶湯にマグネシウム(Mg)とけい素(Si)を主成分にしたマグネシウム合金を添加することによって得られる．

2. 合金鋳鉄

普通鋳鉄にニッケル(Ni)，クロム(Cr)，モリブデン(Mo)などの合金元素や，けい素(Si)，マンガン(Mn)などをとくに多く加えた鋳鉄である．

クロム(Cr)を加えると，結晶粒が細かくなり，黒鉛も小さくなって，**耐熱鋳鉄**になる．けい素(Si)を 14～18 % 含んだ高けい素鋳鉄は，耐酸性にすぐれている．また，ニッケル(Ni)，クロム(Cr)などを適当に加えた鋳鉄は，かたくて，摩耗によく耐える．

3. 可鍛鋳鉄

炭素が**セメンタイト**(Fe_3C)の状態で含まれていると，破面は白くその質はかたい．これを**白鋳鉄**(white pig iron)という．この白鋳鉄で鋳物をつくり，これに焼きなましを施し，粘り強くしたものが**可鍛鋳鉄**(malleable cast iron)である．焼きなましの方法によって黒心可鍛鋳鉄と白心可鍛鋳鉄とになる．

白心可鍛鋳鉄は，白鋳鉄の鋳物を酸化鉄粉で包み，900～1000°C で 70～100 時間焼きなましてつくる．このように長い時間焼きなましすると，小さな白鋳鉄の鋳物は，中心部まで脱炭して破面が白くなる．

黒心可鍛鋳鉄は，白鋳鉄の鋳物を 900～950°C と 680～730°C の二つの段階に分けて，それぞれ 20～30 時間保つ．こうすると，セメンタイト(Fe_3C)は黒鉛に分解して均一な組織になり，破面は黒くなる．

4. 鋳鋼

溶解した鋼を砂型に鋳込んで鋳造したものが**鋳鋼**(鋼鋳物)(steel castings)である．炭素量は1.0%以下である．鋳鉄に比べて鋳造性が悪く，収縮率も鋳鉄の約2倍ある．

炭素鋳鋼(普通鋳鋼)に対して，Ni，Cr，Mn，Mo，Wなどを添加した鋳鋼を**特殊鋳鋼**または**合金鋳鋼**という．低Mn，高Mn，低Cr，Cr-Mn，Ni-Cr鋳鋼は構造用あるいは耐摩性を要する機械部品に用いられる．Cr，Ni，Mnなどの合金成分を増すと，耐食性，耐熱性などの特殊な性質をもった特殊鋳鋼が得られる．高Cr，高Cr-Ni合金の特殊鋳鋼は，耐酸(ステンレス)および耐熱鋼である．

鋳鋼には鋳造後必ず熱処理を施す．鋳造のままでは組織があらく，鋳造応力が残っているからである．鋳鋼を炉に入れて800〜900°Cで長時間加熱し，そのあと徐徐に冷却すると，応力を除き，組織を改善することができる．これを**焼きなまし**(annealing)という．

5. アーク炉

鋳鋼・可鍛鋳鉄・球状黒鉛鋳鉄などの融解にはキュポラなどより高温が得られるアーク炉(arc furnace)が使われる．2・30図に示すのは現在最も広く使われているエルー式アーク炉で，黒鉛電極と地金または湯との間に直接アークを発生させ，このアーク熱で融解する直接アーク炉である．エルー式は電極の消耗に応じてその距離が自動的に調整できる．

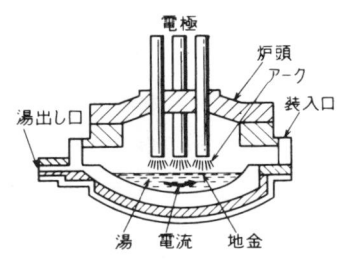

2・30図 エルー式アーク炉

2・6 非鉄金属の鋳造

1. 銅合金鋳物

銅(copper)は単独では鋳造しにくいが，これに亜鉛(Zn)，すず(Sn)，鉛(Pb)などを加えると，鋳造もしやすくなり，有用な鋳物になる．そのなかでも，黄銅と青銅はよく知られている．

黄銅(brass)は，銅(Cu)と亜鉛(Zn)の合金で**しんちゅう**とも呼ばれる．一般的なものは，Zn 40%の**六四黄銅**とZn 30%の**七三黄銅**である．

性質をよくするために，鉛(Pb)，すず(Sn)，けい素(Si)，マンガン(Mn)などを加えることが多い．

青銅(bronze)は，銅(Cu)とすず(Sn)との合金である．一般的な青銅は，すず(Sn) 15 % 以下のもので，Sn 10 % のものを**砲金**(gunmetal)といい，強度が最も大きい．

青銅に他の元素を加えると，耐食性，耐摩耗性，耐熱性などにいっそうすぐれた青銅が得られる．**りん青銅**，**マンガン青銅**などがそれである．

2. 軽合金

鋳造用アルミニウム合金とマグネシウム合金がその代表的なものである．

アルミニウム合金は，主として銅(Cu)，けい素(Si)，マグネシウム(Mg)，亜鉛(Zn)，ニッケル(Ni)などを含む合金である．その種類はきわめて多いが，だいたい Al-Cu 系，Al-Cu-Si 系，Al-Si 系，Al-Cu-Ni 系および Al-Mg 系の五つに分けられる．

マグネシウム合金では，Mg-Al 系，Mg-Al-Zn 系のものが最も多く用いられている．

3. 非鉄金属の溶解

炉は**るつぼ炉**(crucible furnace)を用いる．耐火れんがで内張りした炉内に，地金を入れたるつぼを置き，間接的に加熱，溶解する炉である．燃料は，一般にコークスを用いるか，重油やガスを利用するものもある．2・31 図は可傾式るつぼ炉を示したものである．

2・31 図　るつぼ炉

るつぼ(crucible)は，黒鉛を固めて素焼きしたもので，その大きさを番号で表わし，それが炉の大きさを表わすことにもなる．

銅合金，軽合金を溶解するには，一般に，最初は溶融点の高い金属を溶解し，全部が完全に溶けたとき，溶融点の低い他の金属を加える．

二つの成分金属を同時に溶解することもあるが，この場合は，溶融点の低い金属を下にし，高いものを上に置く．

いずれの場合でも，必要以上に高い温度で溶解したり，湯のまま長くるつぼの中にためておくことは禁物である．高温度の溶解や長時間湯のままでおくと，ガスを吸収したり，酸化による溶解損失が大きくなるからである．

一般に，鋳込み温度は青銅 1100～1200°C，黄銅 1000°C 内外，アルミニウム合金 650～700°C である．

湯の酸化を防ぐには，**溶剤** (flux) で湯の上面をおおうようにする．銅合金の溶剤には，木炭粉，過酸化バリウム，ソーダ灰，ほう砂，あるいはこれらを混合したものを用いる．アルミニウム合金には，塩化亜鉛，塩化アルミニウム，食塩などが用いられる．

湯に含まれている酸化物を除くために，**脱酸剤** (deoxidizinga gent) を用いることがある．銅合金に用いる脱酸剤としては，亜鉛，りん銅，けい素銅，マンガン銅などが用いられている．

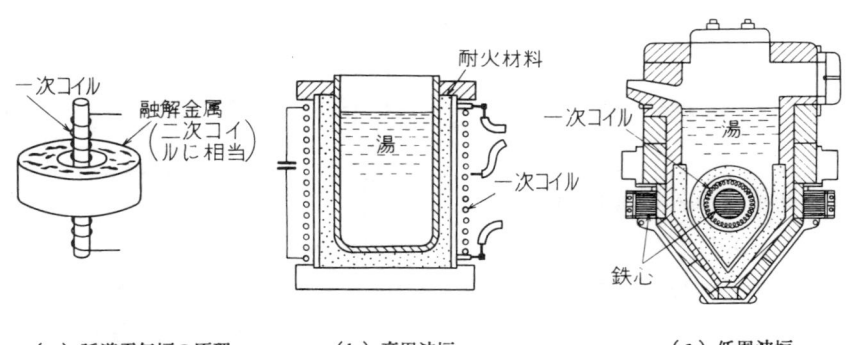

(a) 誘導電気炉の原理　　(b) 高周波炉　　(c) 低周波炉
2・32 図　誘導電気炉

また 2・32 図に示す誘導電気炉 (induction furnace) は融解される金属を二次コイルに相当させ，一次コイルに電流を流して金属に流れる誘導電流によって加熱し，融解するものである．この炉は使用電流の周波数によって低周波誘導電気炉 (50 または 60 Hz) といって過熱をきらうアルミニウム合金や亜鉛合金の鋳造に用いるものと，高周波誘導電気炉 (1000～10000 Hz) がある．

高周波誘導電気炉は熱効率が高く，融解速度が早く，鋳鉄などを連続的に鋳造する時の融解にも適している．

2・7 鋳込み後の処理

1. 鋳物の仕上げ

（1） **湯口，鋳ばりの除去** 鋳型から掘り出した鋳鉄鋳物は，まず湯口，押し湯などをハンマで打って折り取る．太い押し湯や非鉄鋳物の湯口，押し湯などは，のこ（鋸）またはといし（砥石）切断機で切り離す．

鋳ばりは，鋳物の大きさに応じ，たがね，空気たがね，電気グラインダで削り取る．

（2） **砂落とし** 鋳物の表面に焼きついた砂は，ワイヤ ブラシ でこすり落とすこともできるが，鋳物の大きさ，数量に応じ，いろいろな砂落とし機械が使われる．

タンブラ（tumbler）は，数量の多い 小物鋳鉄に用いる．回転する鋳鋼製のドラムに鋳物とスター（チルド鋳鉄で 三角すい などの形状につくった小さい かたまり．）を入れ，互いに摩擦し合って砂落としをする（2・33 図）．

2・33 図 タンブラ

ショット ブラスト（shot blast）は，ショット（shot）すなわち 小さい 鋼の丸い粒を遠心力で鋳物に投射し，砂落としをするようにした機械である．砂が落とされるばかりではなく，鋳はだに光沢が生じてきれいな鋳物になる．2・34 図は，鋳物を入れたドラムを回転させながら，ショットを投射するようにしたものである．

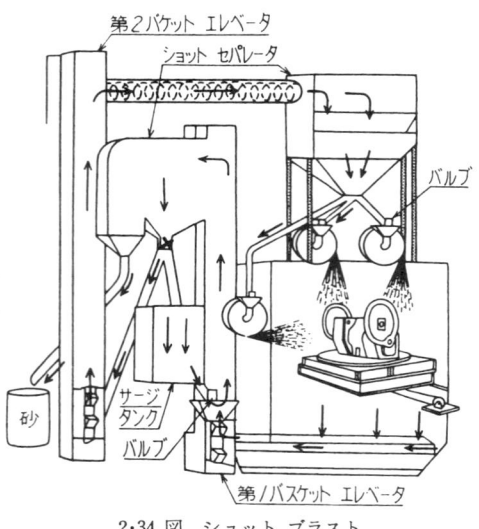

2・34 図 ショット ブラスト

このほか，けい砂を圧縮空気で鋳物に吹きつける**サンド ブラスト**（sand blast），振動台の上に鋳物をのせて，砂落としをする**シェーク アウト**（shake out）などの方法がある．

(3) 酸洗い　鋳はだの酸化物や砂を取り除いて，表面をきれいにするため，**酸洗い**(pickling)を施すことがある．

数百倍に薄めた希塩酸や希硫酸にふっ化水素酸をわずかに加えた液のなかに鋳物を浸して洗浄するのである．酸洗い後は，石灰水に浸したうえ，充分に水洗いして酸が残らないようにする．

2. 鋳物の不良と対策

鋳物には，湯まわり不良，鋳はだ不良，気ほう，ひけ，割れなどの欠陥ができ，不良品になることがある．これらの不良の原因を知って，対策を施しておくことがたいせつである．

湯まわり不良とは，溶湯が鋳型のすみずみまで行きわたらないことである．主として流動性が悪いことによる．そこで，鋳込み温度が低すぎないようにし，鋳込みを静かに，しかも早くすることが肝要である．

鋳はだ不良は，鋳物砂の耐火性が低く，砂の焼きつきによることが多い．

気ほう(blow hole)は，**す**(巣)ともいう．ガスが鋳物のなかに閉じこめられて生じる空洞のことである．鋳型に水分が多いとき，または砂の突固めがかたすぎるとき，水蒸気やガスが鋳物のなかに止まって生じることが多い．鋳物砂を改良し，鋳型のガス抜きをよくしてこれを防ぐ．

湯が最後に凝固する場所では，早く凝固したほうに湯がひかれる．そのために生じた空洞も，すの一種である．これを**ひけ**(shrinkage hole)という．これを防ぐには，肉の厚い部分に冷し金をつけたり，押し湯を大きくしたりする．

鋳はだにできるくぼみを**吹かれ**という．これもガスがそこに止まるか，その部分に水分がとくに多いことによって生じる．

割れは，肉厚にいちじるしい不同があって，収縮が不均一であることが原因になる．また，鋳型ばらしの時期が早すぎたために，割れやひずみが発生することがある．鋳物を設計するとき，できるだけ肉厚を均一にし鋳造の際，引張りを受ける部分をつくらないことが必要である．

3. 鋳物の検査

鋳物の検査には，外形検査，非破壊検査，組織検査，強度検査および化学検査がある．

外形検査は，鋳はだは良好か，湯まわりは完全か，す，ひけ，割れなどの欠陥はないか．または，中子の位置が正しく鋳込まれているかなど，まず鋳物の欠陥の有無を目で見て，外観を検査する．

　割れやひびは，小ハンマでたたいて，音で判断することもできる．

　つぎに，鋳物の各部について**寸法検査**をする．これは，木型の寸法が正しければたいていまちがいはないが，鋳型製作上の誤りによって，寸法がちがってきたり，中子のおさめちがいで，穴の位置や寸法がちがってくる．

　非破壊検査は，鋳物を破壊することなく，内部の欠陥を発見する検査である．これにはX線またはγ線を透過して調べる**放射線透過試験**，超音波を鋳物に当て，鋳物内部の欠陥から返ってくる反射波によって，内部の状態を知る**超音波探傷試験**，けい(螢)光物質を鋳物の欠陥に浸み込ませ，けい光の発光によってそれを検出する**けい光浸透探傷試験**がある．

　組織検査は，試験片の破面を鏡のようにみがき，金属顕微鏡でのぞいたり写真に写し，鋳鉄の組織を調べる検査である．

　強度検査は，かたさ，引張り強さ，曲げ強さなどの機械的性質を測定することである．いずれも試験片をつくり，それぞれの試験機によって検査する．

　かたさを測る試験機には数種類あるが，ショアかたさ試験機とブリネルかたさ試験機が最も多く用いられる．かたさは，もともと比較上のもので，試験機によってその数値もちがっている．

　引張り強さは，所定の試験片を万能試験機によって測定する．圧縮強さ，曲げ強さ，せん(剪)断強さなども，同じ試験機で測定することができる．

　化学検査は，鋳物の削りくずを試料にし，薬品で化学分析を行なって成分を検出する検査である．成分がわかれば，鋳物の材質を判断することもできるし，つぎの地金配合や溶解作業の重要な資料になる．

2・8 精密鋳造法

1. シェルモールド鋳造法

　けい砂に熱硬化性のプラスチックを混ぜた型砂を，加熱した金型にふりかけて硬化させ，上下二つ割りの薄い貝がら状の鋳型をつくり，この二つの鋳型を組合わせ

2·8 精密鋳造法

(a) 金型
(b) 金型の加熱　加熱(240～280℃)
(c) 離型剤の吹付け　スプレーガン
(d) ダンプボックスの取付け　レジンサンド
(e) ダンプボックスの反転　レジンサンドをかける
(f) ダンプボックスの再反転　熱硬化したレジンサンド
(g) レジンサンド型の加熱　加熱(40～60秒)
(h) レジンサンド型の押出し　押出しピンでシェルを押し出す
(i) 鋳込み　二つのシェルを組み合わせる

2·35 図　シェルモールド法

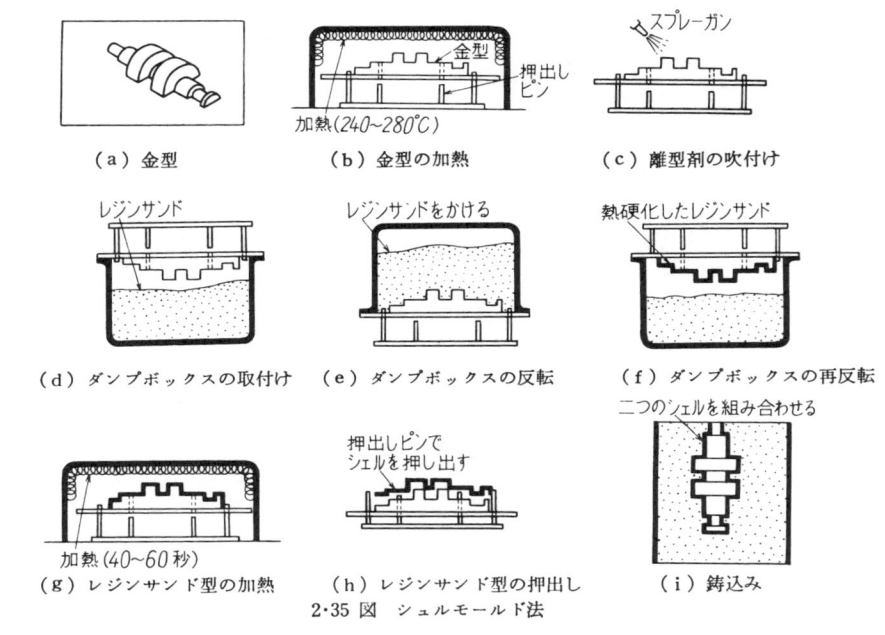

て鋳造する方法をシェルモールド鋳造法 (shell mould prosess) と呼んでいる. 型砂には細かいけい砂にフェノール系樹脂の粉末を 5% くらい混ぜたレジンサンドを用いる. シェル鋳型造型機で 2·35 図に示すような工程でつくられる. 金型にはアルミニウム合金・銅合金などを用いる. この鋳造法によれば鋳はだも美しく, 寸法精度も高い. また鋳型の通気性がよいので失敗が少ないうえ型も容易にできるので大量生産に適する. しかし, 型砂に使うプラスチックに費用がかかるので大きな鋳物を作る場合には限度がある.

2. インベストメント鋳造法

融点の低いろうでつくった原型のまわりをけい砂とせっこうなどの耐火性の材料でつつみ固めたのち, 原型のろうを融解してこれを流出させて鋳型をつくる方法をインベストメント鋳造法 (investment casting process) と呼んでいる. 融点の低い鋳物の場合の耐火性の材料にはけい砂にエチルシリケート水溶液を混ぜたものを使う. この鋳造法によれば複雑な形状のものでも鋳型を分割することなく正確にできるし, 鋳はだも美しく寸法精度も高いが, 一方製作工程がめんどうで耐火性材料

に費用がかかる．また大きな鋳物にも限度がある．

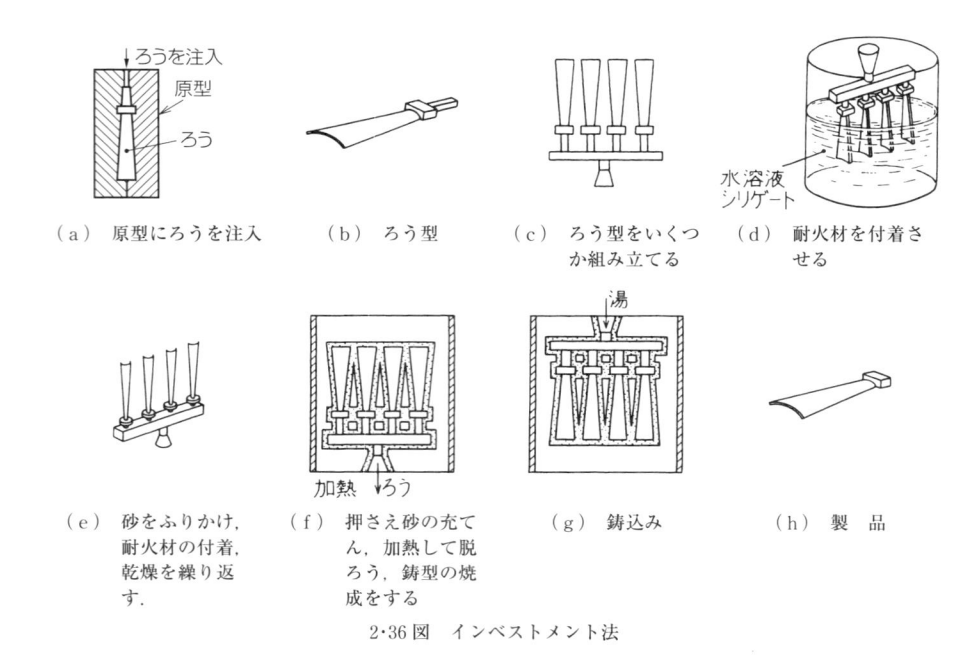

(a) 原型にろうを注入　(b) ろう型　(c) ろう型をいくつか組み立てる　(d) 耐火材を付着させる

(e) 砂をふりかけ，耐火材の付着，乾燥を繰り返す．　(f) 押さえ砂の充てん，加熱して脱ろう，鋳型の焼成をする　(g) 鋳込み　(h) 製品

2･36図　インベストメント法

2･9　特殊鋳造法

1. ダイカスト

精密に仕上げた金型に湯を押し込んで鋳造した鋳物を**ダイカスト**(die cast)という．ダイカストの寸法精度は，10 mm について ±0.02 mm 程度にでき，鋳はだは機械仕上げしたものとほとんど変わらないので，そのまま機械部品として使用することができる．

しかし，どんな金属でもダイカストできるわけではなく，溶解温度が 1000°C 以下であるすず合金，亜鉛合金，鉛合金，アルミニウム合金，黄銅などに限られている．また，厚肉の鋳物や大きなものには適用できない．

鋳造はすべて**ダイカスト機**(die cast machine)によって行なうが，これに自動式のものと手動式のものとがある．いずれも，地金の加熱溶解装置，湯の圧入装置，湯口切断装置，製品取出し装置などを備えている．

一般に用いられているのは，自動式で，駆動方式によって圧縮空気式，油圧式，水圧式に分けられ，また，それぞれ**熱加圧式**（hot chamber type）と**冷加圧式**（cold chamber type）とがある．

熱加圧式は，溶湯に加圧するシリンダが**溶解ポット**（melting pot）のなかに浸されている．鋳込み圧力は 30～50 kg/cm² である．

2·37 図　油圧ダイカスト機

冷加圧式ダイカスト機では，溶解炉が別にあって，そこから溶湯を一定量ずつ加圧室に送り込み，プランジャで**金型**に圧入するようになっている．2·37 図は，油圧冷加圧式のダイカスト機を示したものである．

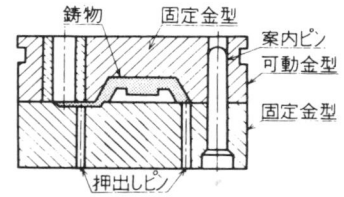

金型（die）の材料は，溶解温度や型の複雑さに応じ，炭素鋼，Ni-Cr 鋼，Cr-W 鋼などを用いる．2·38 図は，金型の一例を示したものである．この型では，直接湯に接する部分の金型を，標準寸法につくられた**ユニット ダイス**（unit die）にはめ込んである．

2·38 図　ダイカスト用金型

2. 低圧鋳造法

金型に溶湯を押し込んで鋳造する点ではダイカスト鋳造法と同じである．ただ**低圧鋳造法**（low pressure casting）では，圧縮空気を密閉した炉内に送り，低圧力（1気圧以下）を湯面にはたらかせ，溶湯を押し上げて金型に注ぎ込むようにしたものである．湯面への加圧は，湯口の部分が固まらないうちにやめ，それが炉内に落ちるようにするので，溶湯が節約される．アルミニウム合金の鋳造に多く用いられている．

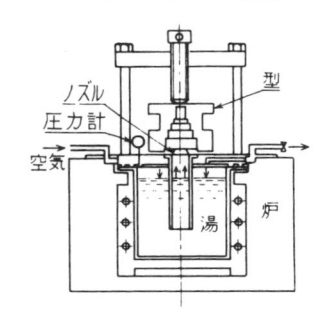

2·39 図　低圧鋳造法

2·39 図は，**低圧鋳造機**（low pressure casting machine）の原理を示したも

のである．溶解炉は，ガス炉，重油炉，誘導電気炉などが使われる．

3. 遠心鋳造法

高速度で回転する円筒形の鋳型に湯を注ぐと，湯は遠心力によって円筒の内面に押しつけられる．湯がそのまま凝固するのを待てば中空円筒の鋳物ができる．これが**遠心鋳造法**(centrifugal casting)である．各種金属の管，ピストン リング，シリンダ ライナ，ロールなどの鋳造に応用される．2・40 図は，遠心鋳造用鋳型を示したものである．

遠心鋳造機には，横形と立て形とがあり，鋳型にも金型のものと砂型のものとがある．鋳込みのときの鋳型の回転数は鋳物の材質，鋳物の外径，鋳型の種類などによって決める．

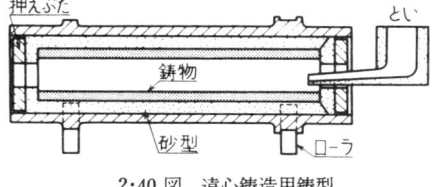

2・40 図　遠心鋳造用鋳型

3
溶　接

　溶接は，二つの金属を接触させ，その部分を溶融点またはそれに近い温度に加熱して接合することである．溶接して一体になった金属は，もはや二つに分解することはできない．したがって，ねじやリベットなどによる機械的接合に比べ，接合部が強く，気密が得られ，重量が軽減されるなどの長所がある．しかも，最近の溶接機器の進歩，溶接棒の改善，自動化などによって，溶接の信頼性や生産性はいちじるしく高くなっている．船，車両，橋りょうなどはもちろん，工作機械や各種産業機械なども，溶接によって組み立てられるようになったゆえんである．

　溶接の熱源を利用して，金属を溶かして切断することもできる．このような切断は，溶接と相まって重要な工作法であり，板材の板取り，構造物の解体などに活用されている．

3・1　溶接の種類と形式
1.　溶接の種類

　溶接(welding)には，文字どおり金属を溶かして接合する融接と，金属を溶融点近くまで加熱し，接触部に圧力を加えて接合する圧接とがある．また，金属を接触させ，そのすきまに溶融温度の低い金属のろう(蠟)を溶かし込んで接合するろう付けも，溶接の仲間に加えることができる．

　融接は，金属の接合部を加熱して溶融し，その継目に同質または純粋の金属を溶接棒によって補充して接合するのである．その加熱源によって，ガス溶接，アーク溶接，テルミット溶接，エレクトロ　スラグ溶接などがある．

ガス溶接は，3・1 図に示すように，ガスの燃焼熱を加熱源とするものであり，**アーク溶接**はアーク(電気放電)が発生する高温度で溶接するものである．この二つは最も広く行なわれ，溶接の本命といえる．

テルミット溶接は，アルミニウム粉末と酸化鉄の混合物を鋳型に入れて点火し，その化学反応熱を利用して溶接する方法である．軸，レールなどの断面積の大きいものの溶接に用いられる．

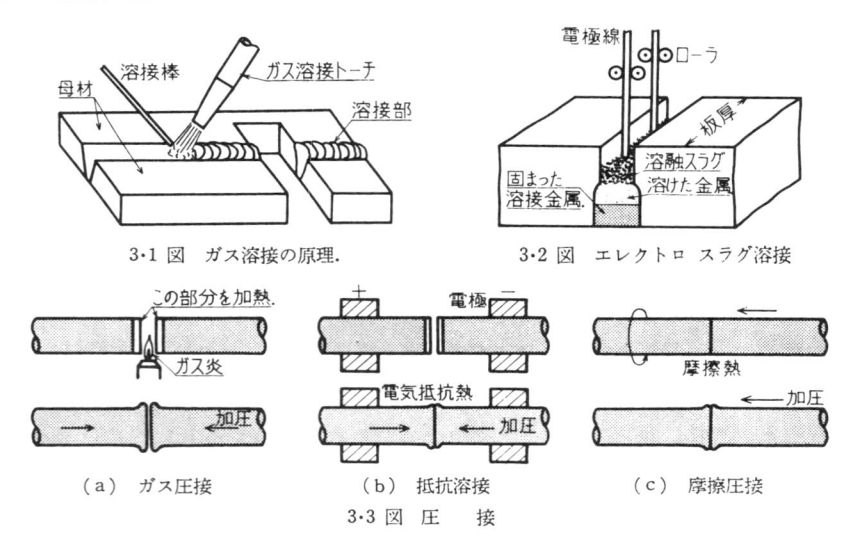

3・1 図　ガス溶接の原理．

3・2 図　エレクトロ スラグ溶接

(a) ガス圧接　　(b) 抵抗溶接　　(c) 摩擦圧接
3・3 図　圧　接

エレクトロ スラグ溶接は，3・2 図に示すように，溶融した**スラグ**(溶融した金属の表面に生じる非金属組織の物質．)の電気抵抗による発熱を熱源とするもので，厚鋼板を能率的に溶接する新しい方法である．

圧接は，3・3 図に示すように，接合しようとする金属の端部を溶融温度より少し低い温度まで加熱し，強く押しつけて接合する方法である．同図(a)は，端部をガスで加熱する**ガス圧接**である．炉で加熱してつち(槌)打ちするか，または圧力を加えて接合する場合は，これを**鍛接**(forge welding)と呼んでいる．同図(b)は，端部を電気抵抗による発熱で加熱し圧接する**抵抗溶接**(resistance welding)で，最も広く用いられている．同図(c)は端部を接触しておいて高速度で回転し，その**摩擦熱**によって圧接する**摩擦圧接**(friction welding)である．

このほか，二つの金属をただ接触させ，強く押しつけるだけで接合するという**冷**

間圧接(cold welding)もある．銅，アルミニウム，亜鉛などの圧接に用いられるが，その接合機構はまだよくわかっていない．

2. ろう付け

（1） ろ う ろう付け(brazing)するとき，接触した金属の間に溶かし込む金属が**ろう**(solder)である．これに，溶融温度が 450°C 以下の **軟ろう**と，それ以上の溶融温度の硬ろうとがある．

軟ろうは，ふつう**はんだ**と呼ばれ，すず(Sn)と鉛(Pb)の合金である．その配合割合は，用途によって各種のものがあるが，板金用として最も多く用いられているのは，30〜40％ Sn，残部 Pb のもので，その溶融温度は 250°C 前後である．

硬ろうには，黄銅ろう(Cu-Zn 合金)，銀ろう(Cu-Zn-Ag 合金)，洋銀ろう(Cu-Zn-Ni 合金)などの種類がある．

（2） 溶 剤 ろう付けするには，接合面の酸化物や油脂を溶かして清浄にし，また作業中，接合面に空気が触れることを防ぐために**溶剤**(flux)を用いる．

軟ろう用の溶剤には，塩酸(HCl)，塩酸亜鉛($ZnCl_2$)，塩化アンモン(NH_4Cl)，まつやになどがあり，これらを混合してのり(糊)状にした**ペースト**が市販されている．硬ろう用の溶剤には，ほう砂($Na_2B_4O_7$)とほう酸(H_3BO_3)が用いられる．

3. 溶接の形式

（1） 溶接継手の種類 3・4 図に示すように，**溶接継手**(welding joint)は，溶接される金属すなわち**母材**の組み合わせかたによって，**突合わせ継手，重ね継手，T継手，かど継手，へり継手**の 5 種類に分けることができる．さらに，これを溶接のしかたからみて，同図(a)を**突合わせ溶接**，(b)，(c)，(d)を**すみ肉溶接**，(e)を**へり溶接**と呼ぶ．重ねた母材の一方にあけた穴に溶着金属を充てんして溶接する**ラップ溶接**もあるが，これは特別の場合にしか用いない．

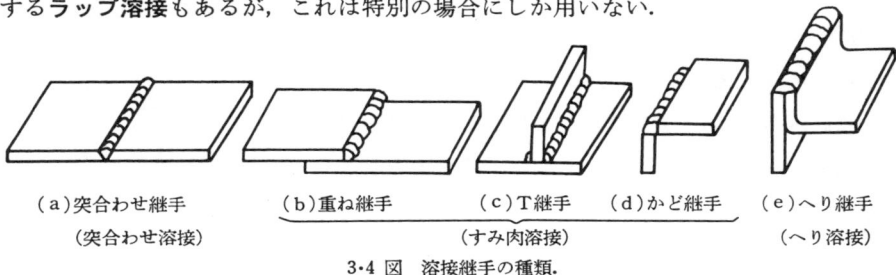

(a)突合わせ継手　(b)重ね継手　(c)T継手　(d)かど継手　(e)へり継手
(突合わせ溶接)　　　　　　　（すみ肉溶接）　　　　　　（へり溶接）

3・4 図　溶接継手の種類．

(2) グルーブの形式 母材の溶接部は，削って角度をつけるのがふつうである．これを**グルーブ**(groove)という．3·5 図は，その代表的な形式である．溶接する前に，板厚や溶接のしかたに応じて適当な形式を選び，加工しておくのである．また，グルーブの先端を**ルート**(root)というが，その間隔も板厚に応じ適当に調節して溶接する．

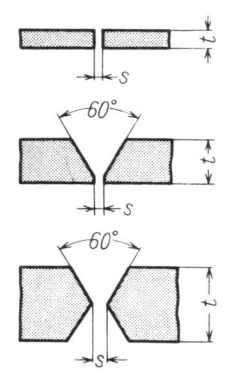

3・2 ガス溶接

1. アセチレンと酸素

(1) アセチレン 可燃性ガスにはアセチレン，プロパン，石炭ガスなどがあるが，ガス溶接にはアセチレンが最も多く用いられる．

アセチレン(C_2H_2)は，**カーバイド**(CaC_2)に水(H_2O)を加えると発生する．その化学反応式は

$$CaC_2 + 2H_2O = C_2H_2 + Ca(OH)_2 + 31.87 \text{ kcal}$$

である．

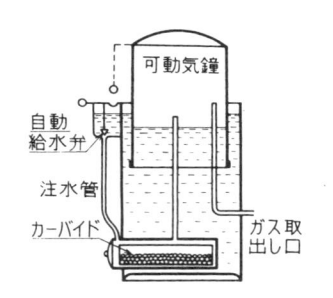

3·5 図　グルーブの形式．

3·6 図は，**注水式アセチレン発生器**で，カーバイドに注入される水は自動的に調整され，アセチレンは可動気鐘にたまるようになっている．発生器の形式には，このほか**投入式**，**浸せき式**がある．いずれの形式でも，アセチレン導管の途中に**安全器**を設けて**逆火**を防ぎ，またガスに含まれる不純物を吸収するために**清浄器**を通す．

3·6 図　注水式アセチレン発生器

アセチレンをアセトンに溶解し，鉄製容器すなわち**ボンベ**(bomb)に詰めたものも用いられる．ふつう 4000～6000 l のアセチレンを貯蔵し，常温圧力は 150 N/cm^2 くらいになっている．使用するときは，調整器で減圧する．

3·7 図　圧力調整器

(2) 酸　素 アセチレンを燃焼させるための酸素はふつう 150 kgf/cm^2 に圧縮

して**酸素ボンベ**に詰めて市販されている．ボンベの容量には，0°C，1気圧 において 6000 l，7000 l のものがある．

酸素の使用圧力は，母材の板厚に応じ，ボンベに取り付けた**圧力調整器**によって，適当に調整する．圧力調整器には，3・7 図でわかるように，ボンベ内の圧力と使用圧力とを示す圧力計が取り付けてある．

2. 溶接トーチと炎

(1) **溶接トーチ**(gas welding torch) ボンベから導管によって送られてくる酸素とアセチレンを一定の割合で混合して噴出し，これに点火して高温度の炎をつくる器具である．

アセチレンの圧力によって，0.7 N/cm² 以下の**低圧トーチ**と，それ以上の**中圧トーチ**とがある．3・8 図(a)は，低圧トーチの外観を示したものである．ガス混合部は，同図(b)のように，インジェクタ構造にして，酸素の圧力(1~2 kgf/cm²)でアセチレンを吸引するようになっている．

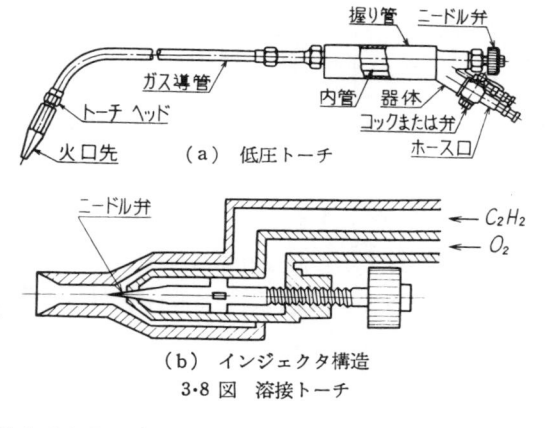

3・8 図 溶接トーチ

火口は，母材の板厚に応じて大小を選んで使用する．称呼番号を1時間当たりのアセチレン消費量で表わし，たとえば ♯250 の火口はアセチレン消費量が 250 l/hr であることを示す．軟鋼板の厚さ1mm 当たりのアセチレン消費量は，約 100 l/hr といわれている．したがって，♯250 の火口では，厚さ 2.5 mm の軟鋼板が溶接できるわけである．

(2) **酸素アセチレン炎** アセチレンと酸素との混合比をほぼ等量かわずかに酸素を多くして点火，燃焼すると，**標準炎**(または**中性炎**という．)ができる．標準炎は，3・9 図に示すように，心炎から約3mm 離れたところに白点があり，それから先が外炎になっている．白点は，アセチレン(C_2H_2)と酸素(O_2)が，$C_2H_2 + O_2 = 2CO + H_2$ の反応を起

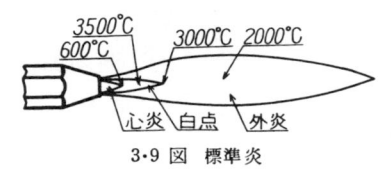

3・9 図 標準炎

こした炭化炎で，この部分が最も温度が高い．外炎は，白点の一酸化炭素（CO）と水素（H）が，空気中の酸素によって完全燃焼し，炭酸ガス（CO_2）と水蒸気（H_2O）になった酸化炎である．

溶接は，白点が溶接部に接するようにして行なう．

3. ガス溶接棒と溶剤

（1）**ガス溶接棒** 溶接中に，不足してゆく母材を補充し，母材のすきまを埋めて肉盛りするために，**溶接棒**（welding rod）が必要である．一般に，ガス溶接棒の材質は，母材のものより良質のもの，少なくとも母材と同質のものにする．太さは，板厚に応じて選び，だいたい 3·1 表に示すとおりである．

3·1 表 母材の厚さに対する溶接棒の径．

母材の厚さ(mm)	1	2〜3	4〜5	6	7〜9	10〜15
溶接棒の径(mm)	1	2	3	4	5〜6	6〜7

（2）**溶　剤** 溶接部の酸化物を除去して，溶接作業を円滑に行なうために**溶剤**（flux）を用いる．3·2 表は，各種金属に対する溶剤を示したものである．これを粉末のまま用いたり，水またはアルコールでのり（糊）状にしてグルーブに塗布してもよいが，あらかじめ溶接棒に被覆したものが用いられる．

3·2 表 溶　剤

金　属	溶　剤
軟　鋼	用いなくてもよい．
鋳　鉄	炭酸ソーダ，重炭酸ソーダ
銅合金	ほう砂，ほう酸
アルミニウム	塩化リチウム 15％，塩化カリ 45％，塩化ナトリウム 30％，ふっ化カリ 7％，塩酸カリ 3％．

4. 溶接トーチの運びかた

溶接作業を進めるとき，トーチの運びかたには，前進溶接法と後退溶接法とがある．トーチは，いつもその重心部を右手で軽く握り，左手に溶接棒を持つのであるが，**前進溶接法**は，3·10 図に示すように，トーチを右から左へと運んで行なう溶接法である．操作が容易であるので一般に用いられている．

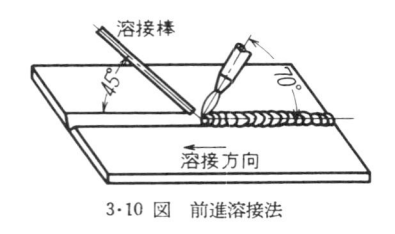

3·10 図　前進溶接法 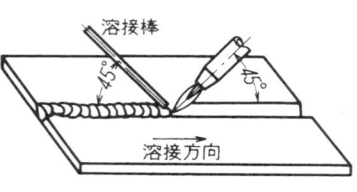　　　　3·11 図　後進溶接法

後進溶接法は，3・11 図に示すように，左から右へ進む方法である．この方法では，炎の先がグルーブの底までとどき，母材の溶込みがよいので，板厚 3 mm 以上の溶接にはよい結果が得られる．

3・3 アーク溶接

1. アークの溶接作用

（1） アーク溶接の原理 **アーク溶接**（arc welding）では，溶接棒と母材との間に持続した放電，すなわち**アーク**（arc）を発生させて溶接する．

3・12 図に示すように，2本の配線を直流電源に接続し，約 60 ボルト（V）の電圧を加え，陽極（+）を母材 W につなぎ，陰極（-）を抵抗 R を通じて溶接棒 P につなぐ．溶接棒の先端をいったん母材に接触させたのち，すみやかに母材から 2～3 mm 離すと，この間に大きい抵抗を生じてアークが発生する．そこで母材と溶接棒との間隔および電圧を一定に保てば，アークは連続的に発生し，約 3800°C に達する高温度を生じるのである．

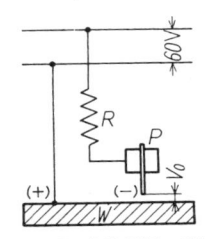

3・12 図　直流電源の接続．

電気は交流でもよいが，アークの安定性は直流のほうがまさる．また，電圧が高いほどアークは安定するが，高すぎるとアークが長くのびて，かえって溶接が困難になる．したがって電圧にはおのずから限度がある．電流も，あまり大きくすると，溶接棒が早く溶けすぎて，アークの安定が保ちにくい．

（2） アークの構成 アークは，3・13 図に示すように，**アーク炎**，**アーク心**および**アーク流**の三つの部分から成っている．アーク心とアーク流は，いつも集中しているが，アーク炎は不安定な煙状で，その形も不規則である．

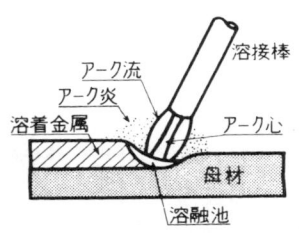

3・13 図　アークの構成と溶融池

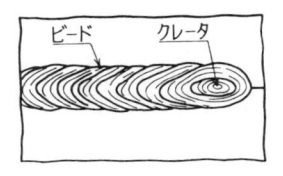

アーク流が母材に当たると，母材は溶融して**溶融池**（molten pool）をつくる．溶融池は，溶接棒の進行につれて移動し，そこに溶接棒から溶球が落ち，3・14 図

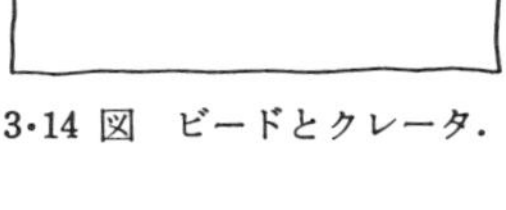

3・14 図　ビードとクレータ．

のようにビードをつくる．アークを切ったところにはくぼみができ，これを**クレータ**(crater)と呼んでいる．

2．アーク溶接機

（1） 交流アーク溶接機(AC arc welder)　これは，50 Hz(ヘルツ)または60 Hzの交流を，変圧器を通して低電圧，高電流に変換するようにした溶接機である．

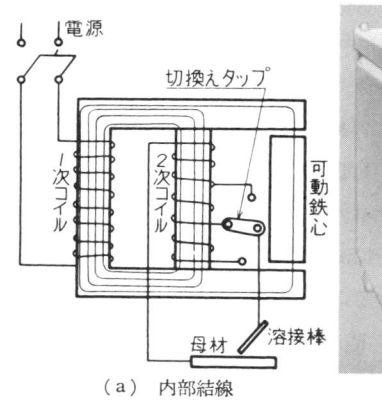

現在使用されているもののうちで，多くは**可動鉄心形**といって，鉄心を動かすことによって漏えい磁気を加減し，アーク電流を調整するようにした形式のものである．

3・15 図(a)は可動鉄心形交流溶接機の構造，同図(b)はその外観を示したものである．動力線から，一次コイルにとった200ボルト(V)の電圧は二次コイルで80ボルト(V)くらいになるが，アークの抵抗負荷によって30～40ボルト(V)の電圧降下が生じ，溶接回路の電圧は40～50ボルト(V)になる．溶接機の容量は，定格二次電流の大きさで表わし，200，300，400，500アンペアのものがある．

(a) 内部結線　　(b) 外　観
3・15 図　可動鉄心形交流溶接機

（2） 直流アーク溶接機 (DC arc welder)　セレン整流器を用いて，交流を直流に変え，溶接に適した電流を得るようにした**整流式直流アーク溶接機**が多く用いられている．

3・16 図は，容量500アンペア(A)のもので，溶接電流の調整範囲は8～510アンペア(A)，負荷電圧は45ボルト(V)である．

整流式のほかに，交流電動機，ガソリンエンジ

3・16 図　整流式直流溶接機

ンなどに直流発電機を直結した**発電式直流アーク溶接機**もある．

（**3**）**高周波アーク溶接機**（high frequency arc welder）　これは，50 Hz（ヘルツ）または 60 Hz の交流を使って，高周波を発生させることにより，アークの安定をはかった溶接機である．10 アンペア（A）以下の小電流でも操作ができ，薄板の溶接に適する．

（**4**）**アーク溶接用具**　アーク溶接には，3・17 図に示すような，**ケーブル，溶接棒保持器**が必要であり，防具として**ヘルメット，ハンドシールド，手袋，エプロン**などが用いられる．また，溶接部のあか（垢），

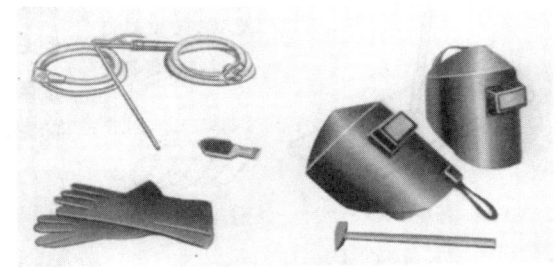

3・17 図　アーク溶接用具

ちり（塵），塗料，さび（錆）などを除去するための**ワイヤブラシ**，溶接部の表面に固着したスラグを除去したり，溶接部をたたいて検査するときに用いる**小ハンマ**も必要な用具である．

3. アーク溶接棒

アーク溶接棒（electrode）は，心線に被覆剤を塗った被覆アーク溶接棒である．**心線**は，母材とほとんど等しいものを用い，軟鋼用の場合は炭素含有量が少なく，りん，いおうなどの不純物の少ないものを使用する．径 1〜10 mm の各種標準寸法のものがあって，母材の厚さに応じて適当なものを選んで使用する．

被覆剤は，けい砂，酸化チタン，酸化マンガン，酸化鉄などを けい酸ソーダ（水ガラス），けい酸カリ，にかわ（膠），ゼラチン などで練ったものである．これらの成分はアーク熱で分解し，中性あるいは不活性ガスを発生して溶触金属を包み，大気中の酸素（O_2）や窒素（N）の侵入を防ぐ．また，アークの発生と維持を容易にし，軽くて流動性のよい**スラグ**（slag）をつくって，溶接部の性質をよくする．

4. アーク溶接のビード

アークを有効に利用し，溶接棒を適当な速さで運んで溶接すると，溶接部は美しい波状になる．このような溶着金属のつながりの状態を**ビード**（bead）といい，その形にストレートビードとウィービングビードとがある．

（1） ストレート ビード（straight bead） これは，溶接棒を直線状に運んでできるビードである．溶接棒を進行する方向に母材面と 75°くらい傾け，下向きでストレート ビードをつくってゆく作業は，アーク溶接の基本である．

（2） ウィービング ビード（weaving bead） これは，溶接棒の先端にゆるやかな横振りの運動を与え，幅を広くしたビードである．3・18図（a）は，溶接棒を三日月形に動かして溶接する要領を示す．このビードは，ウィービングの基本でもあり，最も多く用いられる．このほか，同図（b）に示すように，らせん（螺旋），三角，左右などのビードの置きかたがある．

（a） 三日月ウィービング　（b） 各種ウィービング

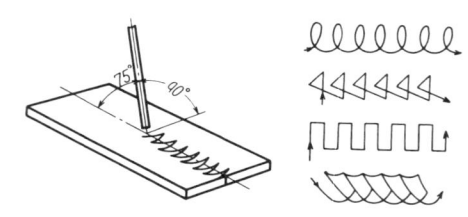

3・18図　ウィービング ビード

5. 特殊アーク溶接法

（1） イナート ガス アーク溶接（inert-gas arc welding） これは，アルゴン（Ar），ヘリウム（He）などの不活性ガス（inert-gas）のふんい気

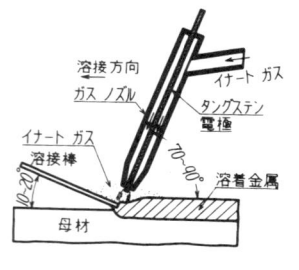

3・19図　ティグ溶接　　3・20図　ミグ溶接

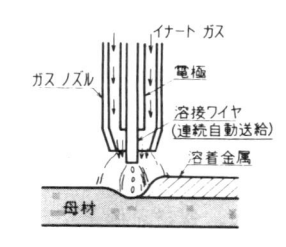

のなかで，心線と母材との間にアークを発生させて溶接する方法である．アークと溶融池は，完全に空気からしゃ（遮）断されるので，空気中の酸素（O_2）や窒素（N）の悪影響を受けることがなく，溶剤を使う必要もなくなる．

この溶接法には，3・19図のように，電極にタングステン（W）を用いる**ティグ溶接**（TIG, tangsten inert-gas の略．）と，3・20図に示すように，裸溶接棒を電極とする**ミグ溶接**（MIG, metal inert-gas の略．）とがある．

イナート ガスアーク溶接はアルミニウム・マグネシウムなどの合金，チタン合金，ステンレス鋼，ニッケル合金などの接合に用いられる．特にチタン合金，ジルコニウム合金などの接合にはこの溶接方法が用いられる．

（2） 炭酸ガス アーク溶接（CO_2 gas arc welding） 不活性ガスの代わりに炭

酸ガス(CO_2)を使用する溶接方法である．炭酸ガス(CO_2)と酸素(O_2)との混合ガスを用い，Mn，Si などの脱酸剤を入れた心線を電極として溶接する**炭酸ガス関口アーク溶接**（略して CS アーク溶接．）は，わが国で発明された自動溶接機として広く採用されている．3・21 図は，その原理を示したものである．

(3) **サブマージド アーク溶接**(submarged arc welding) これは，母材の表面に粒状のフラックスを置き，溶融したフラックスのなかで，心線と母材との間にアークを発生させ，そのなかで溶接を行なう方法である．この原理を応用した代表的なものに，3・22 図に示すような**ユニオン メルト溶接機**(union melt welder)がある．

(4) **アーク スタッド溶接**(arc stud welding)

3・23 図に示したように，ボルト，ピン，管などの**スタッド**(stud)の先端に，脱酸剤を含んだカートリッジを押し当てる．つぎに，交流アーク溶接機を電源とし，スタッド溶接装置を経て，スタッドと母材との間にアークを発生させる．溶融状態になったとき，電流を切ると同時にスタッドを押しつけて溶接する方法である．

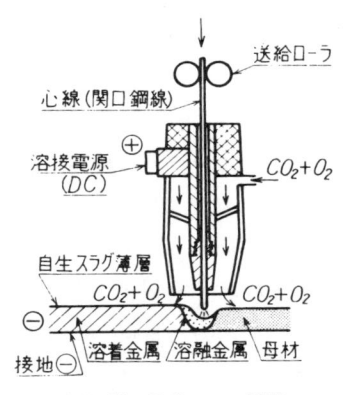

3・21 図　CS アーク溶接

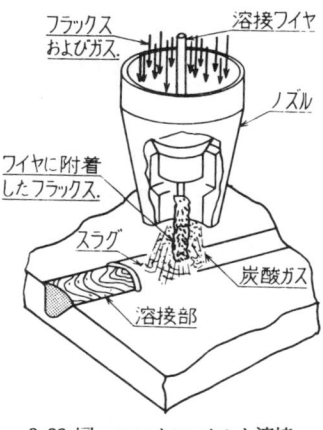

3・22 図　ユニオン メルト溶接

3・4 抵 抗 溶 接

1. 電気抵抗の溶接作用

接合する二つの金属面を接触させ，そこに電流を流すと，金属のもつ電気抵抗と金属面の接触抵抗によって熱を発生し，金属はついに半溶融状態になる．このとき，

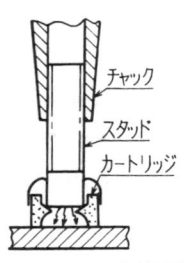

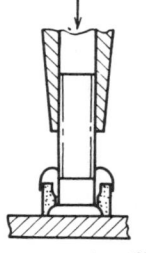

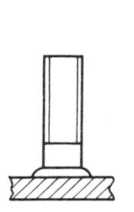

3・23 図　アーク スタッド溶接

圧力を加えて溶着するのが**抵抗溶接**(resistance welding)である.

$R=$ 抵抗(オーム),$I=$ 電流(アンペア),$T=$ 時間(秒) とすると,発生する熱量 H(ジュール;J)は,ジュールの法則によって

$$H = I^2 \cdot R \cdot T$$

である.カロリ(cal)に換算するには,0.24 を乗ずればよい.

いま,$I=8000$ アンペア(A),$R=0.1$ オーム(Ω),$T=1/6$ 秒のときのジュール熱 H(ジュール)を計算してみると

$$H = 8000^2 \times 0.1 \times 1/6 = 1067000 \text{ ジュール}$$

となる.しかし,このジュール熱は,すべて有効な溶接熱源にはならない.熱は,溶接部の周囲に伝わって逃げてしまうし,ふく(輻)射熱によっても放散する.したがって,電気抵抗が大きくて,熱伝導率の低い金属ほど抵抗溶接がしやすいことになる.鉄鋼や黄銅に比べて,銅の抵抗溶接がやや困難なのは,銅の電気抵抗は鉄鋼の約 1/6,熱伝導率がほぼ 6 倍であるからである.

2. 点 溶 接

抵抗溶接の基本は**点溶接**(spot welding)である.3·24 図に示すように,溶接しようとする 2 枚の金属板を重ねて固定電極の上に置き,上部の可動電極を下げて板を接触させて電流を流す.板の接触部にジュール熱が生じ,溶接温度になったとき,圧力を加えると電極と同面積の部分が溶接される.このとき,電流と時間とを正確に調整する必要があり,適当な加圧力を加えなければならない.

3·25 図は,**点溶接機**(spot welder)で,通電,加圧,休止などの操作は,すべて自動的に行なうようになっている.

点溶接を応用したものに,**プロジェクション溶接**

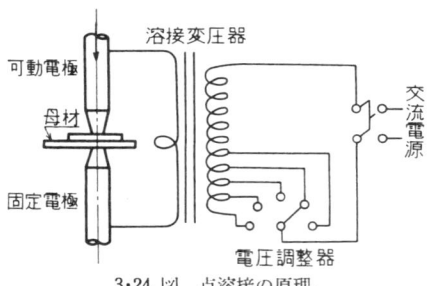

3·24 図　点溶接の原理.

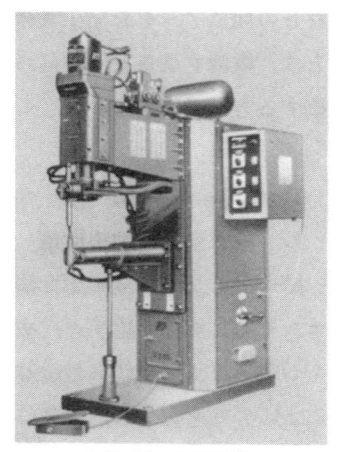

3·25 図　点溶接機

(projection welding)がある．3・26図(a)に示すように，溶接する母材の片方にあらかじめ突起を設け，平らな電極で押えて圧力をかけるとともに電流を流すと，同図(b)のように点溶接と同じ結果が得られる．この突起をプロジェクションというのである．数か所のプロジェクションを設け，1回の操作で溶接ができるばかりでなく，板厚の異なったものや異種金属の溶接が可能であることが特徴である．

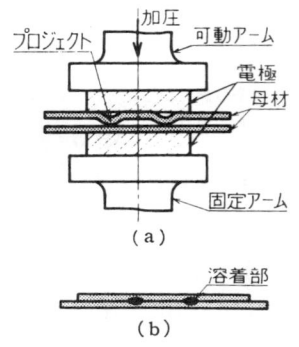

3・26図 プロジェクション溶接

3. シーム溶接

シーム溶接(seam welding)は，3・27図に示すように，ローラを電極にして，その間に溶接する金属板をはさみ，ローラを回転しながら，連続的に溶接するものである．この際，溶接電流は，3・28図に示すように，加熱時間と冷却時間を適当にとって断続する．シーム溶接の条件の一例を示すと，0.7mmの薄鋼板の場合，通電時間(ON)3サイクル，休止時間(OFF)2サイクル，加圧力340kg，速度毎分1800mm，電流1300アンペア，ピッチ2.5mmとなっている．

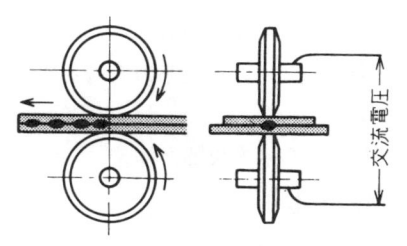

3・27図 シーム溶接

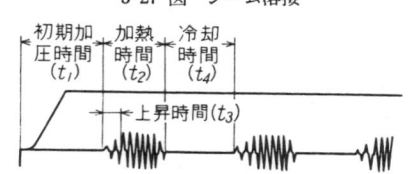

3・28図 シーム溶接の電流．

4. フラッシュ溶接

3・29図に示すように，溶接する金属をクランプではさみ，軽く接触して電圧をかけると，まず両者の突起部に火花が飛ぶ．火花によって生じた熱により，突起部が溶

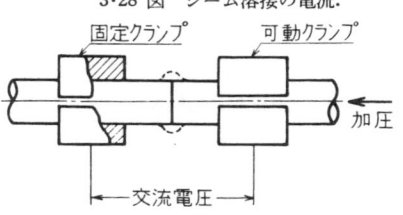

3・29図 フラッシュ溶接

けて平滑になるので，さらに両者を接触させて火花を連続的に発生させ，加熱が均一になったとき圧力を加えて溶着させる．これが**フラッシュ溶接**(flash welding)である．フラッシュ溶接は，大径の棒材や管などの接合に使われる．

火花を飛ばさないで電流の接触抵抗だけで温度をあげ，圧力を加えても溶接の目

的は達せられるが，電力の消費量が大きく，時間もかかるので不経済である．

5. バットシーム溶接

管の継目の接合に用いられる溶接方法で3・30図に示すようにローラ電極に低周波電流を流し，自動的に丸められた管の素材の継目の部分を加熱し，両側のスクイズロールで加圧して接合をする．これを**バットシーム**溶接(butt seamed welding)と呼んでいる．この方法によってつくられた管を電縫管という．

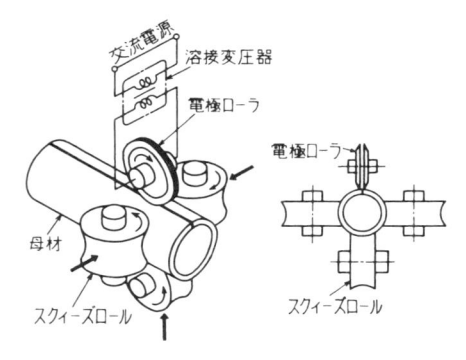

3・30図　バットシーム溶接

3・5　溶接の欠陥と検査

1.　溶接の欠陥

（1）　**気ほう**　溶着金属内にガスが残っていると，そこが空胴になる．これが気ほう(泡)(blow hole)である．一般に球状になっているが，細長い虫状の気ほうもある．気ほうが多いと溶接部が弱くなり破壊の原因になることはいうまでもない．

（2）　**スラグ巻込み**　溶接棒のフラックスは，溶融して溶融金属の表面に浮かびスラグとなるが，溶融金属が急速に冷却すると，その一部は逃げきれず，内部に巻き込まれることがある．溶接部の外観には現われないので，強度が重要な場合には，きわめて危険な欠陥である．

（3）　**融合不良，溶込み不足，アンダカット**

3・31図（a）のように，溶着金属と母材の間が融合していないのが，**融合不良**である．**溶込み不足**は，溶接部の底が溶けないで，同図（b）のようにすきまが残ることである．同図（c）が溶接

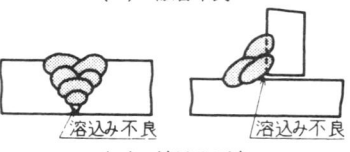

3・31図　融合不良，溶込み不良，アンダカット

ビードの両側の母材が溶けすぎて，みぞ(溝)やくぼみができた状態で，これを**アンダカット** (under cut) という．いずれも，衝撃や繰返し応力で破壊する要因になる．

(4) 割れ 溶接の際，母材の局部が急熱，急冷されるために溶着金属内に**割れ**(crack)が生じることがある．割れは，焼入れ性の強い合金鋼などに生じやすい．

(5) ひずみ 溶接の際，母材と溶着金属の加熱によって膨脹，収縮を起こし，その結果母材に**ひずみ**(歪)が生じる．長手にビードをおいた薄板は，3·32 図(a)に示すように，溶着金属の収縮

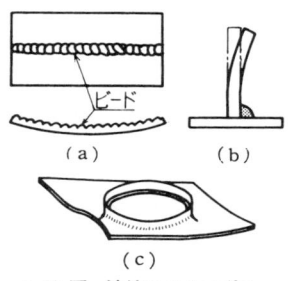

3·32 図 溶接によるひずみ．

によってビードの方向に湾曲するし，また片側だけを溶接した T 継手 では，同図(b)のように，直立部が溶接されたほうへ倒れる．薄板にフランジを溶接すると，収縮が複雑に組み合わされて，同図(c)のように，ひずみが大きく現われる．

2. 欠陥の原因と対策

溶接部の欠陥は，グルーブやルート間隔のとりかた，不適当な溶接棒，溶接作業の未熟，母材の材質不良などによって生じる．しかも，一つの欠陥が一つの原因からだけ生じるものではなく，いくつかの原因が関連して発生する．

欠陥を防ぐには，鋼材の選択，溶接継手の位置やグルーブの正しい形状，適当な溶接棒の使用，溶接電流やアーク長さの適正など，考えられる原因に応じた対策をたてることが必要である．

溶接作業の未熟な点はこれを克服し，熟練に心がけるほかはない．

3. 溶接部の検査

溶接継手の信頼性を確認するには，検査を行なうことが必要である．検査の方法には，非破壊検査と破壊検査とがあるが，ふつう前者が多く採用される．

非破壊検査では，鋳物の検査で述べた放射線透過，超音波探傷，けい(螢)光浸透探傷などによる検査がそのままここでも採用される．外観検査や音響検査は，設備を要せず，簡単な検査であるが，比較的確実性があり，最も実用的である．

外観検査では，ビード表面の波形がきれいに整っているか，溶接部の始点と終点

および溶接棒の取替え部の状態はよいか，のど厚，脚，幅，補強盛りなどの溶接寸法は正確か，アンダ カット，割れなどの欠陥はないかなどを調べるのである．

音響検査は，テスト ハンマで溶接部を たたき，その音で 良否を判別する方法である．溶接部に欠陥があれば特殊な音が出る．ボイラ，タンク，パイプその他圧力容器の検査に応用されるが，経験と熟練が必要であるし，複雑な継手の場合は，音だけでは判別しにくい．

破壊検査は，所定の試験片を取って，引張り試験，曲げ試験，衝撃試験，かたさ試験などを行ない，また顕微鏡によって溶接部の結晶組織を調べる．

4. 溶接技術検定

溶接継手のできばえは，いつに溶接工の技能にかかっている．したがって，すぐれた溶接構造物をつくるには，技能のすぐれた溶接工が，よい環境で作業することが必要である．溶接欠陥の検出は，それほど容易なことではなく，ましてや溶接部全体を検査することは困難である．もし，溶接工の技能を格づけすることができれば，それによって溶接継手の信頼性を確認することができる．JIS では，アーク溶接およびガス溶接の"溶接技術検定における試験方法ならびにその判定基準"(JIS Z 3801-1964)を定めている．

3・6 ガス切断およびアーク切断

1. ガス切断

（1）**ガス切断の原理** 鉄を酸素アセチレン炎で 800〜900℃ に予熱し，そこに高圧の酸素を吹きつけて切断する方法が**ガス切断**(gas cutting)である．

酸素(O_2)を吹きつけられた鉄(Fe)は，激しい燃焼作用を起こして酸化鉄(Fe_3O_4)になり，化学反応熱も加わってそれがすみやかに溶融し，吹き飛ばされて切断されるわけである．

この場合，鉄が狭い幅に容易に切断されるのは，鉄の燃焼温度がその溶融点よりも低く，燃焼して生じた酸化鉄(Fe_3O_4)の溶融点も，鉄の溶融点より低いからであり，またその流動性がよいからである．したがってこれらの性質に欠けている銅，黄銅，青銅，アルミニウムなどでは，ガス切断ができないし，合金鋼，高速度鋼，鋳鉄は切断がやや困難である．

(2) ガス切断用器具 ガス切断に用いるアセチレン発生器または溶解アセチレンボンベ，安全器，酸素ボンベ，調整器などの器具は，ガス溶接に用いるものとまったく同じでよい．

ガス切断用トーチの火口には，予熱用の酸素アセチレンの噴出口と酸素の噴出口とを同心にしたものと，並列にしたものとがある．3・33 図は，一般に使用される同心形火口の配列を示し，3・34 図は，**ガス切断用トーチ**を示したものである．

切断用の酸素は，純度の高いもの(99％以上)を用い，使用圧力を適当に選ぶ．

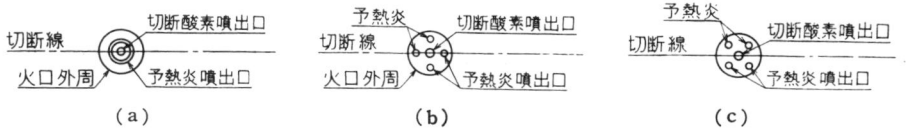

3・33 図 ガス切断用トーチ火口の配列

酸素圧力が高すぎると切断面のみぞ(溝)が深くなり，また加熱された部分を冷却するから，かえって切断時間が多くかかる．

12 mm 以下の鋼板を，直線や曲線に切断する場合には，**自動ガス切断機**が用いられる．3・35 図は，上部に取り付けた写頭図を型にそって動かすと，下部の切断用トーチが自動的に運行して，曲線に切断複製するようにした自動ガス切断機を示したものである．

3・34 図 ガス切断用トーチ

2. アーク切断

アーク切断(arc cutting)は，母材と電極との間にアークを発生させ，母材を局部的に溶融させて切断する方法である．電極は，炭素棒，金属棒，被覆溶接棒のいずれも用いられるが，炭素棒を用いることが多い．これに用いる電源は，一般に用いる直流溶接機で，母材を正極に，炭素棒を負極に接続する．

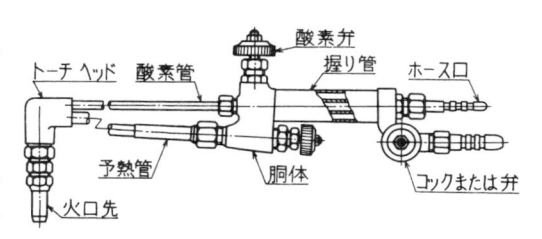

3・35 図 小形自動ガス切断器

アーク切断によれば，鋳鉄や黄銅などのような，ガス切断できない金属を切断することができる．

4
塑 性 加 工

　鋼板やレールなどは，材料を加熱し，大きな力を加えて圧延してつくる．エンジンのクランク軸やカムなどは，加熱した素材を型に入れ，つち打ちしてつくる．また，自動車や電車の車体などは，板材をプレスを用いて曲げたり絞ったりしてこしらえる．このように，材料に力を加えると変形する性質を利用して成形加工する方法が塑性加工である．塑性加工は，多量生産が可能であり，製作費が安くつくので，近年急速に利用され，発達している．

　塑性加工には，圧延，引抜き，鍛造，板金加工などの種類がある．しかし，そのなかで，板金加工だけは他のものに比べて成形の機構がちがい，加工の趣きが異なっているため，板金加工は章を改めて説明することにする．したがって，この章では，圧延，引抜き，鍛造などについて述べ，さらに，これらの成形加工に型として必要不可欠とされる金型について，節を改めて説明する（4・5節参照）．

4・1　塑性加工の原理

1.　弾性と塑性

　金属に外部から力を加えると変形する．たとえば，丸棒を引っ張ると伸びて断面積が減少する．このとき，加えた力が小さいうちは，力を取り去ると元の形にもどる．このような性質を **弾性**（elasticity）といい，その変形を **弾性変形** という．ところが，加えた力がある限界をこえると，力を取り去っても，元の形にもどらなくなる．このような性質を **塑性**（plasticity）といい，このときの変形を **塑性変形** と呼ぶ．製品をつくる目的で塑性変形を与える加工が **塑性加工** である．

このような金属の弾性と塑性の原理は金属の原子配列から説明できる．金属は，原子が規則正しく配列された結晶からできているが，細かく調べてみると，この原子配列はところどころに乱れがある．これを**転位**と呼んでいる．

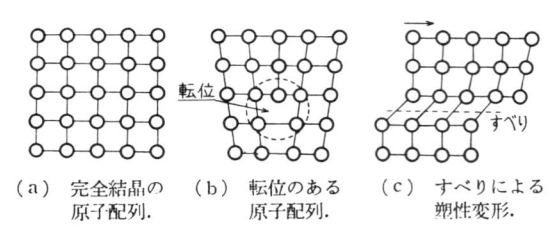

(a) 完全結晶の原子配列．　(b) 転位のある原子配列．　(c) すべりによる塑性変形．

4・1 図　転位と塑性変形．

4・1 図(a)は，規則正しい原子配列を模型で示したものであり，同図(b)は転位の例を示したものである．この例では，縦の原子列が途中で切れ，その配列が乱れている．このような転位は，結晶の中で線状に伸びていて，塑性変形は転位がある面ですべりを起こしたときに生じる．同図(c)は，転位の上下ですべりを起こし，上下の原子の位置が相対的に移動して，塑性変形が生じたことを示したものである．したがって，塑性変形がしやすいということは，多数の転位があって，それがいつまでもすべりを起こし続けることを可能にしているということである．

弾性変形は，金属の結晶のなかで原子が相対位置を変えないで，ごくわずか移動することにほかならない．

2. 加工硬化と再結晶

金属を常温において塑性加工すると，変形が進むにつれてしだいにかたくなる．このような現象を**加工硬化**(work hardening)といい，塑性加工にとって重要なことがらの一つである．

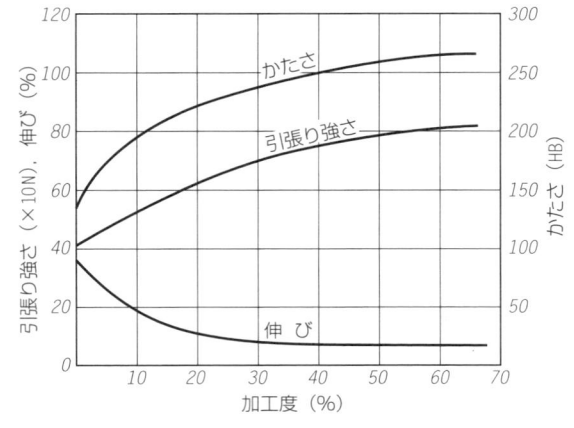

4・2 図　加工度と機械的性質との関係．

4・2 図は軟鋼(0.12％C)を引っ張って伸ばしたときの加工度(断面減少率)と機械的性質との関係を示したものである．このように金属は加工度に応じてかたさと強さが増し，伸びは減少するのである．もっとも例外があって，鉛は加工硬化を起

こさない.

加工硬化の原因は，塑性変形が進むと転位の数が増加し，それがもつれた糸のようになって，互いに動きにくくなるところにある.

加工硬化した金属を加熱すると，かたさは加工前の状態にもどる．これは温度によって転位の数が整理され，元の状態にもどるかまたは近くなるからである．また，転位の少ない結晶粒が生まれて，全体が新しい結晶粒の集まりに変わるからである．この現象を**再結晶**(recrystallization)といい，再結晶が始まる温度を**再結晶温度**という．鉛が加工硬化を起こさないのは，再結晶温度が $-3°C$ で，加工硬化するあとから再結晶が進行するからである．4・1 表は各種金属の再結晶温度を示したものである．

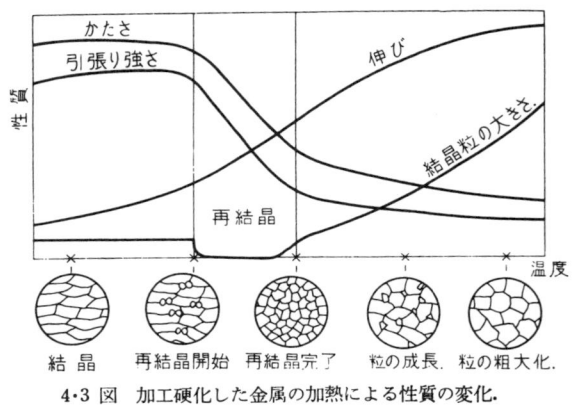

4・1 表 各種金属の再結晶温度.

名称	原子記号	再結晶温度 °C
金	Au	～200
銀	Ag	～200
銅	Cu	220～230
鉄	Fe	350～450
ニッケル	Ni	530～660
タングステン	W	～1200
モリブデン	Mo	～900
アルミニウム	Al	150～240
亜鉛	Zn	7～75
すず	Sn	-7～25
鉛	Pb	～-3
白金	Pt	～450
マグネシウム	Mg	～150

4・3 図は，加工硬化のある金属を加熱していくとき，引張り強さ，かたさ，伸びおよび結晶粒の大きさがどのように変化するかを示したものである．再結晶は再結晶温度で始まり，わずかな温度範囲でそれを完了して，元の粒子は消失する．さらに温度を上げると，新しい結晶粒はしだいに成長して大きくなる．これを**粒の成長**(grain glowth)と呼んでいる．粒の成長した金属はかえってもろくなるから，加工硬化を除くための加熱温度は，再結晶温度をこえてはならない．

4・3 図 加工硬化した金属の加熱による性質の変化.

3. 冷間加工と熱間加工

金属を再結晶温度以下で塑性加工することを**冷間加工**(cold working)といい，

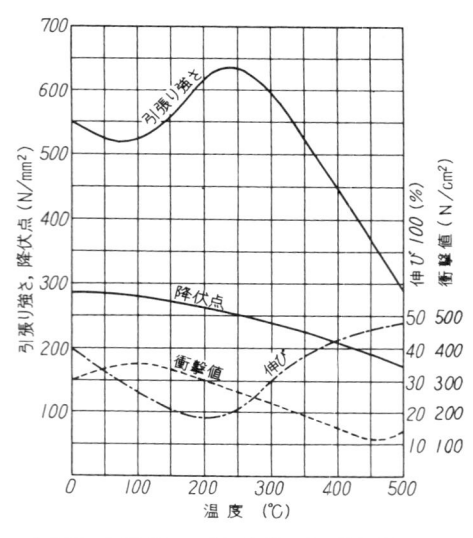

再結晶温度以上で塑性加工することを**熱間加工**(hot working)という．

金属は，一般に温度が高いほど弾性限界が低下し，やわらかくなって伸びが増すから，塑性加工がしやすくなる．4・4 図は，軟鋼(0.25％C)の加熱温度と機械的性質との関係を示したものである．図でわかるように，200～300℃に**青熱もろさ**といわれる伸びの少ない温度範囲があるが，それから先は，温度が上がると引張り強さやかたさが減少し，伸びが増している．したがって，熱間加工によれば加工硬化を起こすこともなく，加工度を大きくすることができる．

4・4 図　0.25％Cの鋼の加熱温度と機械的性質．

冷間加工は，加工硬化によるかたさの増加と伸びの減少はあるが，加熱の面倒がなく，美しい仕上げ面が得られ，精密な形状に加工できるという特徴がある．

4・2　鍛　造

1. 鍛造とその種類

鍛造(forging)とは，金属を加熱してやわらかくし，人力または機械力によって打撃を加え，塑性変形を与えて所定の形状の鍛造品をつくる加工法である．鍛造品は，さらに切削加工が施されて製品になるが，材料から切削加工だけによって製品をつくるのに比べ，削りしろが少なくてすみ，材料が節約できる．また，機械的性質がすぐれ，強さや組織に対して信頼できる製品が得られる．それは，金属の結晶粒が鍛錬されて微細化され，均一な組織になるからである．し

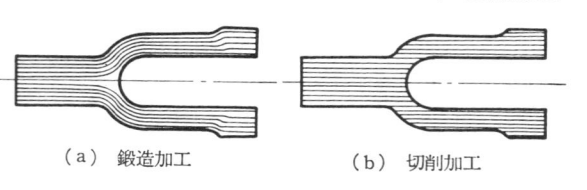

（a）鍛造加工　　　（b）切削加工

4・5 図　組織の流れ．

かも，4・5図（a）に示すように，組織は流れをもった繊維状になって強くなるからである．同図（b）は，切削した場合を示したもので，繊維状の組織が切断されているので，鍛造品に比べ強度が劣ることは明らかである．

鍛造の方法には，自由鍛造と型鍛造との二つがある．**自由鍛造**(free forging)は，加熱した材料を手ハンマまたは機械ハンマでつち打ちし，手作業で成形する方法である．これを**火造り**ともいう．**型鍛造**(die forging)は，機械ハンマまたはプレスに上，下2個の型を取り付け，その間に加熱した材料をはさむようにして，打撃力または加圧力を加えて成形する方法である．スパナ，クランク軸，車軸などのような，比較的複雑な形状の鍛造品を多量生産するときに用いられる．

2. 鍛造用材料

低炭素鋼を高温度に加熱するとやわらかくなり，これに打撃力を加えると，割れや折れなどを生じずに変形できる．この性質を**可鍛性**または鍛造性という．鍛造用材料は，可鍛性がよく，塑性の大きいことが必要である．したがって，**鋳鉄**のように，可鍛性のまったくないものは鍛造できず，マグネシウム(Mg)のように，やわらかくてももろいものは鍛造が困難である．

一般に用いられている鍛造用材料は鋼である．鋼のうちでも炭素量 $0.1\sim0.2\%$ の低炭素鋼は，可鍛性が最も大きく，炭素量が多くなるほど可鍛性は悪くなる．炭素のほかに，ニッケル(Ni)，クロム(Cr)，タングステン(W)，コバルト(Co)などを含む特殊鋼も，可鍛性はよくない．可鍛性の悪い鋼は，成分に応じた熱処理を施し，工程を分けてむりのないように鍛造することが肝要である．

非鉄金属では，六四黄銅やジュラルミンなどが鍛造用材料として用いられる．

3. 鍛造温度

金属を高温度に加熱すると，表面が酸化し，結晶粒が粗大になることは避けられない．また，炭素鋼を長時間加熱すると脱炭するし，過熱すると燃焼して廃品となる．したがって，鍛造の**最高加熱温度**は，高温度における材料の機械的性質や結晶粒の成長などを考慮して，適当な温度を選び，急速にかつ均一に加熱することがたいせつである．また，鍛造を終わるときの**仕上げ温度**は，その材料の再結晶温度のすぐ上が適当である．再結晶温度まで加熱すると，伸びが急に大きくなり，結晶粒も微細で，強じんな鍛造品が得られるからである．それ以下の温度では，鍛造品の

4・2 表　各種材料の加熱温度と仕上げ温度.

材　質	加熱温度(最高) °C	仕上げ温度 °C	材　質	加熱温度(最高) °C	仕上げ温度 °C
炭素鋼 0.2% C	1320	930	工　具　鋼	1090	830
0.4	1270	900	高　速　度　鋼	1200	1090
0.6	1200	880	ハ　ダ　焼　鋼	1200	800
0.8	1150	870	バ　ネ　鋼	1150	900
1.0	1100	900	銅	875	750
1.5	1050	1000	七・三黄銅	820	740
ニッケル鋼	1250	900	四・六黄銅	800	625
クロム鋼 13%	1280	1000	リ　ン　青　銅	600	400
ニッケル・クロム鋼	1250	900	ジュラルミン	550	400
ステンレス鋼	1200	930	マグネシウム合金	400	230

4・3 表　火色による温度.

火　色	温　度
暗　赤　色	600°C
淡　赤　色	850°C
だいだい色	900°C
黄　色	1000°C
淡　黄　色	1100°C
白　色	1200°C

内部にひずみが残り割れなどが生じやすくなってしまう.

4・2 表は，各種材料の最高加熱温度と仕上げ温度を示したものである.

4・3 表は，鋼材を加熱したときの火色を示したもので，これによってだいたいの温度を知ることができる.

鍛造材料のうち，炭素工具鋼，特殊工具鋼，高速度鋼などは，鍛造後の冷却が早いと，割れやひずみ(歪)を生じやすいので，灰の中に埋めたり，炉中に入れたまま徐冷して組織を調整する.

4. 加　熱　炉

(1) **火床(ほど)**　粉炭またはコークスを燃料として，小物の加熱に用いる炉である．4・6 図に示すように，炉床と炉壁をれんがでつくり，送風機から送られる風を吹き出す**羽口**が設けてある．羽口は二重管になっていて，冷却水そう(槽)の水で過熱を防ぐ．**ダンパ**(damper)で風量を調節し，炉床に積んだ燃料で，材料を包むようにして加熱するのである．排気は，炉床の上に設けた天がい(蓋)から煙突に導く.

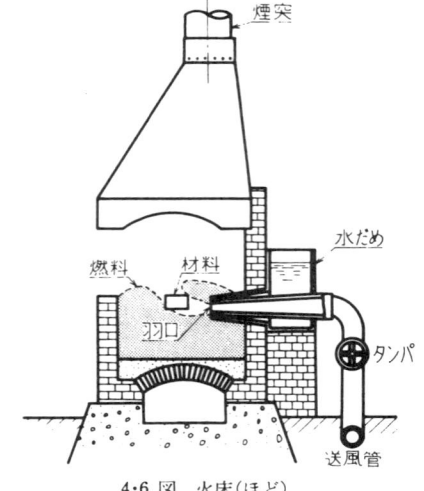

4・6 図　火床(ほど)

(2) 加熱炉(heating furnace)　大物の材料を均一に加熱するには，温度上昇が速くて，熱効率のよい密閉式の加熱炉を用いる．加熱炉には，コークス炉，ガス炉，電気炉などもあるが，鍛造用には**重油炉**が最も多く使われている．

4・7 図に示すように，バーナから重油と空気を混合して噴出し，それが燃焼して長い炎の熱と，炉壁のふく（輻）射熱とによって材料を加熱するものである．

温度の調節は，重油と空気の噴射量を弁で加減することによって簡単にでき，温度制御装置を設ければ，いつも一定の温度に保つことができる．

長い炉にして，炉内にコンベアを設け，炉の一方から材料を入れ，他方から鍛造温度に加熱されて連続的に出てくるようにした連続式重油炉もある．

5. 鍛造用工具と機械

自由鍛造に用いる工具には，4・8 図に示すようなものがある．

4・7 図　重油炉

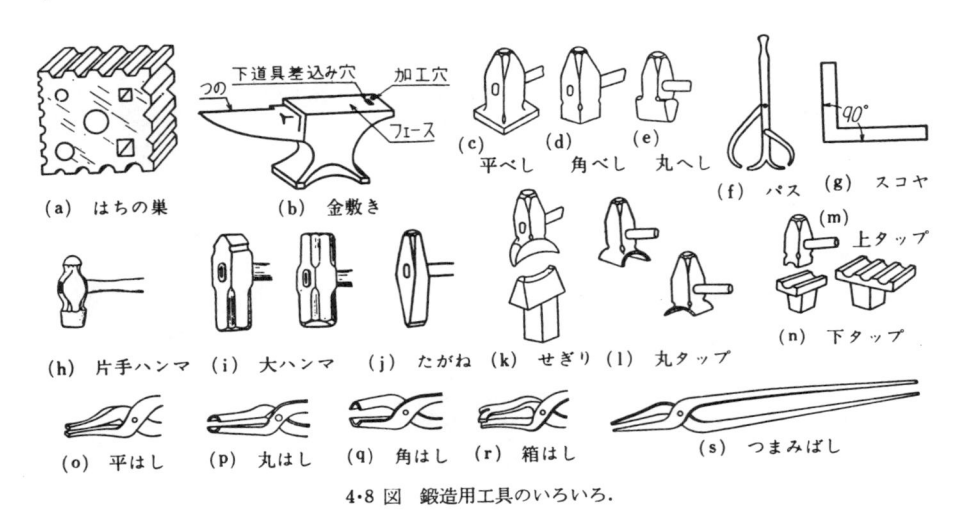

(a) はちの巣　(b) 金敷き　(c) 平べし　(d) 角べし　(e) 丸べし　(f) パス　(g) スコヤ　(h) 片手ハンマ　(i) 大ハンマ　(j) たがね　(k) せぎり　(l) 丸タップ　(m) 上タップ　(n) 下タップ　(o) 平はし　(p) 丸はし　(q) 角はし　(r) 箱はし　(s) つまみばし

4・8 図　鍛造用工具のいろいろ．

鋳鋼または鍛鋼製の**金敷き**(anvil)と鋳鋼製の**はちの巣**(swage block)は，いずれも加熱した材料をのせてつち打ちする台である．はちの巣は，中央部に設けた大

小の角穴や丸穴，周囲につけた丸みぞやVみぞなどを利用して，穴あけ，曲げ作業などを行なうときに用いる．いずれも重量で大きさを表わす．

火ばし(tong)は，材料をつかむ工具で，つかむ部分の形状によって平はし，丸はし，角はしなど，いろいろな**種類**がある．

ハンマ(hammer)には，先手が使う**大ハンマ**と，横座が使う**片手ハンマ**とがある．いずれも頭の重量で大きさを表わし，ふつう前者は 45～100 N，後者は 5～20 N のものが使われる．

たがね(chisel)と**おとし**(shear)は材料を切断する工具である．加熱した材料を切断するたがねを焼切りたがねといい，材料を加熱しないで切断するものを生(なま)切りたがねと呼んでいる．おとしは，材料を加熱しないで切断するときに用いる．**へし**(seth ammer)と**タップ**(swage)は，材料に当てたり，材料をはさんで成形したりするのに用いる．

測定用具には，鋼尺，コンパス，直角定規のほか，**両口パス**などが用いられる．

6. 鍛造機械

鍛造機械は，大きな材料を鍛造するとき，**機械的に大きな打撃力を加えたり，大きな圧力を加えたりするもの**である．

（1） **ドロップ ハンマ**
(drop hammer)　4・9図に示すように，ハンマ頭を取り付けた長い板をロールの間にはさみ，ロールを回転させてハンマ頭を適当な高さにまで引き上げてから自然に落下させ，打撃を与えるようにしたものである．ハンマ頭の重量は，2 kN から 40 kN くらい

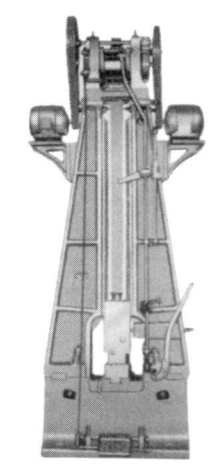

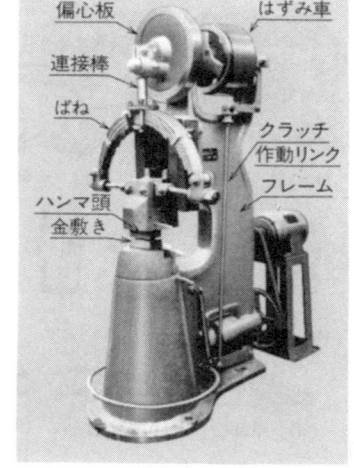

4・9図　ドロップ ハンマ　　4・10図　ばねハンマ

のものまであり，落下高さは 1～2 m，打撃数は毎分 15～16 回である．

（2） **ばねハンマ**(spring hammer)　4・10図に示したように，偏心板に取り付け

た連結棒とハンマ頭の間に板ばねを入れ，ばねのはずみを利用して行程と打撃力を大きくするようにしたハンマである．

ハンマの大きさは 0.15～2.5 kN，打撃数は毎分 70～110 回で，小物の鋳造に用いられる．

(3) 空気ハンマ (air hammer)

これは圧縮空気によってハンマ頭を取り付けたピストンを上下させるようにしたハンマである．

4・11 図に示したように，空気圧縮機 (air compressor) を電動機で動かして圧縮空気をつくり，弁の操作によってこれをシリンダに送るようになっている．大きさは 1～50 kN くらいのものがある．

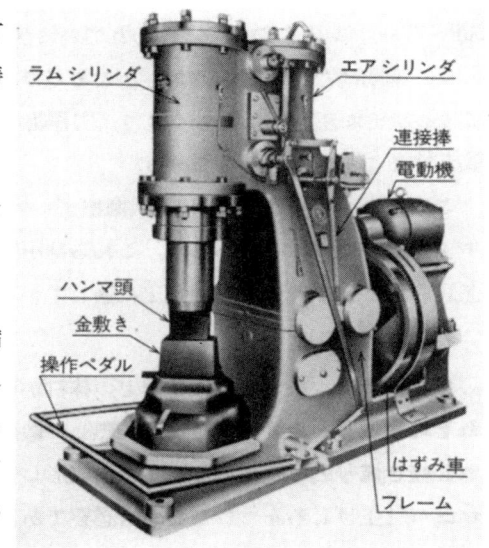

4・11 図 空気ハンマ

(4) 蒸気ハンマ (steam ammer) 蒸気圧を利用した機械ハンマで，ピストンに取り付けたハンマ頭は，蒸気圧によって大きな打撃力が与えられる．4・12 図は，フレームがダブルフレーム形になっている蒸気ハンマを示したものである．操作ハンドルを動かしてハンマ頭の上昇，落下を操作し，かつ，打撃力を調節することができるようになっている．蒸気圧は，ふつう 0.7～0.8 MPa で，大きさは最大 250 kN くらいのものまである．

(5) 水圧プレス (hydraulic press) 4・13

4・12 図 蒸気ハンマ

図に示すように，シリンダに圧力水を送り，この圧力をラムにはたらかせて加圧するプレスで，大物の鍛造に用いられる．圧力水を，ポンプからいったんアキュムレータ（蓄圧器）に送り，これにたくわえられた圧力水をプレスに送るようにしたも

のが多い.

　圧力水の圧力は 40〜60 MPa で, 容量は 5〜30 MN, 通称 500〜3000 トンのものが多く使われている. 機械ハンマのように, 瞬間的な衝撃力をはたらかせるのではなくて, ゆっくりと大きな圧力がはたらくので, 工作物の中心部にまで鍛圧することができるのである.

　このほか, 板金加工で用いる摩擦プレス, クランク プレスなどを使うこともあるが, これらは小物の型鍛造, 仕上げ打ち, ばり取りなどの加工に適している.

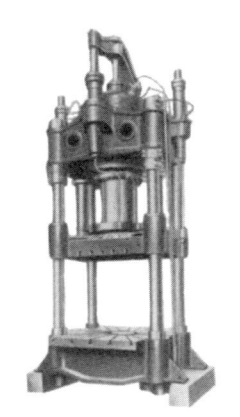

7. 自由鍛造

4・13 図　水圧プレス

　自由鍛造は, まず, 丸, 角などの棒材から**地金**を切り取ることからはじまる. これを**地金取り**という. 地金は, 加熱して鍛造すると, 表面が酸化して減少する. これを**焼き減り**と呼んでいる. また, 成形して切り捨てる部分もできるし, 2.5〜5.0 mm の仕上げしろをつけることも必要である. これらの余分の体積は, ふつう 5〜

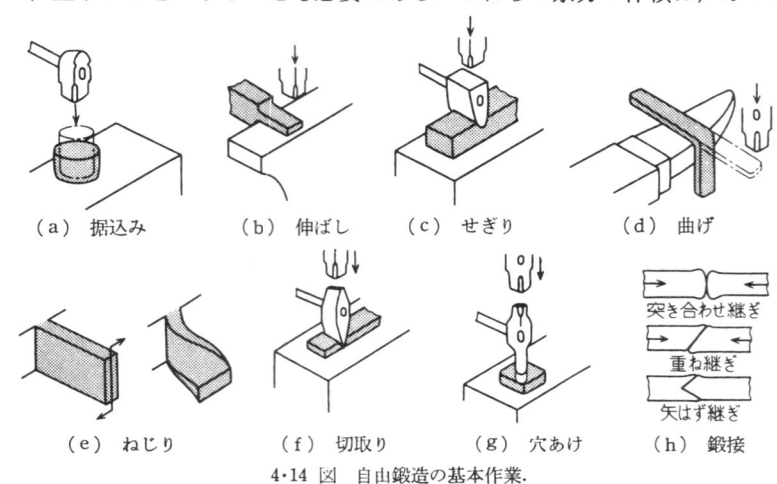

(a) 据込み　(b) 伸ばし　(c) せぎり　(d) 曲げ

(e) ねじり　(f) 切取り　(g) 穴あけ　(h) 鍛接

4・14 図　自由鍛造の基本作業.

8 % と見積る. これを製品の体積に加えて地金の寸法を算出するわけである. 製品の体積は, 製作図面によって計算すればよい.

　自由鍛造の基本作業には, 4・14 図に示すような種類がある.

　① **据込み**　長い材料を長手の方向に圧縮して太くする作業.

② **伸ばし** 太い材料を細くする作業.
③ **せぎり** 材料に切込みを入れ，長さの一部分だけを伸ばす作業.
④ **曲げ** 材料に半径をもたせて曲げたり，角をつけて曲げる作業.

角をつけて曲げるときには，あらかじめ，曲げる部分を据え込んでおいたうえで曲げなければならない.

⑤ **ねじり** 材料をねじる作業.
⑥ **切取り** 材料を二つに切断する作業.
⑦ **穴抜き** ポンチを打ち込み，穴をあける作業.
⑧ **鍛接** 二つの材料のそれぞれ一端を溶融点近くまで加熱し，これを突き合わせたり，重ね合わせて加圧し，接着する作業.

これらの作業を，材料をつかんで作業の主導者となる**横座**と，横座の指示に従って大ハンマを振る**先手**との二人が組んで行なうのである.

しかし，機械ハンマを用いれば，大ハンマを振る必要はなくなる.

8. 型鍛造

型鍛造の特徴は，形状，寸法が正確で，余分な重量が少なく，鍛造の組織の流れが製品に残って，強度に信頼のおける均一な製品が能率よくできることである．しかし，型の製作にかなりの経費がかかることは避けられない．また，急激な断面の変化があったり，鋭い角があったりする鍛造品には適さない.

4・15 図は，**密閉型**を使って型鍛造するときの材料の変形過程を示したものである．製品の体積よりもやや大きい材料を入れてつち打ちし，上，下の型が密着すると，材料は完全に型内に満たされて，余分な材料は のど首のフラッシュ（0.8〜1.6 mm）を通り，ガッタにはみ出して**ばり**となる．ばりは，薄くひろがりながら早く冷却し，流れ出る抵抗が増すので材料が複雑な型の中に満たされることになる.

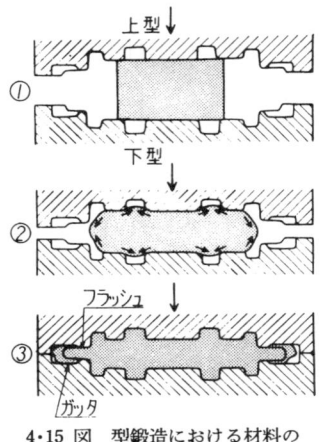

4・15 図 型鍛造における材料の変形過程.

型の形式には，密閉型のほかに開放型，一焼き型がある．また同じ密閉型にも，

分割面に段をつけたものがある．これは型が横方向にずれるのを防ぐのでとくに非対称形の型に効果がある．**開放型**は，材料が横方向に流れるままにした型である．**一焼き型**は，せぎり型，荒地型，仕上げ型など，二つ以上の型を1個の鍛型に彫り込んだものである．材料を1回加熱して，二つ以上の工程を連続して進めていって鍛造を完了することができる．

型鍛造してできたばりは，ばり取りプレスを用いて切り取り，さらに焼きなましを施して組織を標準化する．

鍛型は鍛造作業中，主断面で200～260℃，鋭角部分または薄い彫り型では550～600℃に上昇する．また，鍛造材料の変形抵抗やハンマの大きな打撃力を受けるし製品を型から離れやすくするために，塗る油が燃焼爆発してそうとうな圧力を受ける．したがって，型の材料には，強さ，耐熱性，耐摩耗性などのすぐれたニッケルクロム鋼，クロム　モリブデン鋼などの合金工具鋼が使われる．生産数量が比較的少ない場合には，炭素工具鋼を用いることもある．

型鍛造の能率的な方法としては4・16図に示すように1台の大型プレスに鍛造用型を直列に配置して，プレスのスライドが1往復するごとに荒地づくり・仕上打ち・ばり取り・矯正・検査などといった加工と素材の送りを同時に行なえるようにしたトランスファ鍛造方式が用いられている．加熱炉や鍛造機械への素材の供給・取出しには工業用ロボットが多く用いられるようになっている．

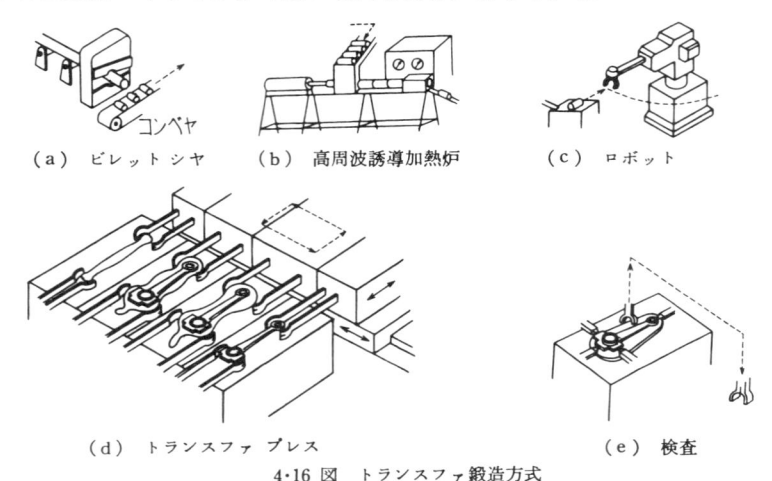

(a) ビレットシヤ　　(b) 高周波誘導加熱炉　　(c) ロボット

(d) トランスファ　プレス　　(e) 検査

4・16図　トランスファ鍛造方式

4・3 転造と押出し

1. 転　　造

（1）転造の特色　4・17 図に示すように，ねじ山形のみぞ（溝）をつけた平形ダイスの間に素材をはさんで，圧力を加えてころがすとねじを成形することができる．このように，ダイスに圧力を加えて素材をころがしながら加工する方法を**転造**（rolling）という．転造によって歯車をつくることもできる．

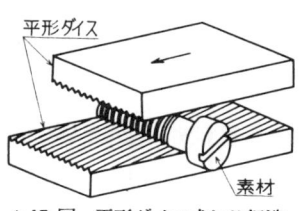

4・17 図　平形ダイス式ねじ転造

　転造したねじは，繊維状に組織が流れ，谷の部分は加工硬化して強くなる．また切り粉がでないので材料にむだがなく，表面が美しく精度のよい製品が多量生産できるという特徴がある．

（2）ねじ転造　ねじ転造には，ダイスの形式によって，平形ダイス式と丸形ダイス式とがある．

平形ダイス式は，平形ダイスの一方を固定し，他方を往復運動させ，1往復でねじの成形を終わるものである．この方式は，丸形ダイスに比べると精度がやや劣る．

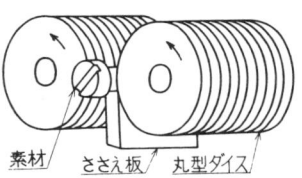

4・18 図　丸形ダイス式ねじ転造

丸形ダイス式は，4・18 図に示すように，平行に配置した 2 個の丸形ダイスの間に素材をはさみ，両ダイスを同一方向に回転させて転造する方法である．素材はささえ板の上に置く．ダイスの圧力は，油圧を用いたり，カムなどによって一方のダイスに加える．加圧力は，ピッチに応じ素材の長さ 100 mm につき 4000～9000 N である．ダイスの材料としては，ダイス鋼，軸受鋼，合金工具鋼などが使われる．

4・19 図　丸形ダイス式転造盤

　4・19 図は，丸形ダイス式転造盤を示したものである．

（3）歯車転造　小さい歯車は，転造によってつくることができる．ラック形ダ

イスを用いる方法，ピニオン形ダイスを用いる方法およびホブ形ダイスによる方法の3種類があるが，いずれもねじ転造に比べると作業がむずかしい．

ラック形ダイスによる場合でも，ねじ転造のようにダイスの1往復で成形を終わることはできず，何回も素材を加圧しながらころがして，しだいに歯形をつくってゆく．ピニオン形ダイスによる場合は，歯数の割出しを正確にするため，まず割出し用ダイスで荒仕上げをしたあと，仕上げ用ダイスで転造する．

2. 押出し加工

銅，亜鉛，アルミニウムおよびそれらの合金などを**コンテナ**(container)に入れて，ラムで加圧してダイスから押し出すと，ダイスの断面形状によって，形材，管材をつくることができる．この方法を**押出し加工**(extrusion)という．

その方式には前方押出しと後方押出しとがある．

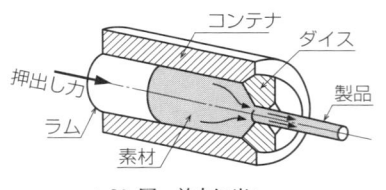

4・20 図　前方押出し 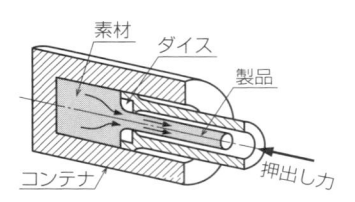　　　　4・21 図　後方押出し

前方押出しは，4・20 図に示すように，ラムの進行と同じ方向に製品を押し出す方式であり，**後方押出し**は，4・21 図のように，ラムの進行と反対の方向に製品を押し出す方法である．ふつう熱間で加工するが，各種材料に対する適当な加工条件は 4・4 表に示すとおりである．炭素鋼，ステンレス鋼などの熱間押出しも可能であるがダイス，コンテナなどに耐摩耗性のすぐれた耐熱合金鋼を使い，潤滑剤にも特別な考慮を払うことが必要である．

4・4 表　押出し加工の条件．

材料	押出し温度 (°C)	押出し速度 (m/min)	押出し圧力 (N/mm²)
銅とその合金．	625～900	6 ～150	200～850
アルミニウムとその合金．	375～500	1.5～ 90	300～1050
マグネシウムとその合金．	325～425	0.5～ 4	300～400
亜鉛とその合金．	250～350	2 ～ 23	700～850
すずとその合金．	<65	3 ～ 10	300～700
鉛とその合金．	175～225	6 ～ 60	300～650

管材の押出しは，4・22 図(a)に示したように，あらかじめ穴をあけた中空の素材を，心金をもった押し板で前方に押し出して行なう．同図(b)は，押し板の代わり

にポンチを用い，管材を後方押出しによって加工する方法である．

4・23 図は，押出しによる製品の断面形状の例を示したものである．

押出し加工のうち，衝撃的に力を加え，比較的小形の機械部品などをつくる加工法を**押出し鍛造**(impact extruding)と呼んでいる．4・24 図に示すように，所定の形状につくったコンテナに素材を入れ，鍛造用プレスを用いてポンチに衝撃力を加え，ポンチとコンテナの間から押し出すのである．低炭素鋼やアルミニウム，ジュラルミン，銅，七三黄銅などの非鉄金属を冷間で加工することが多い．

このように，工作法が発達したのは，高圧力（1000 N/mm² 以上）に耐える特殊鋼や超硬合金の開発，有効な潤滑法の発明，さらに押出し装置の高速化，大形化，自動化によるものである．

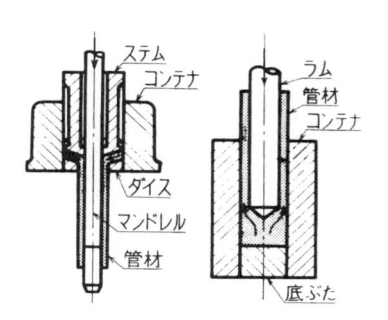

(a) 前方押出し　(b) 後方押出し
（シンガー法）
4・22 図　管材の押出し．

4・23 図　押出しによる製品の例．

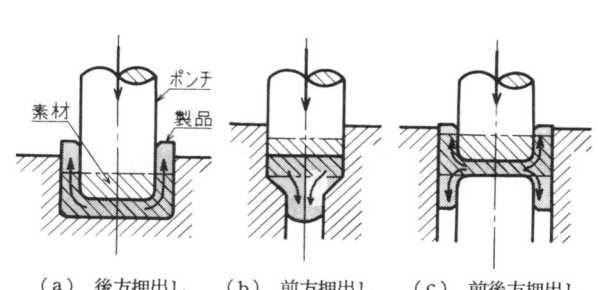

4・4　圧延と引抜き

1.　圧　延

(1)　熱間圧延と冷間圧延　互いに反対方向に回転する2個のロールの間に金属をかませて通過させ，連続的に成形するのが**圧延**(rolling)である．製鋼所でつくられた鋼塊は，高温のまま圧延して鍛錬し，大小の素材をつくる．これを**分塊圧延**と呼んでいる．分塊圧延された素材は，すべて専門の圧延機にかけて，板材，条材，形材，管などをつくるのである．4・25 図は，圧延とそれによる製品の例を示したものである．

(a) 後方押出し　(b) 前方押出し　(c) 前後押出し
4・24 図　押出し鍛造．

4・25 図　圧延とその製法.

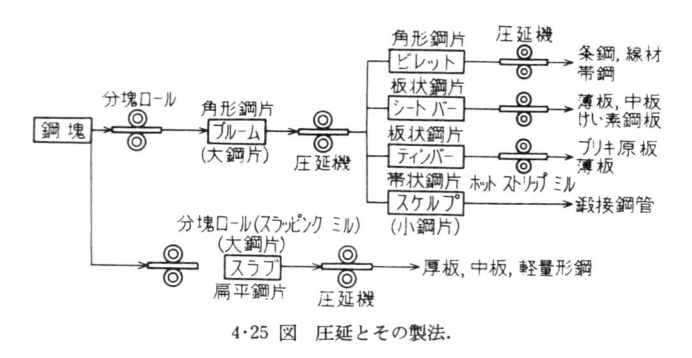

いうまでもなく，**熱間圧延**によれば，やわらかい状態で変形することができるので，圧延がしやすい．しかし，青銅や七三黄銅のように，高温でもろい性質をもっている金属は冷間で圧延するほかない．また，熱間圧延では，表面に酸化皮膜ができ，寸法や形状も均一にならないので，仕上げは冷間で圧延することになる．**冷間圧延**によれば，寸法精度がよく，光沢のある平滑な表面の製品が得られるばかりでなく，加工硬化によって丈夫な材質になる．

　鋼材の熱間圧延は，オーステナイト組織の温度範囲(900〜1250°C)で行なう．すなわち，オーステナイトからフェライトが出始める A_3 変態点以下の温度では圧延しないのがふつうである．

　冷間圧延すると，圧延方向に組織が繊維状に流れて，いわゆる**異方性**が生じるから，とくに板材の場合には，プレス作業に際してこれを考慮する必要がある．

　(2) 圧延作用　圧延作用が成り立つのは，ロールと素材との間に摩擦があるからである．いま，ロールと素材との間の摩擦係数を μ，摩擦角を ϕ とすれば，$\mu = \tan\phi$ である．4・26 図に示すように，接触角 θ と ϕ との関係が $\tan\phi > \tan\theta$ すなわち $\phi > \theta$ のとき，素材は摩擦力によって圧延される．軟鋼の場合は，μ の値は 0.07〜0.10 である．

　(3) 継目なし管の製作　圧延を利用して継目なし管の素材をつくる方法に**マン**

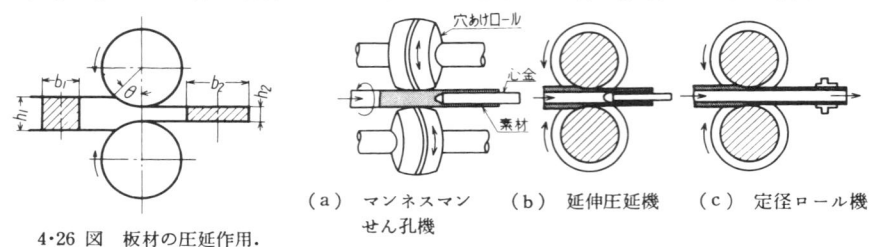

4・26 図　板材の圧延作用.

(a) マンネスマンせん孔機　(b) 延伸圧延機　(c) 定径ロール機

4・27 図　マンネスマン製管法

ネスマン製管法がある．4・27図（a）に示したように，傾斜した2個の円すい（錐）形ロールを同一方向に回転させ，熱間で鋼材を圧延しながら心金を突き出して管状に成形する方法である．このようにしてできた管の素材は，外径と肉厚を一様にするため延伸圧延機〔同図（b）〕にかけ，さらに定径ロール機〔同図（c）〕で直径を矯正して製品に仕上げられる．

2. 引抜き加工

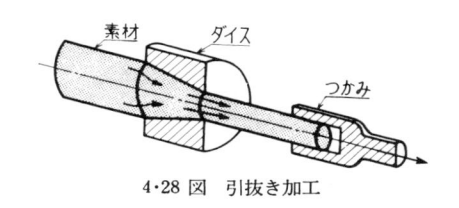

（1） 引抜き加工の原理　4・28図に示すように，素材をダイスの穴に通して引っ張り，断面積を小さくする加工方法が**引抜き**（drawing）である．引抜き加工

4・28図　引抜き加工

には，棒材引抜き，管材引抜き，線引きなどの種類がある．

引抜きはふつう冷間で行なうので，断面の形状や寸法の精度がよく，加工硬化によって強さが増し，表面が美しく仕上がる．

それにしても，**引抜き力**が引き抜かれた部分の強さよりも大きくなると切れるので，**断面減少率**すなわち**加工度**をあまり大きくすることはできない．素材の断面積を A，引抜き後の断面積を a とすると，加工度 $= a/A \times 100\%$ である．その値は，鋼で 10～35 %，非金属材料では 15～20 % くらいが適当とされている．

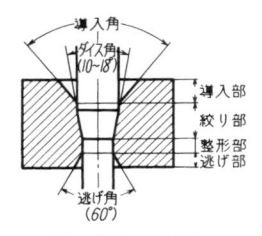

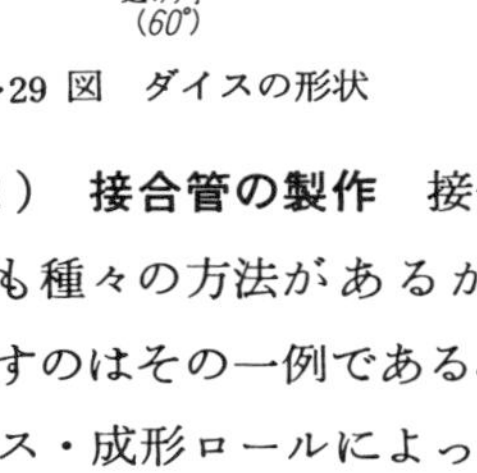

引抜き力は加工度のほかにダイスの材質や形状によっても影響される．ダイスには，工具鋼，チル鋳物，超硬合金が用いられ，径が 0.5 mm 以下の線引き用にはダイヤモンドが用いられる．

4・29図は，ふつうに用いられるダイスの形状と各部の名称を示したものである．

4・29図　ダイスの形状

（2） 接合管の製作　接合管の製造法にも種々の方法があるが，4・30図に示すのはその一例である．素材はダイス・成形ロールによって丸められ，同時にバットシーム溶接される．

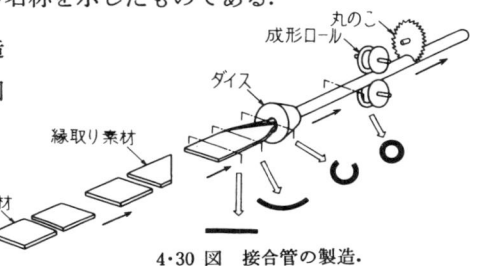

4・30図　接合管の製造．

4・5 金　　　型

　すぐれた製品を大量に生産できる金型技術は，塑性加工にあって重要不可欠な技術であるので，ここでとりあげた．金型の用途は広範囲で，あとに述べる鋳造用金型，ゴム用金型など，塑性加工の分野にとどまらないものがあるが，本書では，まとめて本節で説明することにした．なお鋳造用金型については，2章（2・9節）でくわしく述べられている．

1. 成形加工の"型"

　金型(die, mold)は，金属やプラスチックをはじめ，ゴム，ガラスなどの素材を成形加工し，同じ形のものを大量生産するためにつくられた金属製の型のことである．自動車，デジタルカメラ，携帯電話，家電製品やハイテク機器まで，ほとんどが金型を使って製造されている．

　金型では，同じ形のものを効率的に精度よくつくることができ，加工費用が安いため，大量生産には不可欠であるが，金型をつくるには時間がかかり，熟練した技術が必要とされる．

2. 金型の種類

　金型は，それぞれの型によって要求される性質が異なり，大きくは**ダイ**(die)と**モールド**(mold)の二つに分けられる．ダイは成形荷重が高く，材料をはさみ込む開放型で，モールドは成形荷重が比較的低く，型を閉じ，中に原材料を封入して閉鎖空間によって成形を行なう密閉型である．（社）日本金型工業会では，金型をつぎの9種類に分類している．

① プレス用　　④ ダイカスト用　　⑦ ガラス用
② 鍛造用　　　⑤ ゴム用　　　　　⑧ 粉末冶金用
③ 鋳造用　　　⑥ プラスチック用　⑨ 窯業用

　つぎに，代表的なものを説明する．

　(1) プレス用金型　これには，加工目的によって加工工程，構造の異なる多くの種類がある．加工目的から分類すると，絞り型，曲げ型，抜き型，圧縮型などがあり，これらにそれぞれ，1金型で1工程の単型，1金型で複数工程の順送り型などがある．

　プレス用金型では，上下に分かれた金型をプレス機械に取り付け，工具の間に被

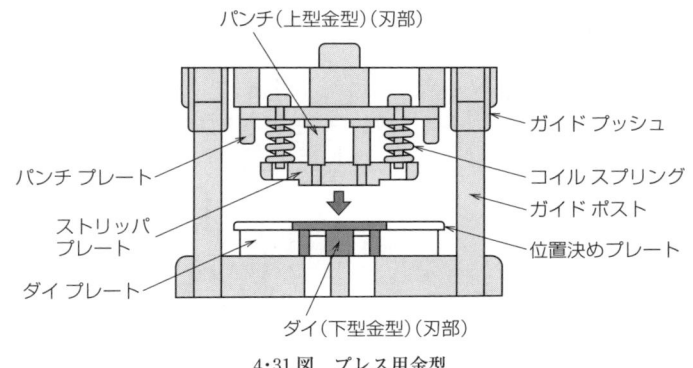

4・31図 プレス用金型

加工材を置いて，強い力を加えることにより，材料を切断したり，曲げたり，伸ばしたりして変形させ，成形する．構造は，4・31図に示すように，刃部（パンチ，ダイ），保持部（パンチ プレート，ダイ プレート，ケースなど），補助部（ストリッパ，ゲージ，クッションなど）に分けられる．

プレス用金型は，ほぼ均一な厚みの製品の加工に適している．その加工品はごく身近に多数あり，自動車，家電，雑貨などの多方面にわたる部品の製造に利用されている．

（2）鍛造用金型 この金型の場合は，金型内の材料を圧縮することによって塑性変形させ，成形する．加工時に高い圧力をかけるため，金型にかかる負担は大きいが，塑性変形によって硬さが増し，強じんになることが期待できる．加工時の温度によって，熱間鍛造と冷間鍛造に分類される．

熱間鍛造は，高い温度で加工するため，加工後に再結晶して軟化する．このため，可鍛性が失われない特徴をもつ．一方，冷間鍛造は，熱間鍛造に比べると室温に近い状態で加工されるため，熱処理は省略できるが，大きな加工力が必要となり，金型にも負担がかかる．

強度が必要な製品の加工に適し，自動車のクランク シャフト，オートバイ部品，ジェット機のファンなどが加工されている．

（3）鋳造用金型 この金型の場合は，高温に加熱させて溶解した金属を金型に直接注ぎ込んで製品をつくる．シェルモールド，重力鋳造，圧力鋳造，ロストワックスなど各種の鋳造法に用いられる．**重力金型鋳造法**（gravity die casting process）

4・32図 重力金型鋳造法

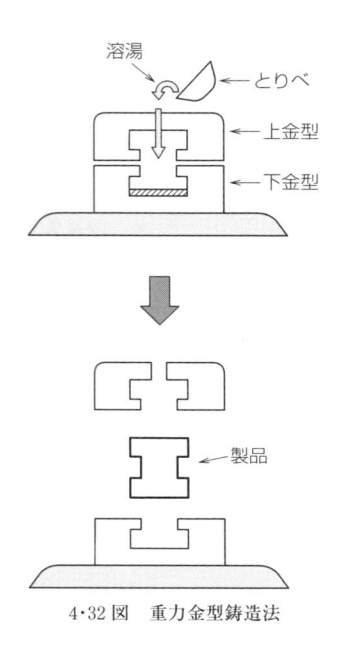

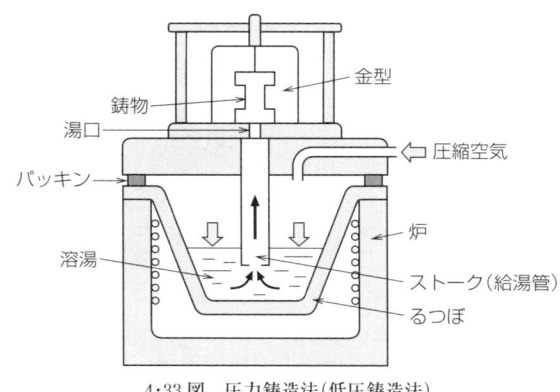

4・33図 圧力鋳造法(低圧鋳造法)

は，4・32図に示すように，重力のみを利用して，溶融させた金属を金型に注ぎ，固まった後に取り出す成形法である．**砂型鋳造法**(sand casting process)に比べて造型工程がなく，生産面では効率的であるが，圧力をかけないため，材料歩留まりが低い．

圧力鋳造法(pressure die casting process)は，重力金型鋳造法と同じように金型を使うが，4・33図に示すように，圧縮空気で加圧することから，重力とは逆に鋳型内へ注湯する．欠陥の少ない高品質な鋳物を製作することができる．自動車のシリンダ ヘッドやアルミ ホイールなどには**低圧鋳造法**(low pressure die casting process)が用いられている．

ダイ カスト(die casting)は鋳造型の一種で，**ダイ キャスト**ともいわれる．4・34図に示すように，溶融金属を精密な金型の中に高圧力で圧入することにより，高い寸法精度の鋳物を短時間に大量生産できる．ダイカスト製品の利用範囲は広く，自動車部品をはじめ，日用品，通信機械，建築金物，電気・電子機械，スポーツ レジャー用品など，さまざまな用途に使

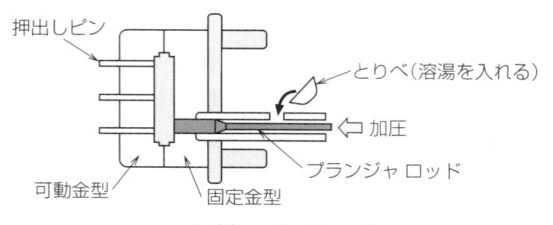

4・34図 ダイ カスト法

われている．

（4） プラスチック用金型　プラスチック用金型による加工は，射出成形，圧縮成形，真空成形，移送成形などの種類がある．

射出成形(injection molding)は，4・35図に示すように，**キャビティ**(cavity；固定側＝雌型＝凹型)と**コア**(core；可動側＝雄型＝凸型)から成り立つ金型に，溶融樹脂を成形機ノズルから注入して冷却することにより，製品がつくられる．キャビティとコアは精密加工されており，部品に応じてそれぞれの形状が彫り込まれている．家電，雑貨類などあらゆる部品の製造に使われている．

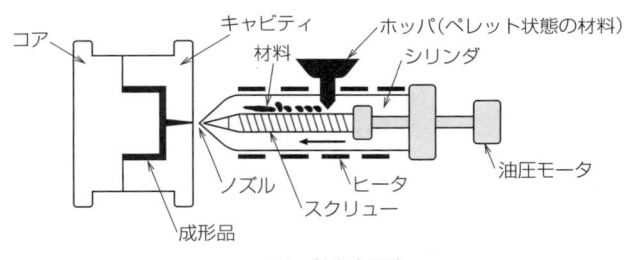

4・35図　射出成形法

圧縮成形(compression molding)は，熱硬化性樹脂の成形方法の中では最も古い．他の成形法と比較して成形圧力が低いため，同じプレス機を使用した場合，大きな投影面積の製品を成形できる．熱硬化性樹脂の利用が減少しているため，あまり使われなくなった．

真空成形(vacuum molding)は，軟化したシート状のプラスチックを金型に押し当て，型にあけられた無数の孔から空気を抜き，真空状態にして型にシートを密着させた後，冷却して製品をつくる．薄肉，大型，深い形状の成形が容易に，短期間で製品化ができる．

（5） ゴム用金型　ゴム製品の成形に使用される金型で，自動車や自転車のタイヤ，くつなどのはきもの用のゴム製品に使われる．圧縮成形，トランスファ成形，射出成形などがある．

圧縮成形はゴム成形の主流で，一般的に使われている．4・36図に示すように，適温に加熱された金型にゴム材料を挿入して圧力をかけ，架橋時間を保持した後に

4・36図　圧縮成形

4・37図　トランスファ成形

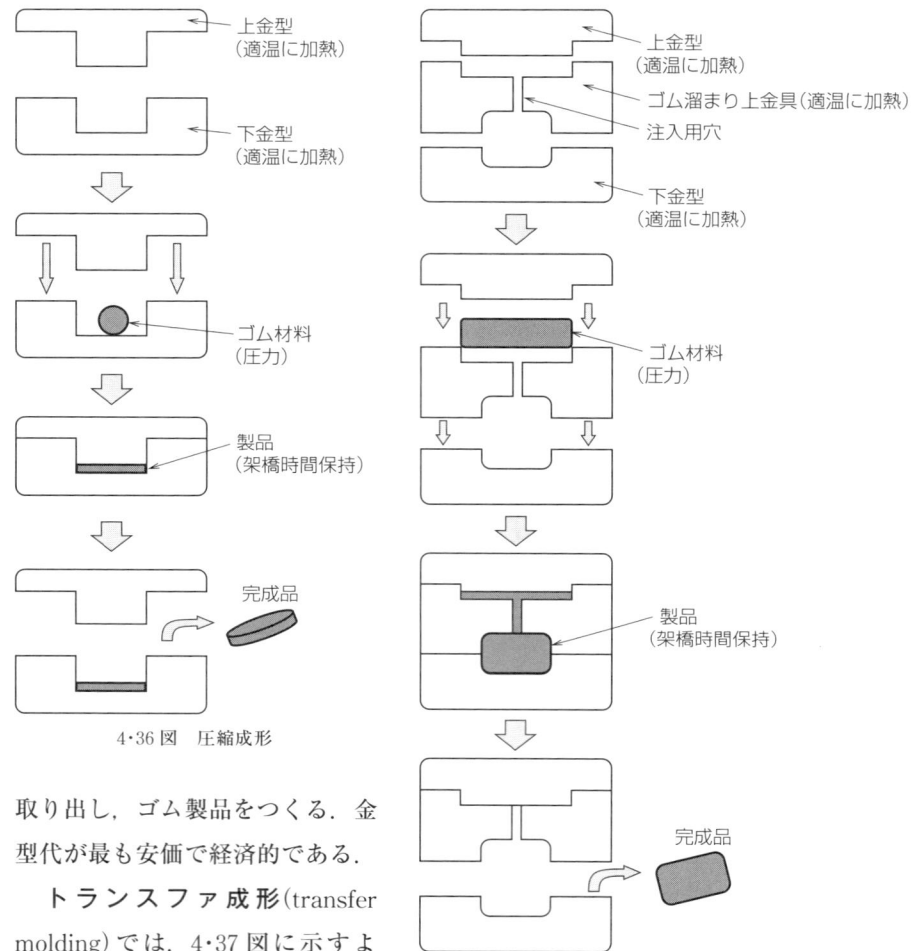

取り出し，ゴム製品をつくる．金型代が最も安価で経済的である．

トランスファ成形(transfer molding)では，4・37図に示すように，適温に加熱された金型に，ポットと呼ばれるゴム溜まり部分に材料を仕込んで圧力をかけ，注入口を通り，金型内へと流れていく．圧縮成形と同様に，架橋時間を保持した後に製品を取り出す．圧縮成形と比較すると，金型代が高価で，ポット内に材料が残るためにむだがあるが，製品の形状によって，金型に対してゴム材料の流入がむずかしいときに用いられる．

射出成形は液状化したゴム材料を金型に注入する方法である．

5
板 金 加 工

板金加工は，鍛造，圧延，引抜きなどと並んで，塑性加工の範ちゅう(疇)にはいる加工方法である．しかし，これは，鍛造，圧延，引抜きなどに比べると，加工の趣きがたいへんちがっている．これらの加工は，主として材料を加熱した状態で行なうので，塑性変形が材料の内部にまで及び，組織が繊維状に流れたものになる．ところが，板金加工は常温で行ない，板材にせん(剪)断，曲げ，絞りなどの変形を局部的に与えるので，成形の機構はかなり複雑になる．

板金加工は，製作数量の少ない場合は手作業でも行なわれるが，大量生産ではプレスという機械を用いて行なう．一般に**プレス加工**といわれるゆえんである．プレスの性能が向上し，自動化が進み，互換性のある製品を短時間でつくることのできる板金加工は，大量生産方式においてきわめて重要な加工法なのである．

5・1　板金加工用材料

1. 鋼　　板

（1）**薄鋼板**(sheet steel)　これは，炭素含有量が 0.20％以下の極軟鋼に属する鋼塊をロールで圧延してつくった厚さ3mm未満の板材である．これに，熱間で圧延した**熱間圧延薄鋼板**と，熱間圧延したものをさらに常温で圧延して，表面をきれいに仕上げた**冷間圧延鋼板**とがある．

また，熱間圧延して幅19～200mmの帯状にしたものを**帯鋼**といい，これをさらに冷間圧延したものを**みがき帯鋼**と呼んでいる．

（2）**めっき鋼板**　ぶりき板と亜鉛めっき鋼板とがある．

家庭用品，電気部品，がん具などに用いられる**ブリキ板**(tin plate)は，鋼板に融解すずめっきを施したものである．

亜鉛めっき鋼板は，薄鋼板に亜鉛めっきを施したもので，俗に**トタン板**(galvanized sheet iron)と呼ばれている．平板，波板，長尺コイルの3種類があり，建築材として使用されるほか，冷暖房，ダクト工事，ベンチレータ，各種容器などに用いられる．

(3) **合金鋼板** これには，けい素鋼板，ステンレス鋼板などがある．

けい素鋼板(silicon steel sheet)は，低炭素鋼に3％以下のけい素(Si)を加え，電磁的性質をよくしたものである．厚さ0.20～0.50 mmのストリップ状に製造され，電動機，発電機，変圧器などの鉄心として広く用いられる．

ステンレス鋼板(stainless steel sheet)は，低炭素鋼にクロム(Cr)とニッケル(Ni)を加え，さびない性質を与えた鋼板である．

クロム系のものでは，**13クロム鋼**(13％Cr)と**18クロム鋼**(18％Cr)とが代表的なものである．クロム ニッケル系では**18-8ステンレス鋼**(18％Cr，8％Ni)が本命である．銀色が強く，焼入れもできず，磁石にもつかない．台所器具，医療器具をはじめ，化学，製紙，製油用機器のほか，建築，車両，航空機用材にまで，その用途はきわめて広い．

2. 銅板，銅合金板

銅板(copper sheet)には，圧延したままの硬質銅板と，圧延した後焼きなましを施した軟質銅板とがある．いずれも加工硬化が激しいので，そのまま加工を進めると割れがはいりやすい．350～450℃に加熱し，水で冷却して焼きなましをするとやわらかくなる．

黄銅板(brass sheet)は，銅(Cu)と亜鉛(Zn)の合金で，一般に**しんちゅう**と呼ばれている．亜鉛(Zn)の含有量によって**七三黄銅**(70％Cu，30％Zn)と**六四黄銅**(60％Cu，40％Zn)などがある．

りん青銅板(phosphor bronze sheet)は，銅(Cu)とすず(Sn)の合金の青銅にりん(P)を添加した合金板である．打抜き加工は容易であるが，圧延による方向性が大きいので，曲げたり絞ったりすると加工硬化して割れが生じやすくなる．加工硬化したものを軟化させるには，約600℃で焼きなましを行なう．

3. アルミニウム板, アルミニウム合金板

アルミニウム板 (aluminium sheet) は, 延性, 展性に富み, 耐食性にもすぐれているので, 板金材料として重要なものの一つである.

アルミニウム(Al)にマグネシウム(Mg)やマンガン(Mn)を加えた**耐食アルミニウム合金板**は, 強度も耐食性もいっそうよくなり, 化学工業用器具, 船用機器, 家庭用品などに用いられる.

ジュラルミン板(duralmin sheet)は, アルミニウム(Al)を主成分にした著名な軽合金で, 銅(Cu)4.0％, マグネシウム(Mg)0.5％, マンガン(Mn)0.5％が基本的な成分である.

5・2 板金加工用機械

1. せん断機

(1) スコヤ シヤ(square shear)

これは, 板材を直線に切断する動力せん(剪)断機である.

5・1 図に示すように, 主軸に偏心盤があって, その連結棒によって上刃に上下運動を与え, 水平に固定した下刃との間で板金をせん断するようになっている.

上刃はわずかに傾けて, 5・2 図に示すように, $2 \sim 5°$ の**シヤ角**(shear angle)η がつけてある.

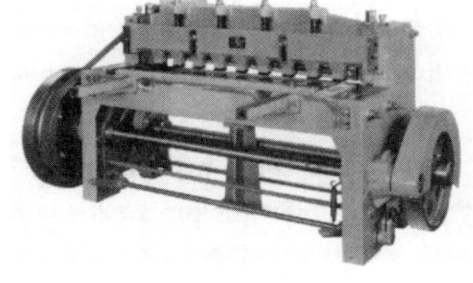

5・1 図 スコヤ シヤ

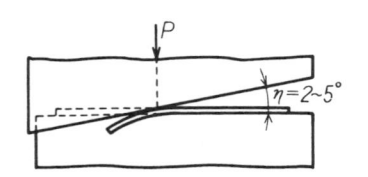

5・2 図 シヤ角

長い板材を送って切断することができるように, フレームにギャップを設けてあるものを**ギャップ シヤ**(gap shear)と呼んでいる.

(2) ガング スリッタ(gang slitter)

これは, 5・3 図に示すように, 上下2本の平行な軸に数枚のカッタを取り付け, 軸の回転によって幅の広い板材をカッタの間隔に相当する幅の帯状に切断するものである.

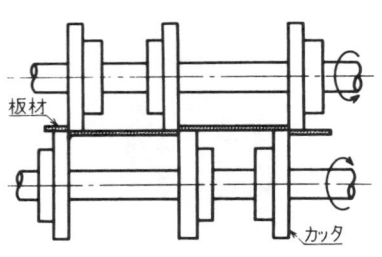

5・3 図 ガング スリッタ

（3） **ロータリ シヤ**(rotary shear)　2個の円形刃物を回転させ，その間に板材を送り込んで，曲線に切断するせん断機である．5・4 図は，上刃を上下方向と軸方向に動かして，刃のすきまを調整することができるようにした万能ロータリ シヤを示したものである．

（4） **バイブロ シヤ**(vibro shear)　これは，5・5 図に示すように，幅の狭い刃物を高速度で振動させ，板材の直線切断，曲線切断を行なう機械である．切断ばかりでなく，段曲げ，ビード加工，凹面打出しなど，いろいろな応用加工ができる．

5・4 図　ロータリ シヤ

2. 曲げ機械

（1） **プレス ブレーキ**(press brake)　これは，サッシ，シャッタ，スチールケースのような長尺物を曲げるための専用機である．曲げ作業のほかに，成形，穴あけ，縁切りなどの作業にも用いられる．

5・6 図は，厚さ 4.5 mm，長さ 2500 mm の板材をV曲げすることのできるプレス ブレーキを示したものである．

5・5 図　バイブロ シヤ

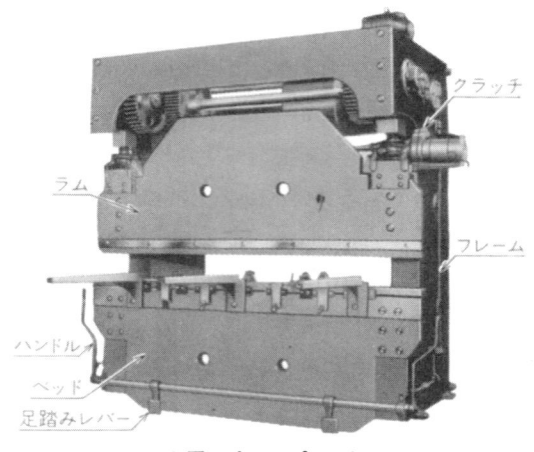

5・6 図　プレス ブレーキ

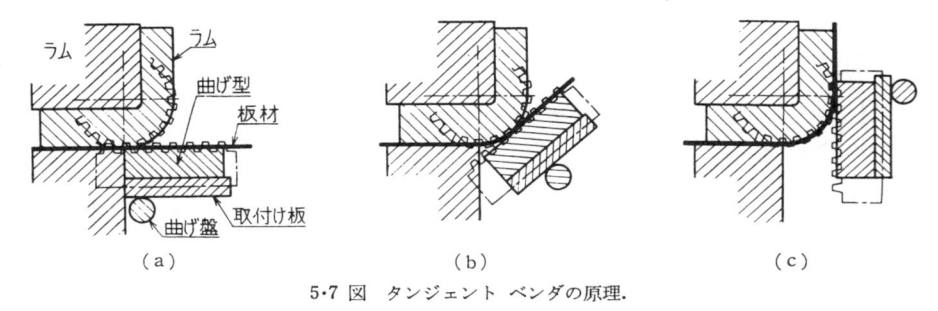

5・7図 タンジェント ベンダの原理.

(2) タンジェント ベンダ(tangent bender) これは，フランジのある板材を，しわを出さずに正確な円弧に曲げる機械である．5・7図は，この機械の原理を示したもので，同図(a)はベンディングを始める前の状態，同図(b)は作動中，同図(c)は作動を終わった状態である．

曲げ盤の駆動には油圧または空気圧が使われる．

3. プレス

プレス(press)は，打抜き，曲げ，絞りなどの板金加工をする機械である．立て形フレームにベッドを設け，これに向かってラムが上下運動をするようにしたものである．プレスには駆動方法が機械的動力によるものと液圧によるものとがある．

(1) クランク プレス(crank press) これは，はずみ車の回転運動をクランクと連結棒とによって直線運動に変え，ラムを上下運

5・8図　C形フレーム　クランク プレス

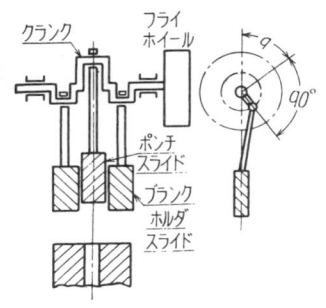

(a) 外観　　(b) 機構
5・9図　複動クランク プレス

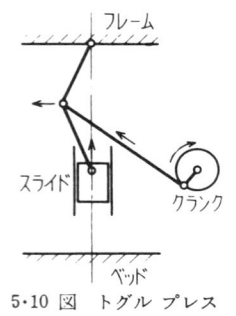

動させるようになっている．

フレームの形式(C形，門形，四柱形)，クランク軸の位置(上下，前後，左右)，クランクの数(単，複)などによって，その種類は非常に多い．

5・8 図に示したのは，**C形フレーム クランク プレス**で，**パワー プレス**(power press)とも呼ばれている最も一般的なものである．

5・9 図に示すように，**ポンチ スライド**の両側に**しわ押えスライド**を設け，これをクランクまたはカムで上下させるようにしたプレスを**複動クランク プレス**(double action press)という．

5・10 図 トグル プレスの機構．

(2) **トグル プレス**(toggle press)　これは，5・10 図 に示してあるようなトグル機構または倍力機構といわれている機構を利用したプレスである．

トグル機構では，クランク機構に比べてストロークの最終端近くで下降速度がおそくなり，強力な加圧力を加えることができる．

(3) **摩擦プレス**(friction press)　これは，5・11 図 に示すように，垂直になっているねじ軸に取り付けたはずみ車を，水平軸に設けた同方向に回転する2個の摩擦車に交互に接触させて，ラムを上下させるようにしたプレスである．ストロークが一定していないことと，加圧力がハンマに似た作用をすることが特徴になっている．

5・11 図　摩擦プレス

5・12 図　油圧プレス

(4) **油圧プレス**(hydraulic press)　これは電動機によってポンプを運転し，圧力油を直接シリンダに送ってスライドに直線運動を与えるようにしたプレスである．5・12 図は，最大加圧力 300トン(t)の油圧プレスを示したものである．

5・3 せん断加工

1. せん断加工の原理

（1） せん断の過程　せん断加工は，せん(剪)断機を用いる加工とプレスを用いる加工とに分けられる．せん断機を用いる場合には，上刃と下刃とで板材をせん断し，これを狭い意味で，**せん断加工**(shearing)と呼んでいる．プレスを用いる場合は，ポンチとダイスでせん断し，**打抜き**，**穴あけ**などの加工を行なう．いずれも，せん断加工の過程は，5・13 図に示すようになる．

まず，同図(a)のように，上刃またはポンチが板金に食い込み，その部分が圧縮される．つぎに，繊維組織の破断が始まり，ついに同図(b)のように割れが発生する．さらに上刃またはポンチが下降すると，割れがしだいに成長し，同図(c)のように，上下の割れが出合ってせん断が完了する．

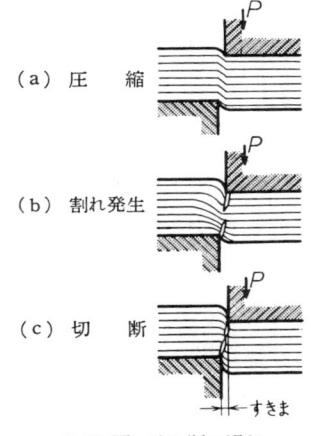

（a） 圧　縮
（b） 割れ発生
（c） 切　断
すきま

5・13 図　せん断の過程．

（2） ポンチとダイスのすきま　せん断が進行するときの割れの向きは，刃の外向きになるので，上刃と下刃またはポンチとダイスとの間に適当な**すきま**(clearance)を設けて，割れの方向を刃の進行方向に合わせるようにする．すきまは，一般に板厚 t の 4～10％ にとり，かたい板材のときはそれより 2～5％ 大きくする．

（3） 切り口のだれとかえり　せん断の過程からみてもわかるように，せん断の切り口には上刃またはポンチが材料に食い込む際に，板金の表面が引っ張られて**だれ**(shear drop)ができる．また，せん断が完了するとき，相手がたの材料によって引き伸ばされた部分が残る．これを**かえり**(burr)という．

（4） せん断に要する力　シヤ角をつけないときのせん断に要する力 P は，つぎの式で計算することができる．

$$P = k \cdot t \cdot l \cdot \tau$$

ただし，$t=$板厚(mm)，$l=$せん断長さ(mm)，$\tau=$せん断強さ(N/mm^2)，$k=$作業条件による常数(1～1.1)．

せん断刃にシヤ角 θ をつけたときは，いろいろな仮定をおいて導いたつぎの式で

概算できる.

$$P = \frac{k \cdot t^2 \cdot \tau}{2 \tan \theta}$$

せん(剪)断強さτの値は，5・1表に示すとおりである．

5・1表 材料のせん断強さ (τ).

材　料	せん断強さ τ (N/mm²)	材　料		せん断強さ τ (N/mm²)
す　　　ず	30～40	鋼板	0.1% C	250～320
アルミニウム	70～160		0.3% C	360～480
ジェラルミン	220～380		0.6% C	560～720
銅	180～300		1.0% C	800～1050
黄　　　銅	220～400	ケイ素鋼板		450～560
青　　　銅	320～600	ステンレス鋼板		520～560

2. 打抜き加工

（1） 打抜きと穴抜き　ポンチとダイスによって板材を打ち抜き，打ち抜かれて下に落ちたほうを製品にする場合は，これを**打抜き**(blanking)といい，製品に穴をあけた場合は，**穴抜き**(piercing)という．

いずれも，ポンチとダイスとの間にすきまをとるが，そのとりかたには原則がある．すなわち，打抜きの場合は，ダイスを製品の寸法と同じにして，ポンチのほうをすきまだけ小さくする．反対に，穴抜きの場合は，ポンチを穴の寸法と同じにして，ダイスのほうをすきまだけ大きくする．打ち抜かれた穴の大きさは，抜け落ちたかすよりも小さく，ポンチの大きさとあまりちがわないからである．

打抜き用のポンチまたはダイスにシヤ角をつけることがある．シヤ角は，5・14図に示すように，打抜き型ではダイスのほうに，穴抜き型ではポンチにつける．

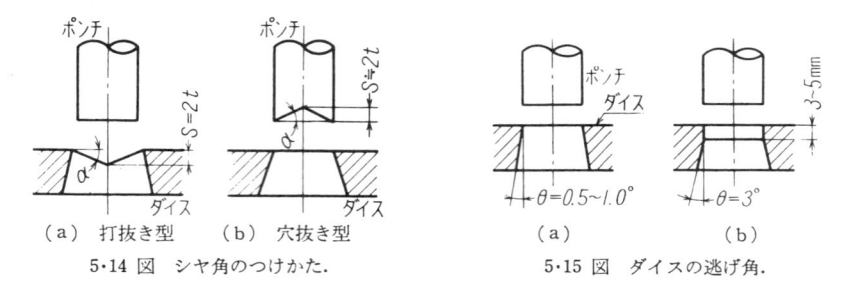

（a） 打抜き型　　（b） 穴抜き型
5・14図　シヤ角のつけかた．

（a）　　　　　（b）
5・15図　ダイスの逃げ角．

また，打ち抜かれた製品またはかすがダイスから通り抜けやすくするためには，5・15図(a)のようにダイスの入口から0.5～1.0°の**逃げ角**をつけたり，同図(b)のように3～5mmの平行部を設けて逃げ角をつける．

（2） 打抜き型の種類　打抜き型には，その構造上，単一抜き型，送り抜き型，総抜き型，切断型などの種類がある．

単一抜き型(plan blanking die)は，ポンチとダイスが1個ずつの最も簡単な型

である．5・16 図がその例で，ダイスの上に取り付けてある**ストリッパ**(stripper)は，ポンチが上昇するとき，ポンチにはまり込んだ板材をはずす装置である．ダイスに設けた**ストップ ピン**(stop pin)は打ち抜いた穴の一端がこれに当たって送りを一定にするためのものである．

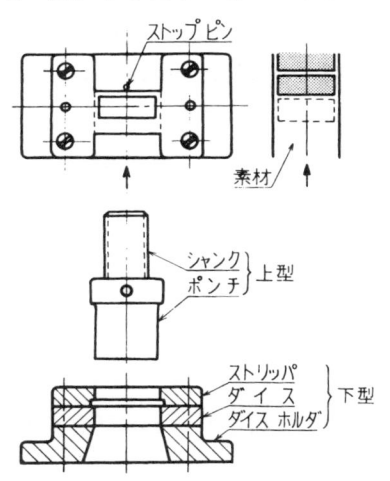

5・16 図　単一抜き型

5・17 図　送り抜き型

送り抜き型(follow die)は2個以上の型を並べて，順次帯板を送りながら打抜きを組み合わせてゆく型である．

5・17 図は最も簡単な送り抜き型で，2個の穴抜きポンチで穴を打ち抜いた板を送ると，つぎの工程で外形を抜くのである．外形を打ち抜くポンチに設けたパイロット ピンは，打抜きの位置決めの役目をする．

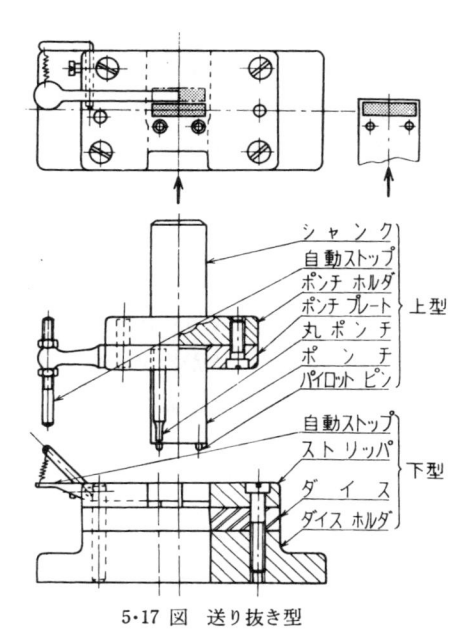

(a)　(b)

5・18 図　総抜き型

総抜き型 (compound die) は，穴抜きと外形抜きを一つに組み合わせ，一工程で製品を打ち抜く型である．5・18 図はその一例で，同図(a)は板材が送り込まれた状態，同図(b)は打抜きが終わったところを示す．

総抜き型は，精度のよい製品を打ち抜くことができるが，型そのものを精密につくる必要があるので，型の製作費が高価になることはまぬがれない．

(3) 型の材料 打抜き型に限らず，曲げ型，絞り型などに用いる材料には，炭素工具鋼，合金工具鋼，高速度鋼などが用いられる．どの材質を選ぶかは，製品の形状，加工材料の材質，製作数量，加工方法，価格などを考慮して決める．

炭素工具鋼よりも**合金工具鋼**のほうが耐摩耗性，じん性にすぐれ，**高速度(工具)鋼**はいっそうかたくて耐摩耗性が大きい．また，**超硬合金**も用いられるが，非常に高価なので，ポンチまたはダイスの刃の部分だけに用いる．

このほかにも，**鋳造合金**や，**亜鉛合金**などが少量生産の打抜き型や絞り型に用いられている．

3. ダイ セット

ポンチとダイスをつねに同じ関係位置に保って上下運動させるために，**ダイ セット**(die set)が用いられる．ダイ セットは 5・19 図に示すように，ダイ ホルダに2本または4本の **ガイド ポスト** (guide post) を立て，これにポンチ ホルダを連結したものである．

ダイ セットを用いると，プレスの精度が悪くても，ポンチとダイスの関係は正確に維持され，精度の高い打抜きができるばかりでなく，プレスに型を取り付けることが容易であり，型の取りはずし保管にもきわめて便利である．

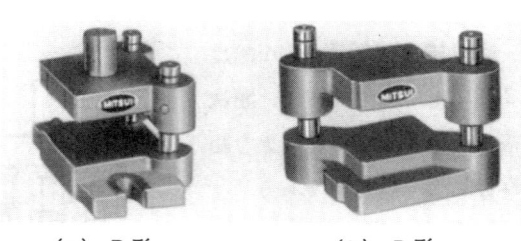

(a) B形　　(b) D形

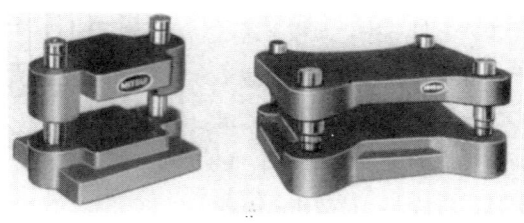

(c) C形　　(d) F形

5・19 図　ダイ セットの種類．

4. 板取り

(1) 桟幅 帯板から打ち抜くときには，5・20図に示したように，送り量によって決まる**送り桟**と板幅に残る**縁桟**とはくずになる．これらの桟幅 a, b はできるだけ小さいことが望ましいがそれには限度がある．

形状，板厚，材質などによってちがうが，一般に，板厚の1～1.5倍とし，少なくとも1mm以上にとるほうが安全である．

(2) 板取り 打ち抜く製品をどのように配列すれば最も経済的で多くの製品を打ち抜くことができるか，その打抜きの配列を決めるのが**板取り**である．

5・21図は，3通りの板取りを示したものであるが，同図(c)の配列が最も製品の歩止まりがよく，経済的であることは明らかである．

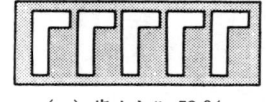

（a）歩止まり 53％

（b）歩止まり 64％

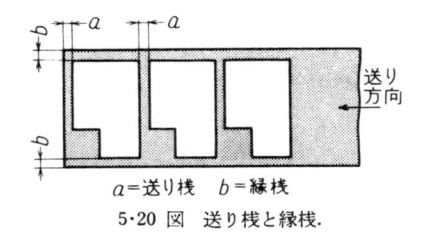

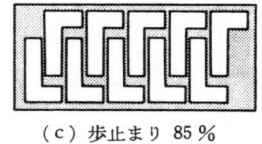

（c）歩止まり 85％

5・21図　板取り

a=送り桟　b=縁桟
5・20図　送り桟と縁桟．

5・4 曲げ加工

1. 曲げ加工の原理

(1) 最小曲げ半径 長尺の板材を山形やみぞ(溝)形に曲げるときには，プレスブレーキを用いるが，ふつうの**曲げ加工**はプレスで行なう．いずれも，ポンチとダイスから成るいろいろな形状の曲げ型を使用する．5・22図は，その基本的なもので，板材を直角に曲げる**V形曲げ**である．

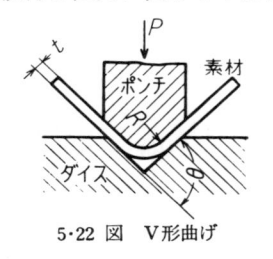

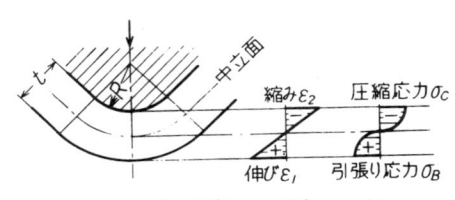

5・22図　V形曲げ

5・23図　曲げによる応力とひずみ．

板を曲げると，5·23 図に示すように，**中立面の外側には引張り応力が生じて伸**び，内側は圧縮応力によって縮む．内半径を R，板厚を t とすると，一般に R/t が小さいほど曲げの程度はきびしくなり，これがある値以上になると，引張り側に割れがはいるようになる．このような割れがはいらないで，曲げることのできる最小の内半径 R_{min} を**最小曲げ半径**といい，R_{min}/t を曲げ加工の限度をみるめやすとしている．5·2 表は，その値を示したものである．

5·2 表 最小曲げ半径

材　料		R_{min}/t
炭　素　鋼	軟質	0.5 以下
	硬質	1.5～3
ステンレス鋼	軟質	0.5～1
	硬質	4～6
アルミニウム		0.5 以下
アルミニウム合金	軟質	1～2
	硬質	2～3
黄　　銅		1～2

最小曲げ半径は，曲げの方向によってもちがってくる．

一般に，圧延方向の伸びが大きいので，折曲げ線をなるべくこれに直角に近い方向にとる．

（2）スプリングバック　曲げの荷重を取り除くと，板にはいくらか弾性が残っていて，5·24 図（a）に示すように，曲げ角や曲げ半径がもどって，いくぶん大きくなる．これを**スプリングバック**(spring back)という．その大きさは，板の材質，厚さ，曲げの条件などによってちがってくる．一般に，弾性限界が高くかたい材料ほど大きく，同じ寸法の板材では，曲げ半径が大きいほど大きくなる．

また曲げ応力のモーメントによって，同図（b）に示したような**そり**(warping)が残ることになる．

スプリングバックは，製品の精度をそこなうので，いろいろな対策が講じられている．はねかえる分だけポンチの角度を小さくしておくことが経験的によく行なわれるが，この方法では，安定した結果は得られない．比較的効果があるのは，5·25 図（a）に示すように，ダイスにも丸みをつけ，曲げたのちさら

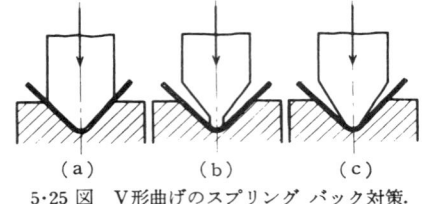

(a) スプリングバック　　(b) そ り

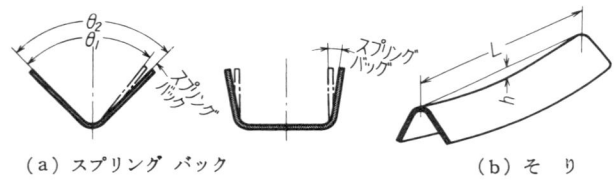

5·24 図　スプリングバックとそり．

(a)　(b)　(c)

5·25 図　V形曲げのスプリングバック対策．

に強い圧力を加えて，板に伸びを与える方法である．同図（b），（c）に示したように，ポンチの先端を細くして，ここに圧力を集中すれば，加圧力も小さくなる．

5・26 図は，U形曲げの場合のスプリングバックを少なくする方法を示したものである．

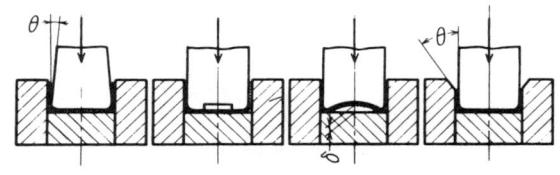

5・26 図　U形曲げのスプリングバック対策．

2. 曲げ型

（1） V曲げ型（V-bend die）　最も多く用いられる型で，5・27 図に示すように，ダイスの肩幅 a を板厚 t に対し，ふつう $a=(6〜12)t$ にとり，プレスブレーキでは $a=8t$ にとる．ポンチが板に当たる幅もダイスの肩幅と等しくして，肩幅以外は板との間にすきまができるようにする．

（2） U曲げ型（U-bend die）　5・28 図は，ダイセットに組み込まれた**U曲げ型**を示したものである．ポンチを下げると**プレッシャ パッド**（pressure pad）が板を押さえながら，U字形に曲げる．プレッシャ パッドを押し上げている力はダイ セットの下にあるばねで，これが曲げ終わった製品をダイスから押し出す**ノック アウト**（knock out）の役目をする．

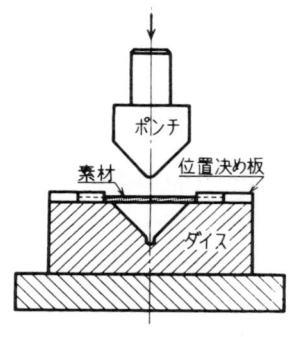

5・27 図　V曲げ型

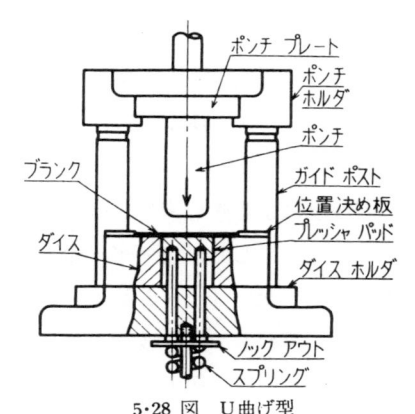

5・28 図　U曲げ型

5・5　絞り加工

1. 絞り加工の原理

（1） 絞り加工による変形　絞り加工（drawing）は，素材（ブランク）をポンチでダイスに押し込み，底のある円筒，円すい，角筒の形状に変形することである．

5・29 図は，直径 D の素材を内径 d の円筒に絞る状態を示したものである．フランジ部のしわは，素材の外周 πD がポンチの内周 πd に絞り込まれようとするた

めにできる．深絞りの場合には，素材のフランジ部を押えてダイスに絞り込む．

5·30 図は，**しわ押え**（blank holder）を設けた，絞り型を示したものである．素材を押えながらポンチ力を加えると，はじめ素材のフランジ部⑤は，半径方向の引張りと円周方向の圧縮を受け，直径減少と肉厚増加をともないながら変形

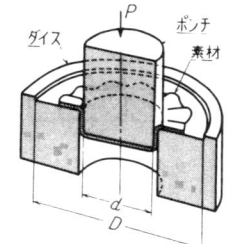

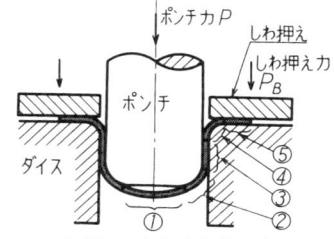

5·29 図　絞り加工

5·30 図　しわ押えと絞り変形．

する．つぎに，ダイスの入口の肩④にかかって，半径方向の引張りをいっそう強く受けながら複雑な曲げがともない，さらに加工が進むと，ダイスの内壁③に沿って下降し，かなり強い引張りを受けて，材料はわずかに薄くなる．　底に接した丸みのある部分②も底の平面部①も引張りを受けて延ばされる．

ポンチ力は，①の引張りから順次⑤の半径絞りに伝わるので，もし絞り込む力が絞り終わった部分の強さよりも大きくなれば，その部分は破断する．ふつうの絞り加工では，引張りと曲げが同時に加わる②の部分が最も破れやすい所である．

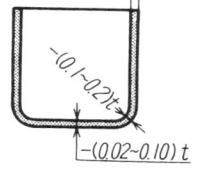

5·31 図は絞り製品の各部の厚さの増減を示したものである．

5·31 図　円筒絞りの板厚の増減．

（2）**絞り率**　素材の直径 D とポンチの外径 d との比 d/D を**絞り率**（drawing coefficient）という．この値が小さくなるほど絞りによる塑性変形がはげしくなり，それには限度があることはいうまでもない．実用上，しわができず，底が破断しないで，安全に絞ることのできる**限界絞り率**は，だいたい 0.5～0.6 と考えてよい．

（3）**再絞り**　限界絞り率よりも深い製品をつくるときは，絞りの工程を数回に分けて絞る．これを**再絞り**（redrawing）という．すなわち，第一工程で直径 D の素材を絞って d_1 の円筒をつくり，第二工程で直径 d_2 に，第三工程で直径 d_3 にと，つぎつぎに直径を減少させて深さを増すのである．

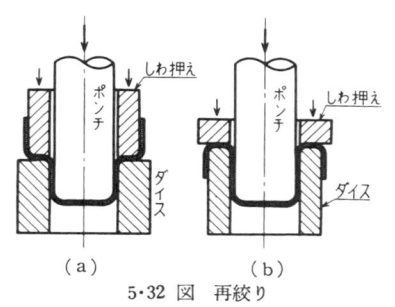

5·32 図　再絞り

再絞りには，5・32図(a)に示したように内側から絞る**直接再絞り法**と，同図(b)のようにひっくり返して絞る**逆再絞り法**とがある．

(4) 絞り法に要する力 円筒形の容器を絞るときの**絞り力** P (kg) は，ポンチとダイスの形状や絞りの条件によってちがってくるが，実用的にはつぎの式で求められる．

$$P = \pi dt\sigma C_1$$

ただし，d＝製品の内径(mm)，t＝板厚(mm)，σ＝素材の引張り強さ(N/mm^2)，C_1＝絞り率に対する係数(5・3表)．

5・3表 C_1 の値．

絞り率 d/D	C_1
0.80	0.40
0.70	0.60
0.60	0.85
0.50	1.00

(5) しわ押えに要する力 最小の**しわ押え力** P_B(kg) は，つぎの式で求める．

$$P_B = Sp$$

ただし，S＝素材が押えられる面積$(mm)^2$，p＝しわ押えの圧力(N/mm^2)．

p の値は材料によって，5・4表の値をとる．

5・4表 しわ押えの圧力．

材 料	$p(N/mm^2)$
軟 鋼	1.6～1.8
ステンレス	1.8～2.0
アルミニウム	0.3～0.7
銅	0.8～1.2
黄 銅	1.1～1.6

2. 板取り

たとえば，5・33図に示すような，円筒形の容器を絞る場合，製品の板厚に変化がないものとすれば，素材(ブランク)の直径 D (mm) はつぎの式で計算することができる．

$$D = \sqrt{d^2 + 4dh}$$

ただし，d＝円筒形容器の平均径(mm)，h＝円筒形容器の深さ(mm)．

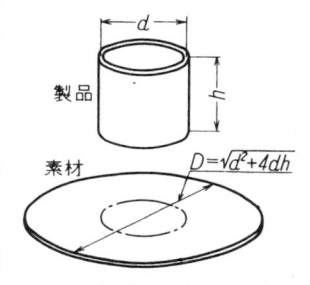

この式は，板厚の変化を無視したうえに，容器の底のかどの丸みも計算に入れていないし，容器の縁にできる耳も考慮されていない．**耳**(ear)とは，板材の方向性によって，5・34図に示したように，容器の縁に波を打ったような高低ができるが，その高いところをいうのである．

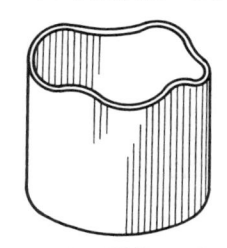

5・33図 円筒形容器の板取り．

3. 絞り型

(1) ポンチ先端とダイス肩の丸み ポンチ先端

5・34図 円筒絞りの耳．

の丸みは，絞り加工の難易に関係がある．あまり小さいと，この部分に割れが入りやすいし，大きすぎてもしわが発生しやすくなる（5・35 図）．ポンチ先端の丸み半径 r_p は，板厚 t に対して，一般につぎの値をとる．

$r_p = (4 \sim 6)t$ ……… 軟質板材

$r_p = (10 \sim 20)t$ …… 硬質板材

ダイス肩の丸みも，小さすぎると絞りに要する圧力が増大し，大きすぎると加工の終わりにしわ押えが作用しなくなる．ダイス肩の丸み半径 r_a は板厚 t に対して，一般に $r_a = (4 \sim 6)t$ のようになる．

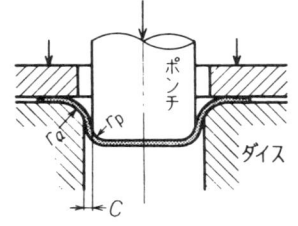

5・35 図　ポンチ先端とダイス肩の丸み．

（2）ポンチとダイスのすきま　ポンチとダイスのすきま C は，一般に素材の板厚 t に対し $C = (1.4 \sim 1.5)t$ にとる（5・35 図）．しかし，薄い板はしわを生じやすいから $C = (1.1 \sim 1.2)t$ にとることが多い．

このすきまを板厚 t に近づけるほど摩擦力は増大し，ポンチの加圧力は大きくなって，材料は **しごき**（ironing）の作用を受けるようになる．

（3）絞り型の形式　絞り型の形式は，普通絞り型，逆絞り型，再絞り型，抜き絞り型および絞り縁切り型の5種類に分けることができる．

このうち，**抜き絞り型**は，外形打抜き型と絞り型とを兼ねたものであり，**絞り縁切り型**は，これにさらに，縁切りを加えて，外形打抜き，絞り，縁切りの3工程を一つの型で行なうようにしたものである．

普通絞り型にも，しわ押えのあるものと，ないものとがある．5・36 図は，しわ押えなし絞り型で，ダイス肩に丸みをつけ，素材はこの丸みに沿ってポンチとダイスの間に絞り込まれ，加工が終わるとダイスの下に突き落とされるようになっている．ポンチに設けた**通気穴**（air vent）は，製品の底とポンチとの間が真空になって，互いに密着するのを防ぐためのものである．

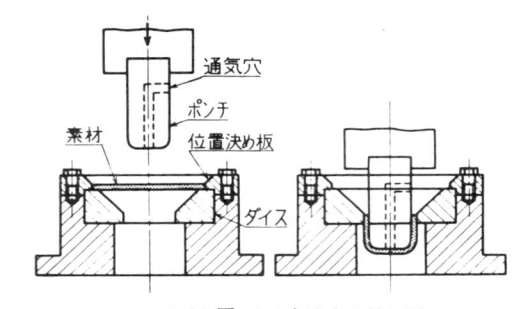

5・36 図　しわ押えなし絞り型

5・37図は，単動プレスに用いるしわ押え付き絞り型を示したものである．5・38図はポンチを上向きにした型で，ポンチが絞り終わったところを示す．**さかさ絞り型**といわれ単動プレスの絞り型にはこの形式が多く使われる．しわ押え力を与えている圧縮コイルばねは，ノック アウトのはたらきも兼ねる．

5・39図には，中空円筒状のしわ押えを設けて，ダイスにノック アウトをつけた**再絞り型**の例を示しておいた．

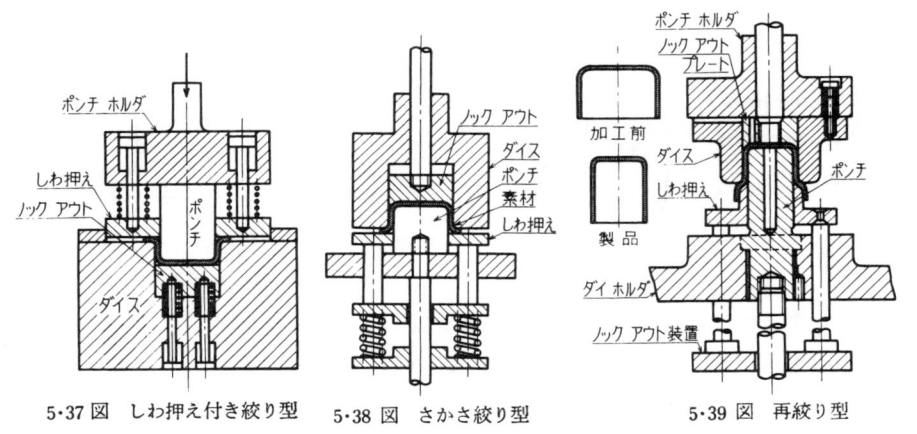

5・37図　しわ押え付き絞り型　　5・38図　さかさ絞り型　　5・39図　再絞り型

4. 特殊な絞り加工

ポンチまたはダイスの一方だけを金型にし，他の一方をゴムまたは流体にして，これに圧力を加えれば絞り加工ができる．また，素材を型に当てたまま回転し，へらでしごきながら絞ることもできる．

（1）**マーホーム法**(marform process)　これは，5・40図のように，ダイスの

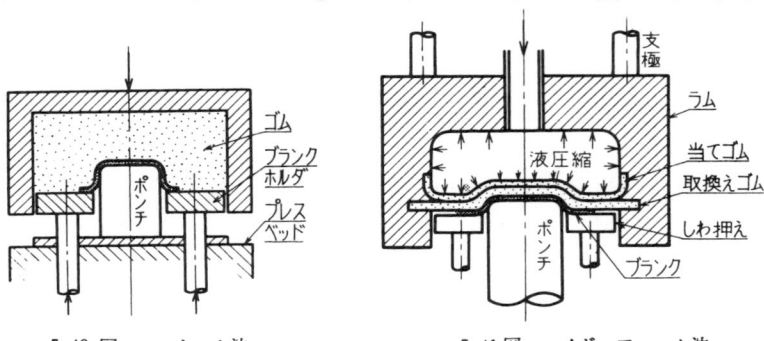

5・40図　マーホーム法　　5・41図　ハイドロフォーム法

代わりに層状のゴムを用いる方法である．ゴム保持わく(枠)にプレス圧力を加えると，しわ押えは適当な押え力をかけながら後退して絞り加工が行なわれる．銅，アルミニウム，軟鋼板などの薄板の深絞りに応用されている．

（2） **ハイドロフォーム法**(hydroform process)　これは，ダイスの代わりに液体を用いる方法である．5・41 図のように，液圧室をゴム膜により気密にし，液体に適当な圧力を加えながら，しわ押えの上に置いた素材にポンチ力を加えて絞るのである．液圧は最高 1000 kgf/cm² くらいで，深絞りを行なうことができる．

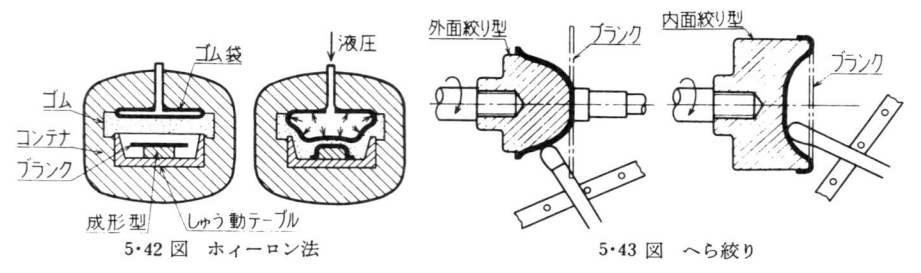

5・42 図　ホィーロン法

5・43 図　へら絞り

（3） **ホィーロン法**(wheelon process)　これは，5・42 図に示すように，やわらかいゴム袋に液圧を加え，層状ゴムを通して素材を絞るようにした方法である．液圧は 400～700 kgf/cm² が必要である．この方法の特徴は，装置に運動部分がないことである．

（4） **へら絞り**(spinning)　これは，5・43 図のように，**へら絞り旋盤**の主軸に型を取り付け，これに素材をセンタで押えつけて回転させながら，徐徐に絞ってゆく方法である．プレスによる絞りよりもきれいな製品をつくることができるが，少量生産にしか向かない．また，アルミニウム，銅，軟鋼など軟質の材料でないと加工できない．

6
熱 処 理

 熱処理とは，金属材料を特定の温度に加熱して，適当な速さで冷却する操作である．その目的は，材料の用途に応じて，いっそうすぐれた機械的性質や組織を得ることにある．機械構造用炭素鋼，合金鋼，工具鋼などは，とくに熱処理によっていちじるしく性質を変えることができるので，熱処理を施さないで最終製品として使用することは少ない．

6・1 熱処理の原理
1. 熱処理の目的と種類

 熱処理(heat treatment)は，その目的や操作によって，焼入れ，焼きもどし，焼きなましおよび表面硬化の四つに大別することができる．

 焼入れ(quenching)は，材料を高温度に加熱して急冷する操作で，焼入れした鋼はかたくてもろい材質になる．**焼きもどし**(tempering)は，焼入れした鋼を再び適当な温度に加熱して，徐徐に冷却する操作で，かたくてもろい材質を修正して，粘り強くすることを目的とする．したがって，焼入れと焼きもどしは，両者があいまって一つのまとまった熱処理になる．

 焼きなまし(annealing)は，鋼を一定の温度に加熱し，それに引き続いて徐徐に冷却する操作である．焼きなましを施すと，一般に鋼は軟化し，内部応力を除き，組織を整えることができる．

 表面硬化(hard facing)は，鋼の表面だけをかたくして，耐摩耗性を増すための熱処理で，浸炭法，窒化法，高周波焼入れなどの方法がある．

2. 鋼の変態

熱処理によって，鋼の機械的性質や組織を変えることができるのは，鋼に温度による変態という現象があるからであり，その変態が冷却の早い遅いによって，元にもどったりもどらなかったりするからである．**変態**(allotropic transformation) とは，ある温度に達すると起こる突然異変のことで，変態を起こす温度を**変態点**と呼んでいる．

金属はすべて，原子が規則正しく配列した単位格子からなり，それが繰り返されて結晶をなしている．純鉄の単位格子は，常温では6・1図(a)に示すような体心立方格子で，これを**α鉄**と呼んでいる．このα鉄を加熱してゆくと，912℃で突然異変を起こし，原子配列が同図(b)のような面心立方格子になる．これを**γ鉄**といい，このときの変態点を A_3 の記号で表わしている．

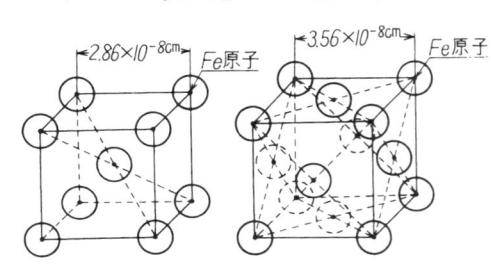

(a) 体心立方格子 α鉄の結晶の原子配列．
(b) 面心立方格子 γ鉄の結晶の原子配列．

6・1図　鉄の原子配列．

さらに温度を上げて1394℃に達すると，再び体心立方格子になり，1538℃（融点）で原子配列はばらばらになって融解する．

融解した純鉄を冷却するときも，同じ温度で逆に変態し，常温でα鉄にもどる．しかもそれは，冷却の速さにも影響されず，円滑に行なわれる．したがって，純鉄や純鉄に近い極軟鋼では，焼入れもできず焼きもどしの意味もないのである．

ところが，純鉄に炭素が入ると事情はちがってくる．．まず，炭素量が増えるに従って変態温度が低くなり，A_3 変態点は炭素量0.76％で727℃になる．さらに，冷却しながら変態点を通るとき，炭素が変態を阻止して，純鉄のようには変態が円滑に進まないのである．これが鋼の熱処理を可能にしている理由である．

3. 炭素鋼の平衡状態図

6・2図に示すように，横軸に炭素量(％)をとり，縦軸に温度(℃)をとって，炭素鋼を各温度に長く保ったとき，鉄と炭素はどのような状態になっているかを示す図表が**平衡状態図**である．

6・1 熱処理の原理

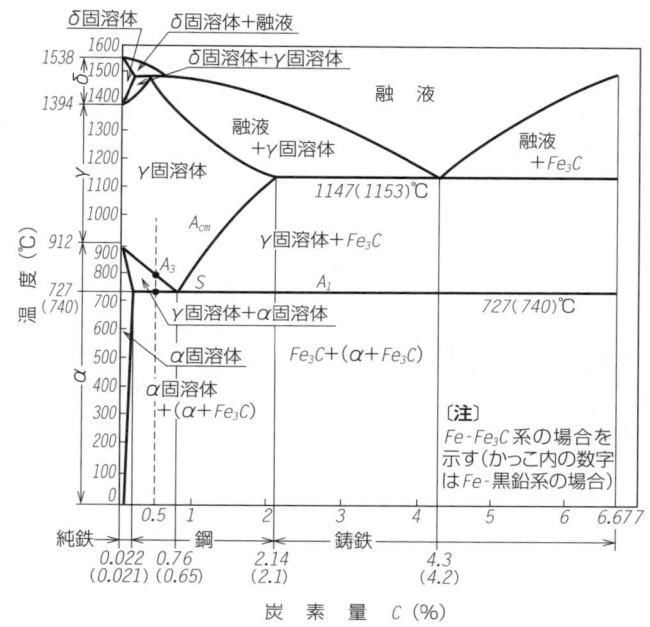

0.5％Cの炭素鋼について温度による状態の変化をたどってみよう．6・2図でわかるように，A_3 変態点以上の温度では，γ鉄に炭素が溶けあった，いわゆるγ固溶体になっている．**固溶体**とは，鉄の結晶格子の中に炭素の原子が入りこんで結晶となったもののことである．そのγ固溶体が A_3 変態点より温度が下がると，α固溶体が析出し，両者の混合したものになる．

6・2図 炭素鋼の平衡状態図.

さらに温度を下げると，炭素鋼にはもう一つの変態点 A_1 があり，その温度以下では，α固溶体と炭化鉄（Fe_3C）との混合したものになる．この A_1 変態点は727℃で，どの炭素量でも一定であり，0.76％CのS点で A_3 変態点と一致している．0.76％C以上の炭素鋼には，さらに A_{cm} 変態点が現われ，この温度より下がると，γ固溶体から炭化鉄（Fe_3C）が析出する．元来，γ鉄は炭素を2.14％も固溶するので，γ固溶体の領域は広くなっている．それに反し，α鉄には最大0.022％Cという，ごくわずかな炭素しか固溶できないのである．

このように炭素鋼は，炭素量と温度によって，ちがった状態に変化するが，組織上ではこれにつぎのような名称をつけている．

　　　　α固溶体……**フェライト**（ferrite）
　　　　γ固溶体……**オーステナイト**（austenite）
　　　　炭化鉄（Fe_3C）……**セメンタイト**（cementite）
　　　　α固溶体＋炭化鉄（Fe_3C）……**パーライト**（pearlite）

4. 熱処理の原理

すでに述べたように，A_3変態点以上に加熱した炭素鋼をゆっくり冷却すれば，オーステナイトという組織からパーライトという組織に変わってしまう．ところがこれを急に冷却すると，変態を完了することができずに，中途はんぱな**マルテンサイト**(martensite)という組織になる．これはα鉄中に炭素を過飽和に固溶したもので，顕微鏡で見ると，6・3図(b)のような白色針状の組織になっているのがわかる．材質は非常にかたくてもろい．パーライトは，同図(a)に示すように，波打ちぎわの砂模様に似た層状組織で，材質は粘り強さをもっている．焼入れは，炭素鋼を加熱してオーステナイト組織にし，これがマルテンサイト組織になるくらいに急冷することにほかならない．

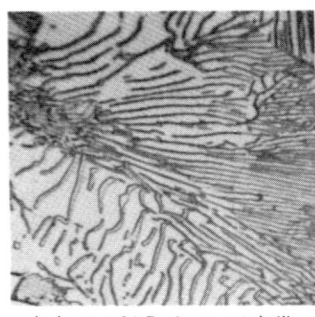

(a) 0.8%C パーライト組織
(黒い部分はセメンタイト，白い地はフェライト.)

(b) マルテンサイト組織

6・3図 パーライト組織とマルテンサイト組織.

焼入れしたマルテンサイトを再加熱すると，飽和している余分な炭素は，セメンタイト(Fe_3C)またはそのままの形で吐き出される．このようにしてできた組織は，かたさはマルテンサイトに劣るが，じん(靱)性のすぐれた材質になる．これが焼きもどしの原理であり，焼きもどしは，マルテンサイトからスタートすることが絶対条件なのである．

焼きなましもまた，炭素鋼の変態を利用し，結晶組織を変化させるのである．

6・2 熱処理設備

1. 加熱炉

熱処理作業は，まず加熱に始まり，その温度を時間的に調節することが根本になる．したがって，熱処理用加熱炉には，温度制御装置を設けて，自動的に温度を一定に保つようにするのがふつうである．

熱処理用加熱炉には，マッフル炉，電気炉，塩浴炉などがある．

6・2 熱処理設備

(1) マッフル炉(muffle furnace) 素材をマッフルの中に入れ，それを外側から加熱するようにした炉である．6・4 図は，マッフル炉を示したもので，マッフルは燃焼ガスから完全にしゃ(遮)断されている．燃料は，重油，ガスなどを用いる．

(2) 電気炉(electric furnace) これは，マッフルの周囲を電気抵抗発熱体で熱するようにし，その外側を保温壁で囲った炉である．抵抗発熱体がニクロム線の場合は常用温度は 950°C まで，炭化けい素系のもので 1100°C までである．電気炉には，6・5 図に示すように，低電圧用変圧器が付属している．

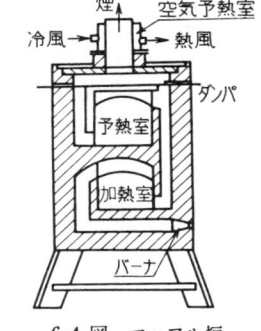

6・4 図 マッフル炉

(3) 塩浴炉 (salt bath) これは，多量の混合塩を浴そう(槽)の中で加熱，融解しておき，これを媒体として材料を加熱するようにした炉である．6・1 表は，主要な混合塩とその用途を示したものである．

6・5 図 電気炉

6・1 表 混合塩の種類と温度．

用途	混合塩成分 (重量 %)		およその融点(°C).	適当な加熱温度 (°C).
低温	NaNO₃ KNO₃	40～50 50～60	230	250～650
中温	BaCl₂ NaCl KCl	50～60 15～20 20～30	595	500～1000
高温	BaCl₂	>98	695	1000～1300

6・6 図 塩浴炉

加熱の方法には，浴そうに混合塩を入れて，下から電気，重油，ガスなどによって加熱する方法と，混合塩の中に直接電極を入れ，電気抵抗熱によって加熱する方

法とがある．混合塩の代わりに鉛を用いると**鉛浴炉**(lead bath)になる．鉛の融点は 327°C，使用温度は 500°C までで，鋼の焼きもどしに利用される．

　塩浴炉の特徴は，混合塩を適当に選択すれば，所定の温度が得られ，材料を均一に加熱することができることである．また，空気に比べ熱伝導がよいので，加熱時間が短くてすみ，酸化を防ぐことができる．

　しかし，すべての塩は有毒，腐食性のガスを発生するから，完全な排気装置を設ける必要がある．また，処理後の材料は，完全に塩を除去しないとさび(錆)が発生する．この有毒性と後処理のはん(煩)雑さは塩浴炉の最大の欠点である．

2. 高温計と温度制御設備

(1) 高温計　熱処理用加熱炉に用いられる高温度計には，熱電高温計，抵抗高温計，放射式高温計がある．

　熱電高温計(thermo electric pyrometer)は，最も広く用いられている．6・7図は，その原理を示したものである．2種類の異なる金属 A，B の一端を結合して測温接点としたものを**熱電対**(thermo couple)といい，その測温接点を加熱して，他端の基準接点を冷やすと，その間に熱起電力が生じる．基準接点の低温度を一定にして熱起電力を測定すれば，測温接点の温度を測定することができるわけである．最も多く用いられているクロメル－アルメル(CA)

6・7図　熱電高温計

熱電対は，測定温度範囲 −200 ～ 1200°C の間で，使用温度によって使い分けられるよう各種の線径のものがある．

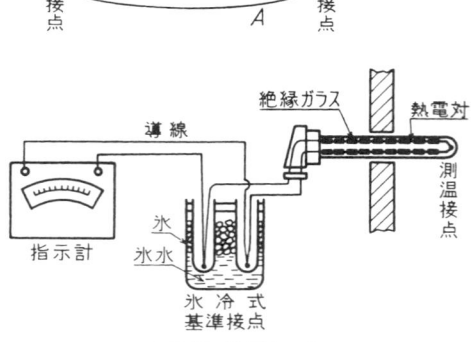

　抵抗高温計は，導体の電気抵抗が温度によって変化する現象を応用したものである．6・8図は，その構成を示したものである．測温抵抗体として最も広く利用されているのは白金線で，その使用

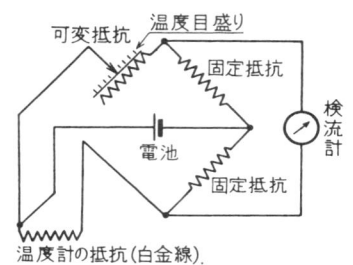

6・8図　抵抗高温計(ブリッジ式)

温度範囲は −200 ～ 1000℃である．比較的正確な測定ができるので，加熱炉の自動記録などにも用いられる．

放射式高温計は，空間波による放射熱を利用する方法である．これに，放射熱線の強弱によって高温度 (500～2000℃) を測る**放射高温計**と，可視光線の明るさを標準輝度と比較して高温度 (700～4000℃) を測る**光高温計** (optical pyrometer) とがある．いずれも，測定されるものが黒体であるときだけ正しい温度測定ができ，測定される温度はその表面温度に限られる．

(2) 温度自動制御 6・9 図は，電気炉の温度制御の一例を示したものである．温

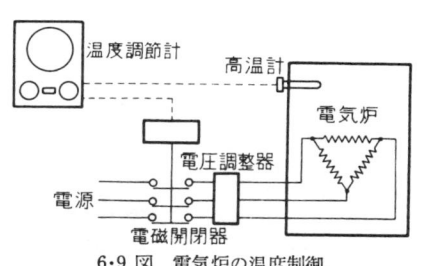

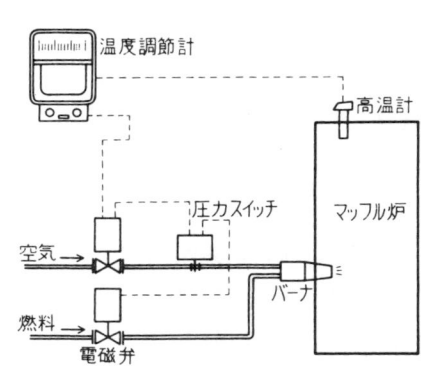

6・9 図 電気炉の温度制御．　　6・10 図 マッフル炉の温度制御．

度調節計の指針を希望する温度にセットしておくと，熱電対や測温抵抗体がとらえた温度変化によって，電磁開閉器がはたらき，電源を開閉 (on-off) するようにしたものである．小容量の炉では，温度調節計内の接点 (水銀スイッチ または マグネット リレー．) で直接加熱電流を開閉するようになっている．

6・10 図 はマッフル炉の温度制御方式の一例を示したものである．温度調節計によって電磁弁がはたらき，空気と燃料とを自動調整するようになっている．

3. 焼入れ設備

鋼を焼入れするとき，急冷するために使う水，油などを**冷却剤**または**焼入れ剤**という．

水は伝導率が高く，冷却効果が大きいので，最も多く用いられている．しかし硬水や石灰乳，せっけん (石鹼) などを混ぜたものは，冷却効果がいちじるしく低くなる．また，温度が高くなるほど冷却効果が悪くなる．**焼入れ水そう**は，水が下から上に流れるように循環させ，水温をいつも 25℃ 以下に保つようにする．

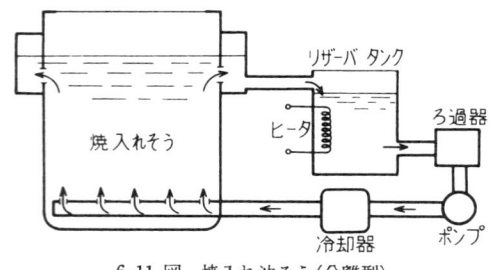

6・11 図　焼入れ油そう（分離型）

油は，水よりも冷却効果がかなり低いが，焼入れによる割れやひずみ（歪）を生じることがない．一般に焼入れ油として市販されているものが使われている．

温度が冷却速度に及ぼす影響は少ないが，ふつう 30～80℃ で使用する．**焼入れ油そう**の容量は 1 回の焼入れで温度が 2℃ 以上 あがらないよう，充分な油量をもつようにする．かくはん（攪拌）装置やろ過装置とともに冷却装置，加熱装置を設け温度を自動制御することが必要である．6・11 図 は焼入れ油そう（槽）の一例を示したものである．

6・3　焼入れと焼きもどし
1. 焼入れ

焼入れ(quenching)とは，鋼を加熱してオーステナイト組織にし，これを急冷してマルテンサイト組織にすることである．したがって，炭素鋼の焼入れ温度は，0.8％ C 以下の**亜共析鋼**

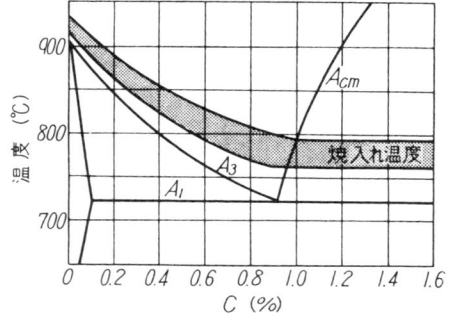

6・12 図　炭素鋼の焼入れ温度．

では A_3 変態点以上に，0.8％ C 以上の**過共析鋼**では A_1 変態点以上に加熱して急冷すればよいことになる．

しかし，あまり高い温度に加熱すると，結晶が粗大になって，もろくなるから，6・12 図 に示すように，変態点より 30～50℃ 高いところを**焼入れ温度**とする．加熱時間もあまり長いと結晶が大きくなるので，変態が完了するのに必要な時間にとどめる．だいたい，5 mm 角の材料で 10 分，25 mm 角で 30 分 くらいが 適当であるとされている．

焼入れ温度に加熱した鋼を水中に入れて急冷すると，組織はマルテンサイトだけになる．これが完全に焼入れされた状態である．ところが，この冷却を油中で行ない，冷却速度を遅くすると，組織はマルテンサイトではなくて，ごく微細なフェラ

イトとセメンタイト(Fe_3C)との混合したものになる．この組織を**トルースタイト**(troostite)といい，かたさはマルテンサイトよりやや低いが粘り強い．

2. 恒温焼入れ

焼入れ温度に加熱した鋼を熱浴(加熱した焼入れ 油そう または 塩浴炉．)に入れてある温度まで急冷して焼入れし，適当な時間を経過したのち空冷する方法を**恒温焼入れ**(isothermal hardening)という．

鋼を A_1 変態点以上の温度から，それ以下の一定温度に保たれた熱浴中に焼入れしたまま長時間を経過すると，鋼には**恒温変態**が現われる．6・13 図は，このような変態を表わす曲線で，これを**S曲線**または**TTT曲線**と呼んでいる．図でわかるように，最も長い変態時間に生じる組織があり，これを**ベーナイト**(bainite)と呼んでいる．この組織は，マルテンサイトよりやわらかいがじん(靭)性に富み，焼割れやひずみ(歪)を生じない特徴がある．

恒温焼入れは，S曲線に基づいて行なう熱処理で，これにはオーステンパ，マルテンパ，マルクエンチなどがある．

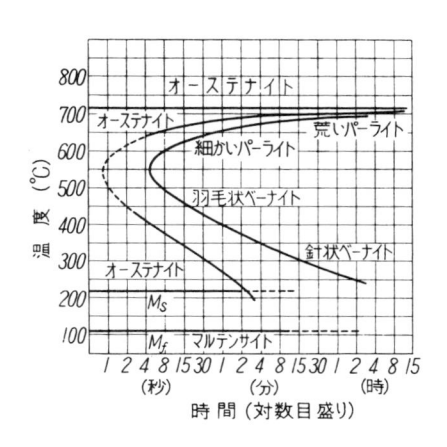

6・13 図　共析鋼のS曲線．

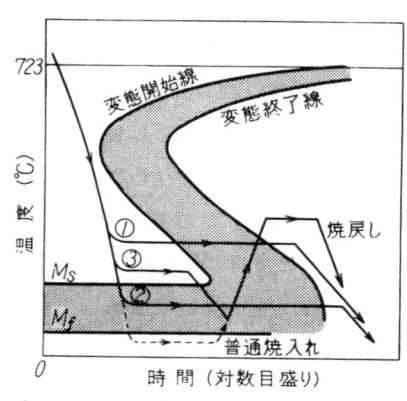

6・14 図　オーステンパ，マルテンパ，マルクエンチ

①オーステンパ，②マルテンパ，③マルクエンチ

オーステンパ(austempering)は，6・14 図の①で示すように，300～400℃の熱浴で焼入れし，この温度に比較的長い時間保持してから空冷する方法である．ベーナイトの組織が得られるので，ベーナイト焼入れともいわれる．

マルテンパ(martempering)は同図②で表わしたように，100～200℃の熱浴

で焼入れし，長時間保持して空冷するもので，マルテンサイトとベーナイトの混合組織が得られる．かたさがあまり低下せず，衝撃値の高い鋼になる．

マルクエンチ(marquenching)は，200〜300℃の熱浴で焼入れし，同じ温度になるまで保持したのち空冷する．保持時間が長すぎて恒温変態を起こしたのでは効果がない．焼割れやひずみを防止しながら，完全な焼入れ硬化が得られる．

3. 焼きもどし

焼入れした鋼を，A_1 変態点以下の温度で再加熱して急冷する操作が**焼きもどし**(tempering)である．焼入れ組織のマルテンサイトはかたくてもろい．これを再び加熱して，温度を上げてゆくと，過飽和している炭素が析出し，温度が高くなるほど軟化して粘り強さが増してくる．加熱温度が 350〜400℃ では，焼入れでも見られたトルースタイト組織になり，さらに 550〜600℃ まで温度を上げると，**ソルバイト**(sorbite)と呼ばれる組織になる．ソルバイトは，炭素の粒子がかたまりあってやや大きくなった粒状組織で，軟化するがいっそう粘り強い鋼になる．このように完全焼入れした鋼を適当な温度を選んで焼きもどしすれば，任意のかたさの粘り強い鋼にすることができるわけである．

しかし，500℃ 付近では，焼きもどしをするとかえってもろくなり，衝撃値が低下する．これを**焼きもどしぜい性**という．したがって，この焼きもどしぜい(脆)性を避けると，実際に行なわれる焼きもどし温度は限定される．すなわち，かたさと耐摩耗性を要求するときは 150〜200℃ の低温焼きもどしを施し，強さとじん(靱)性が必要なときは 550〜650℃ の高温焼きもどしを施すことになる．低温焼きもどしの場合は，油に浸して加熱してもよく，高温焼きもどしには，電気炉，熱風炉，塩浴炉などを用いる．冷却は必ず水冷または油冷にする．

6・4 焼きなましと焼きならし

1. 焼きなまし

焼きなまし(annealing)は，適当な温度に加熱し，それに引き続いて徐冷する操作である．圧延，鍛造などの加工を施したままの鋼を焼きなましすると，一般に軟化し内部応力が除去される．

しかし，焼きなましという言葉は非常に広い意味をもっていて，その目的によっ

て方法がまるでちがってくる．

（1）**完全焼きなまし**　これは鋼を軟化し，内部応力を除去して，機械加工や塑性加工を容易にするために行なう．

A_3，A_1 変態点より 20〜30°C 高い温度に加熱し，その温度に充分保持したのち，炉内で徐冷する操作である．しかし 550°C 以下は空冷してもよい．6・15図は材料の大きさに応じた適当な温度上昇時間と保持時間を示したものである．

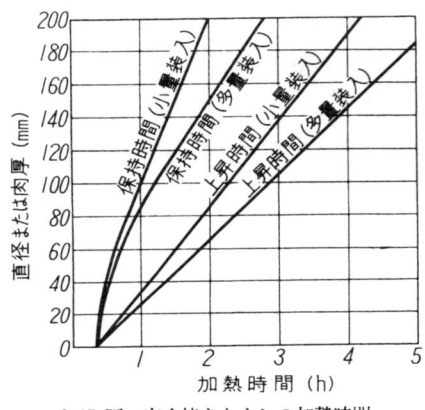

6・15 図　完全焼きなましの加熱時間．

（2）**恒温焼きなまし**　完全焼きなましと同じ目的で，同じ温度に加熱した鋼を 600〜700°C で恒温変化させ，変態終了後空冷または水冷する方法である．

この方法は，比較的短時間で鋼を軟化することができる．

（3）**球状化焼きなまし**　炭素鋼では，セメンタイトが層状，網状または針状になっている．このようなセメンタイトの存在は組織をもろくするので，これを球状にして粘さと強さを与えたいことがある．球状化焼きなましは，これを目的とする焼きなましである．

その方法には，A_1 変態点のすぐ下（650〜700°C）に加熱保持したのち徐冷する方法，A_1 変態点のすぐ上とすぐ下の温度に加熱を数回繰り返して冷却する方法，A_1 と Acm 変態点の間の温度に加熱したのち，A_1 変態点以下の温度まで徐冷する方法などがある．

（4）**拡散焼きなまし**　鋳造したままの鋼塊は，固溶体のなかに溶けこんだ炭素（C），りん（P），いおう（S）などの原子が固溶体のなかで局部的に集まっている．これを**偏析**という．この偏析を拡散させるため 1100〜1200°C に長時間加熱保持する操作である．このあとでふつうの焼きなましを行なう．

（5）**低温焼きなまし**　鍛造，焼入れ，焼きもどし，冷間加工，溶接などを施したあとの残留応力を取り除くための焼きなましである．450°C から 700°C 以内の温度に加熱して除冷すればよい．

2. 焼きならしとサブゼロ処理

(1) **焼きならし** 鍛造品などの粗大になった結晶粒を細かくし，また組織の不均一をなくすための熱処理が**焼きならし**(normalizing)である．操作は，A_3または Acm 変態点より 40～60℃ 高い温度に加熱して大気中に放冷する．焼入れにならない程度の冷却速度にして，細かいソルバイト組織にするのが最もよい焼きならしである．

鍛造品の場合は，形状によって，冷却が不均一になり内部応力が生じたりするので，引き続き 600～650℃ に再加熱し，内部応力を除くとともに焼きもどしをすることが多い．

(2) **サブゼロ処理** 焼入れした鋼には残留オーステナイトがある．残留オーステナイトは，焼入れ硬度を低下させるばかりでなく，時間がたつにつれてマルテンサイトに変態し，寸法変化を起こす．このような鋼を −80℃ くらいに冷却し，安定した組織にする熱処理法を**サブゼロ処理**(subzero treatment) という．主として，経年変化をきらう精密測定部品に対して行なわれ，サブゼロ処理後は低温焼きもどし温度に再加熱する．

6・5 表 面 硬 化

表面はかたくして摩耗に耐え，内部は粘り強くて衝撃に耐えることが必要な部品は，炭素量の少ない鋼でつくって**表面硬化**を施す．その方法に浸炭，窒化，高周波焼入れなどがある．

1. 浸 炭

浸炭(cementation)は，低炭素鋼(浸炭鋼)でつくった部品の表面に，炭素を浸み込ませるのである．浸炭した部品に焼入れをすると表面だけがかたくなるわけで，浸炭と焼入れの一連の操作を **はだ焼き**(case hardening)と呼んでいる．

浸炭の方法は，部品を浸炭剤で包んで鉄製容器に入れ，密閉して炉の中で長時間加熱するのである．**浸炭剤**には，木炭に 炭化ナトリウム(Na_2CO_3)，炭化バリウム($BaCO_3$)，食塩($NaCl$)などの浸炭促進剤を混合したものを用いる．

加熱温度は A_3 変態点以上，加熱時間は 4～6 時間であるが，温度が高いほど，また時間が長いほど浸炭層は深くなる．

固体浸炭剤の代わりに，天然ガス，石炭ガス，プロパンなどを用いる**ガス浸炭法**も行なわれる．

2. 窒化

窒化(nitriding)は，窒化用鋼(Al-Cr-Mo)鋼の表面に非常にかたい窒化物をつくり耐摩性を向上させる方法である．これには，アンモニアガス(NH_3)を用いるガス窒化と塩浴による塩浴窒化とがある．

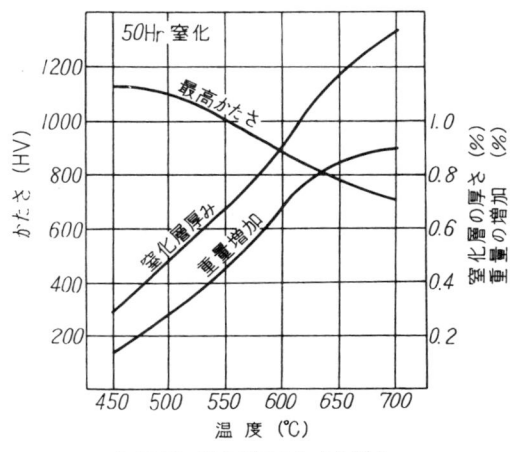

6・16図　窒化層のかたさと厚さ．

ガス窒化は，窒化用鋼でつくった部品を，気密な窒化箱に入れて，炉内でアンモニアガス(NH_3)を通しながら，500°C前後の温度で10〜100時間保持する．その後徐冷して150°Cでとり出す．6・16図は，窒化時間が50時間のときの窒化温度と窒化層のかたさ，厚さおよび重量増加との関係を示したものである．

塩浴窒化は，500〜600°Cのシアン化ナトリウム(NaCN)や，シアン化カリウム(KCN)などを混合した浴塩によるものである．処理温度は550〜580°Cで1〜3時間浴中に入れておき，そののち空冷または水冷する．この方法は，一般構造用鋼や鋳鉄に施して表面をかたくすることができる．

3. 高周波焼入れ

高周波焼入れ(induction hardening)は，高周波誘導電流を利用して，表面を硬化する方法である．6・17図に示したような加熱用コイルに，10〜100キロサイクル(kc)の高周波電流を通じると，これに接近した部品の表面には誘導電流が生じて，表面だけが急速に加熱される．これを，直ちに急冷して焼入れするのである．

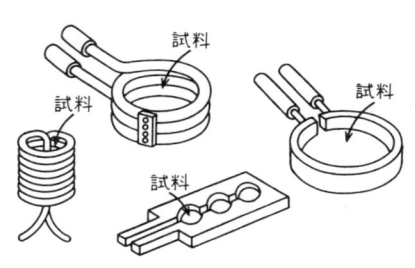

6・17図　高周波焼入れの加熱用コイル．

7
切 削 加 工

　主として丸棒，角棒，板，管，鋳造品，鍛造品などの金属素材を，バイト，ドリルその他の切削工具によって削り，所定の形状をつくりだし，与えられた寸法精度に仕上げる加工が切削加工である．切削に関する理論も究明され，最近は仕上げ面もいよいよ理想的な面に近づいている．生産性を向上させる目的もあって，その切削工具は，19世紀末までの炭素鋼にとって代わった高速度鋼もすでに過去のものとなり，超硬工具の時代，セラミック工具の時代になりつつある現状である．

　切削加工を行なう工作機械も，切削工具の種類とそのはたらきによってその数はすこぶる多く旋盤をはじめとして，ボール盤，平削り盤，形削り盤，フライス盤，その他特殊な切削工具を用いる歯切り盤などがある．

　また一方では，近年駆動方法に油圧機構を用いるものが増加し，ならい(倣)機構を採用したものも多く現われて，短時間に精度の高い製品をつくりだすことができるようになった．同時に自動化が進み，量産用の自動盤，自動定寸方式，数値制御による量産加工機（NC工作機械）が数多くつくられるようになってきた．

7・1　切 削 機 構

1.　切り粉の状態

　切削という状態には，せん(剪)断作用をはじめとして，引張り，圧縮などの作用が同時に起こり，さらに摩擦，すべり，発熱などの現象がともなう．このように切削の機構はきわめて複雑なものであるが，切削される材料が切り粉を出す状態には刃物の形，切込み，送り，被削材の性質，切削速度，切削剤の有無などによって，

だいたい 7・1 図に示したとおりの四つの種類に分けられる．

（1） **流れ形切削** 7・1 図(a)に示すように，刃先から斜め上方に向かって発生するせん断破壊がつぎつぎに起きるので，切り粉はあたかも工具のすくい角の上を流れるように出る．これは切削速度が大きいとき，すくい角が大きいとき，あるいは切込みが浅いときなどに現われる切削形である．

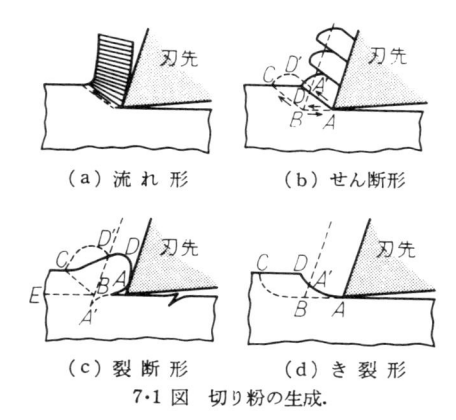

(a) 流 れ 形　　(b) せん断形
(c) 裂 断 形　　(d) き 裂 形
7・1 図　切り粉の生成．

（2） **せん断形切削** 7・1 図(b)に示すように，AD，BC などのせん断破壊がある間隔をおいて起きる．もちろん $ABCD$ 内には無数のすべり破壊が起きているが，$\overline{AD}$，$\overline{BC}$ の方向に非常にはげしいせん断破壊が発生する．これはすくい角も切込みも比較的に小さいときに現われる．

（3） **裂断形切削** 7・1 図(c)に示すように，刃先が前進しても切り粉はすくい面の上をすべり上がることができず，切り粉が刃先にたまって，BCD' のように盛り上がってくる．このとき最初刃先 A 点に発生したき(亀)裂は，刃先が前進するとともにしだいに内部に進み，A' に達したとき切り粉の内部に $\overline{BC}$ の方向にせん断破壊が発生する．これは被削材が粘り強く，刃先のすくい角が小さく，切込みが大きいときに現われる．

（4） **き裂形切削** 7・1 図(d)に示すように，刃先が前進するとともに刃先から前方に瞬間的にき(亀)裂を生じる．これは鋳鉄のように比較的にもろい材料を，大きなすくい角で，低速で切削するときに現われる．

7・2 図は，軟鋼などのような比較的やわらかい材料に対して，工具のすくい角と切込みの深さをいろいろかえて

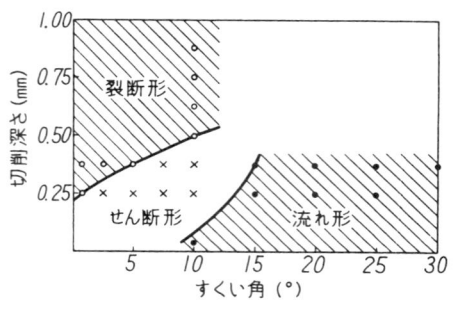

7・2 図　切り粉の形態に及ぼす切込み量とすくい角の影響．

みたときに生じる切削形の範囲を示したものである．すなわち，すくい角が大きく，切込みが小さい場合は流れ形切削，すくい角が小さく，切込みが大きい場合は裂断形切削，すくい角，切込みがともに中間の場合は，せん断形切削になる．

2. 構成刃先

7·3 図に示すように，材料を切削すると刃先に切り粉の微粒がしだいに凝着して刃先を包み，刃先の一部のような状態で切削が行なわれることがある．このような付着物を **構成刃先**（built-up edge）と呼び表面あらさ，仕上げ寸法，バイトなどに悪い影響を与える．

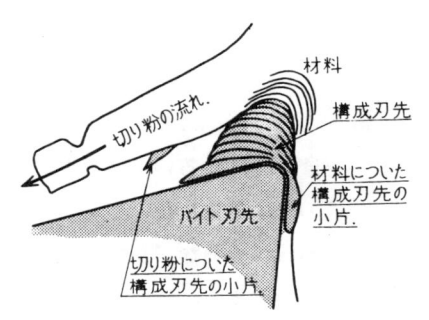

7·3 図　構成刃先

（1） 発生の機構　刃先のすくい角の上を切り粉が流れるとき，その接触面には高い圧力が作用し，かつ摩擦熱のためにその面は相当高温度になる．したがって，すくい面と切り粉の裏面との間に凝着現象が起こって，すくい面の上に削られている材料の薄い金属膜ができる．切り粉はあとからあとからすべり面をすべってゆくので，この膜がしだいに厚さを増し，安定したかたい物質となり刃先に粘着する．これが構成刃先で，不規則に発生，成長，分裂，脱落を繰り返し，その周期は 1/10～1/100 秒であるといわれている．

（2） 構成刃先の利害　構成刃先が発生すると，切込み量が増して仕上げ寸法が狂い，切削抵抗が増す．また，刃先の鋭利性がなくなって仕上げ面が一般に悪くなり，工具の寿命が短くなる．

しかし，一面すくい角が大きく影響するような材料を切削するときには，構成刃先によってすくい角が大きくなるので，切削抵抗がかえって減少する．

以上のような利害があるが，どちらかといえば悪い影響のほうが多いので，構成刃先の発生をなるべく避けて切削を行なうのがふつうである．

（3） 構成刃先の発生防止

（ｉ） 切削速度を大きくする　工具の刃先が被削材を削ってゆく速さが，切削速度である．この速度を大きくすることによって，構成刃先の発生を防ぐことができる．構成刃先ができるためには，刃先がある程度加熱されて，すくい面が凝着温度

になっていることが必要であるが,切削速度を大きくして刃先の温度をより高くし被削材の再結晶温度以上にすると,構成刃先が軟化して,刃先として存在しなくなる.軟鋼の場合を例にとると,30～50 m/min程度の切削速度の場合は,刃先のすくい面が凝着温度になるので構成刃先が発生するが,120 m/min 程度の高速切削だと,構成刃先は発生しない.

(ⅱ) **超硬バイトなどを用いる** 切削速度を大きくすることは構成刃先の発生を押える方法であるが,高速切削で刃先が軟化するような工具では不適当であるから超硬バイト,セラミック バイトなどを用いるのがよい.これらの工具材料は,被削材との親和力が弱いので凝着現象を起こさない.

(ⅲ) **切削油剤を用いる** 切削速度が小さいときには構成刃先の防止はむずかしいが,切削油剤を用いると防止できる.これは油剤によって刃先が冷却され,すくい面が凝着温度にならないのと,すくい面と切り粉の裏面との接触部分に油膜ができて,二つの金属が直接接触することができないからである.

3. 切削加工と表面性状

(1) **切削速度**(cutting speed) 切削加工によって仕上げられる面の良し悪しは,切削速度と密接な関係をもっている.したがって切削速度は,工具の材質,被削材の材質,作業の種類,工作機械の構造などによって適切な値を選ばなければならない.切削速度の計算式は工作機械の種類によってちがうが,いま旋盤を例にとると,次式のとおりである.すなわち7・4図に示すように,被削物の外径 d (mm),被削物の回転数 N(rpm) とすると,切削速度 V(m/min)は,つぎの式によって表わされる.

$$V = \frac{\pi dN}{1000} \text{(m/min)}$$

(2) **表面性状**(surface texture) 機械部品を加工して,ある寸法に仕上げる場合には,実際の仕上がり寸法には多少の誤差があるし,その表面も理想的ではなく,拡大してみると,7・5図のように凹凸の連続である.この表面の凹凸の量をいろいろの方式で表したものが**表面性状**で,その表

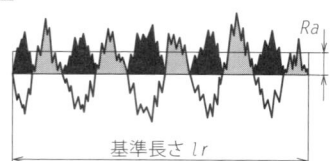

7・4図 削り速度

7・5図 表面性状の表示方法
(算術平均粗さ Ra による)

わしかたは JIS で規定されている (1 章参照)．このうちもっとも使用されているのは，7・5 図に示す算術平均粗さで，凹凸の平均線より下の部分を上側に折り返し，図の斜線部分の平均高さを μm (1/1000mm) 単位で表わす．

（3） 切削速度と表面のあらさの関係

7・6 図は，切削工具材料としてセラミック，超硬合金 3 種類を使用したときの切削速度と構成刃先の消滅状況を示したものである．炭素鋼を削る場合には，切削工具の材質に多少の差はあるが，切削速度が 50～100 m/min になると構成刃先は発生しない．

つぎに，表面のあらさを考えてみると，切削速度を大きくしてゆくと，表面のあらさは 7・7 図に示すようにしだいによくなる．

同図は Cr-Mo 鋼を切削する場合であるが，切削速度を 100 m/min にしたときに初めて表面のあらさが一定になる．これは構成刃先が発生しなくなって，構成刃先による切削面のむらがなくなったためである．

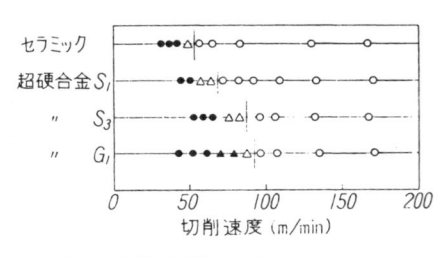

● 安定した構成刃先が存在．
▲ 周期的に成長脱落を繰り返す構成刃先存在．
△ 端部に存在．中央部消失
○ 全面構成刃先消失
被削材 0.45 % C 炭素鋼　旋削切込み 1.0 mm
送り 0.1 mm/rev

7・6 図　工具材質による構成刃先の生成状況．

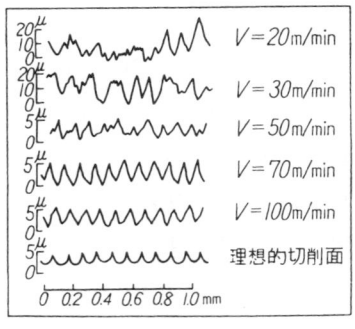

7・7 図　切削速度と表面のあらさ
　　　　（Cr-Mo 鋼の切削．）．

4. 高温切削

（1） 高温切削の原理　切削というのは，工具で被削材の一部を変形させ，これを引き離すことであるから，工具は被削材よりかたいものでなければならない．このかたさの差の大きいほど切削は容易になる．金属は，一般に高温になるに従って軟化するから，被削材を加熱しておけば切削が容易になるはずである．もちろん被削材とともに工具の刃先が軟化するようであってはならないが，高温切削の原理はこれである．常温ではほとんど切削ができないガスタービン用の耐熱合金などのような材料を切削するのに応用されている．

(2) 高温切削の利点　一般的にいって高温切削にはつぎのような利点がある．

① 常温では切削が不可能な材料を切削することができる．

② 常温で切削できる材料は高温切削では切削量が増大する．

③ 刃物の寿命が伸びる．

④ 流れ切削となる傾向が強いので，仕上げ面がよくなる．

⑤ 表面かたさは低下しない．

7・8 図は耐熱合金を高温切削するときの，加熱温度と切削抵抗の関係を示したものである．切削抵抗は 800°C では常温の 1/2 になる．

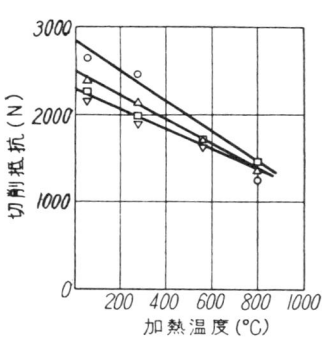

切削幅	6 mm
送り	0.12 mm/rev
切削速度	○ 70 m/min △ 85 m/min □ 165 m/min ▽ 215 m/min

7・8 図　加熱温度と切削抵抗．

(3) 加熱法　高温切削における加熱法としては全体を熱するよりも，切込み深さが充分とれるくらいに切削部分を加熱するのが熱効率のうえからもよいので，つぎのような種種の方法が研究されている．

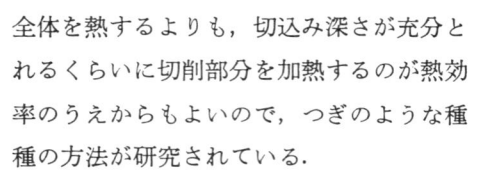

① 酸素アセチレンガスをトーチから材料の表面に吹きつける方法．

② 被削材外周をコイルで囲み高周波電流を流して材料の表面だけ加熱する方法．

これに対して刃先を加熱する工具加熱式高温切削法も考えられている．

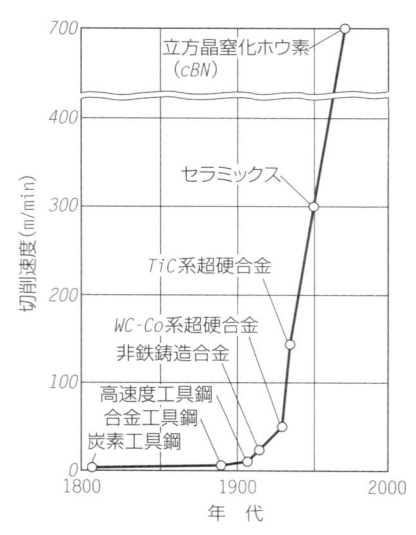

7・2 切 削 工 具

1. 切削工具材料の特性

7・9 図　切削工具材料の進歩と切削速度の上昇．

切削工具は作業能率の向上をめざして切削速度を高めようとする努力によって，炭素鋼工具時代から高速度鋼時代，超硬合金工具時代，現在ではセラミック工具，

cBN(立方晶窒化ホウ素)焼結体の時代を迎えている．

7・9 図は，工具材料の進歩と切削速度の上昇の状態を示したものである．

このような切削工具材料は，つぎのような性質を備えていなければならない．

① 被削材よりかたく，粘り強さが大きいこと．
② 切削中に温度が上昇しても，刃物のかたさが低下しないこと．
③ 耐摩耗性が大きいこと．
④ 材料が容易に入手でき，刃先の形状がつくりやすいこと．

2. 合金工具鋼

炭素の含有量 1.2～1.5 ％ 程度の**炭素鋼**は，高速度鋼，超硬合金の今日でも，安価な点もあって，金属切削工具用材料としてなお用いられている．これは切削時において，摩擦熱のため刃先の焼きがもどりやすく，したがって切削速度も低いのでダイスや低速切削用のもの，あるいは軟金属用に限られている．

炭素工具鋼に Cr，W，Ni，V などの元素を1種か2種以上加えたものが**合金工具鋼**である．これは切削性もよく，耐摩耗性も大きいので，7・1 表に示す用途の切削工具として使用されている．

7・1 表 切削用合金工具鋼 (JIS G 4404 から).

種類の記号	化学成分 (%)									用途例 (参考)
	C	Si	Mn	P	S	Ni	Cr	W	V	
SKS 11	1.20～1.30	0.35 以下	0.50 以下	0.030 以下	0.030 以下	—	0.20～0.50	3.00～4.00	0.10～0.30	バイト・冷間引抜きダイス・センタドリル
SKS 2	1.00～1.10		0.80 以下			—	0.50～1.00	1.00～1.50	—*	タップ・ドリル・カッタ・プレス型・ねじ切りダイス
SKS 21						—		0.50～1.00	0.10～0.25	
SKS 5	0.75～0.85		0.50 以下			0.70～1.30	0.20～0.50	—	—	丸のこ・帯のこ
SKS 51						1.30～2.00		—	—	
SKS 7	1.10～1.20					—		2.00～2.50	—*	ハクソー
SKS 81	1.10～1.30					—		—	—	替刃・刃物・ハクソー
SKS 8	1.30～1.50					—		—	—	刃やすり・組やすり

〔注〕 各種類とも不純物として，Ni<0.25% (SKS 5, SKS 51 を除く)，Cu<0.25%.
　　* SKS 2, SKS 7 は，V 0.20% 以下を添加してもよい．

3. 高速度鋼

炭素鋼や合金鋼の刃物に比べて，2～3倍の切削速度が得られる**高速度(工具)鋼**

(high-speed steel)は，生産能率の研究家であるアメリカのテーラー(Taylor)とホワイト(White)の両人の発明になるもので，高温度におけるかたさの持続性が大きく，刃先の温度が600℃になっても切削力を減じないという合金工具鋼である．おもにバイト，フライス，ドリルなどに用いられる．

高速度鋼の化学成分は，およそ C＝0.8〜1.6％，W＝2〜18％，Cr＝4％，V＝1〜4％程度である．

（1）　高速度鋼の種類と用途　高速度鋼の成分に Co の元素が含まれるが，7・2表に JIS に定められたそれらの成分と用途を示す．

7・2表　高速度鋼の成分と用途（JIS G 4403 から）．

種類の記号	化学成分（％）（不純物としてCu<25％）									用途例（参考）
	C	Si	Mn	P, S	Cr	Mo	W	V	Co	
SKH2	0.73〜0.83	0.45以下	0.40以下	0.030以下	—	—	17.20〜18.70	1.00〜1.20	—	一般切削用　その他各種工具
SKH3	0.73〜0.83				3.80〜4.50	—	17.00〜19.00	0.80〜1.20	4.50〜5.50	高速重切削用　その他各種工具
SKH4						—		1.00〜1.50	9.00〜11.00	難削材切削用　その他各種工具
SKH10	1.45〜1.60					—	11.50〜13.50	4.20〜5.20	4.20〜5.20	高難削材切削用　その他各種工具
SKH40	1.23〜1.33				4.70〜5.30	5.70〜6.70		2.70〜3.20	8.00〜8.80	硬さ，じん性，耐摩耗性を必要とする一般切削用，その他各種工具
SKH50	0.77〜0.87	0.70以下	0.45以下		3.50〜4.50	8.00〜9.00	1.40〜2.00	1.00〜1.40	—	じん性を必要とする一般切削用，その他各種工具
SKH51	0.80〜0.88	0.45以下	0.40以下		3.80〜4.50	4.70〜5.20	5.90〜6.70	1.70〜2.10	—	
SKH52	1.00〜1.10					5.50〜6.50		2.30〜2.60	—	比較的じん性を必要とする高硬度切削用，その他各種工具
SKH53	1.15〜1.25					4.70〜5.20		2.70〜3.20	—	
SKH54	1.25〜1.40					4.20〜5.00	5.20〜6.00	3.70〜4.20	—	高難削材切削用，その他各種工具
SKH55	0.87〜0.95					4.70〜5.20	5.90〜6.70	1.70〜2.10	4.50〜5.00	比較的じん性を必要とする高速重切削用，その他各種工具
SKH56	0.85〜0.95								7.00〜9.00	
SKH57	1.20〜1.35					3.20〜3.90	9.00〜10.00	3.00〜3.50	9.50〜10.50	高難削材切削用　その他各種工具
SKH58	0.95〜1.05	0.70以下			3.50〜4.50	8.20〜9.20	1.05〜2.10	1.70〜2.20	—	じん性を必要とする一般切削用，その他各種工具
SKH59	1.05〜1.15					9.00〜10.00	1.20〜1.90	0.90〜1.30	7.50〜8.50	比較的じん性を必要とする高速重切削用，その他各種工具

（2）　高速度鋼の使用法　バイトを例にとれば，高速度鋼バイトは工具全体を高速度鋼でつくった**完成バイト**もあるが，軟鋼のシャンクにチップをろう付けして使用する**付け刃バイト**として使用することが多い．

完成バイトはすでに熱処理が施され，規定の寸法に仕上げられたもので，切れ刃の部分を成形するとただちに使用できる．おもに，7・10 図(b)に示すようなバイトホルダに取り付けて用いる．

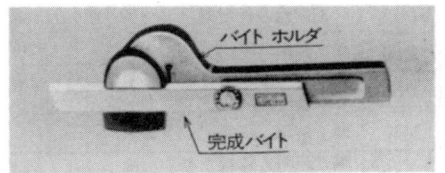

(a) 付け刃バイト

(b) 完成バイト

7・10 図 付け刃バイトと完成バイト．

4. 超硬合金

第一次世界大戦のとき，ドイツは線引き用ダイスに用いるダイヤモンドの不足に悩み，ダイヤモンドのようにかたい，すなわちウイディア (widia＝wie diamant, as diamond) という超硬合金を完成した．

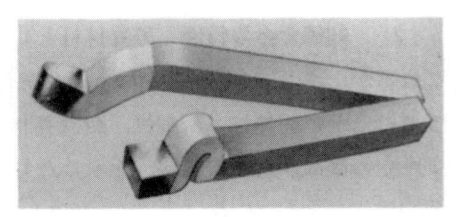

(1) 製造法と成分 純度の高い W を $1\sim0.5\mu$ の粉末にし，これに数 % の C の粉末を加えて混ぜ合わせる．これを水素のふんいきの電気炉で約 1400°C で加熱すると，化合して炭化タングステン(WC)の粉末ができる．これが超硬合金のかたさのもとである．この粉末に結合剤として Co の粉末を混ぜ，金型に入れて加圧成形する．これを電気炉で 1400～1500°C で焼結すると超硬合金になる．

7・3 表は，超硬合金の成分，性質，用途を示したものである．

7・3 表 超硬合金の成分，性質，用途．

種類		記号	化学成分 (%)				かたさ (ロックウエル Aスケール)	抗折力 (N/mm²)	用途例
			W	Ti	Co	C			
S種	特号	SF	53～72	15～30	5～6	8～13	92 以上	785 以上	鋼の精密切削用．
	1号	S1	72～78	10～15	5～6	7～9	91 以上	880 以上	鋼の切削用．
	2号	S2	75～83	6～10	5～7	6～8	90 以上	980 以上	
	3号	S3	78～85	3～6	6～8	5～7	89 以上	1080 以上	
G種	1号	G1	89～92	—	3～5	5～7	90 以上	880 以上	鋳物，非鉄金属，非金属材料の切削用，耐摩耗機械部品用．
	2号	G2	87～90	—	5～7	5～7	89 以上	1275 以上	
	3号	G3	83～88	—	7～10	4～6	89 以上	1370 以上	
D種	1号	D1	88～92	—	3～6	5～7	89 以上	1175 以上	引伸工具用耐摩耗機械部品用
	2号	D2	86～89	—	6～8	5～7	88 以上	1275 以上	
	3号	D3	83～87	—	8～11	4～6	88 以上	1370 以上	

JIS H 5501 より（1996年，JIS 廃止）

(2) 超硬合金の特性 刃物材料として備えるべき性質は，切削能力であるが，これはかたさ，強さ，粘り強さ，耐摩耗性などで表わされ，超硬合金は，これらの性質のほかに耐熱性，耐酸性，耐接着性などのすぐれた性質もある．7・11図は超硬合金の高温かたさの優秀性を示したものである．7・4表に超硬合金工具材料の使用分類の一例を示した．

7・4表 超硬合金工具材料の使用分類の例（JIS B 4053）．

記号	被削材	切削方式
P30	鋼・鋳鋼，特殊鋳鉄（連続形切りくずが出る場合）	旋削・フライス削り・平削り
P50	鋼，鋳鋼（低～中引張り強度で砂かみや巣がある場合）	旋削・平削り・フライス削り・溝フライス
M10	鋼・鋳鋼・マンガン鋼・鋳鉄・特殊鋳鉄	旋削・フライス削り
M30	鋼・鋳鋼・マンガン鋼・耐熱合金・鋳鉄・特殊鋳鉄・ステンレス鋼	旋削・フライス削り・平削り
M40	快削鋼，鋼（低引張り強度），非鉄金属	旋削・突っ切り
K20	鋳鉄	旋削・フライス削り・中ぐり
	非鉄金属・非金属材料・複合材料	旋削・フライス削り
	耐熱合金・チタン・チタン合金	旋削・フライス削り

7・11図 超硬合金の高温かたさ．

5. セラミックスその他

(1) ファイン セラミックス(fine ceramics) これは高機能の工業製品としてのセラミックスで，従来の窯業製品と異なる．高純度に精製された天然原料，化学的プロセスで合成された人工原料，天然には存在しない化合物などを焼結してつくられる．金属やプラスチックよりも硬く，鉄よりも軽い．脆性であるが，耐熱性，耐摩耗性，絶縁性などが高く，切削用にすぐれ，医療やIC基板など用途は広い．

(2) サーメット これはチタン カーバイト(TiC)などを主成分とする焼結複合体で，セラミックスに匹敵する高い硬度，高い耐摩耗性と，超硬工具に劣らないじん(靭)性をもち，鋼の高速切削の分野をはじめ，ジェット エンジンなどの部品において真価を発揮している．

7・3 切削剤

1. 切削剤の作用

金属を切削する際に費されるエネルギーはおもに切り粉を出すためのエネルギーと，工具と被削剤との間の摩擦エネルギーになる．このうちの大部分が熱となり各

部の温度を上昇させる．この熱は，刃物を軟化させて切削能力を低下させ，表面あらさを悪くすることになるので，避けることのできない前者の熱はやむをえないが切り粉とすくい面との間で発生する熱は，摩擦を少なくしてできるだけこれを防ぐようにしなければならない．このために，切削剤を用いて，冷却作用と減摩作用を同時に行なわせ，刃物の寿命を長くし，また表面あらさをよくする．

なお，このほかに切削剤には，切り粉を洗い流す作用や，さび（錆）を防ぐ作用も同時に考えられているので，実際に切削を行なうときには，非常に多量の切削剤が用いられている．

2. 切削剤の種類

ふつうに用いられている切削剤は液体のもので，大別すると 7・5 表のようになる．

7・5 表　切削剤の種類．

切削油剤	水溶性切削剤	エマルション形 コロイド形 ソリューション形
	不水溶性切削剤	不活性切削油 活性切削油

（1） エマルション形　これは，乳化油と呼ばれ，鉱油にせっけん（石鹸）のような乳化促進剤を加えて乳化させたものである．使用するときは 10〜30 倍の水に溶かし，白濁の状態で用いる．

（2） コロイド形　これは，乳化促進剤を主成分とし，使用するときは 20〜60 倍の水に溶かして，透明または半透明になった状態で用いる．

（3） ソリューション形　これは，炭酸ソーダ，りん酸ソーダなど無機塩類を主成分としたもので，水に溶かしても透明である．潤滑効果はないが冷却効果が大きい．主として研削に広く用いられる．

（4） 不活性切削剤　これは，不水溶性切削剤で，鉱油，動植物油およびこれらの混合油が用いられる．鉱油には軽油，スピンドル油，マシン油などがある．これらは粘性が低く，潤滑作用はあるが，冷却作用では劣る．一般に軽切削剤用として用いる．動植物油脂はラード油，鯨油，なたね油，大豆油などがある．

動植物油脂は，冷却作用は劣るが粘性が高いので油膜の強さが大きく，仕上げ切削や低速度の重切削用に適している．

（5） 活性切削油　これは，不水溶性切削剤で，鉱油または，鉱油と油脂からなりそれに塩素，いおう，りん，またはそれらの化合物などを添加したものである．切削工具が高温でしかもきわめて高い圧力のもとで摩擦を受けるときに用いる．主として潤滑作用を行なわせる切削油である．

3. 切削剤と表面あらさ

切削剤は刃先の先端まで浸潤してはじめてその使用目的が果たされるのだから,切削剤の性質のうちでは,この浸潤性が最も重要である.浸潤性を表わす物理的性質の一つに表面張力があり,これが表面あらさに関係してくる.7・12 図は,表面張力と表面あらさとの関係を表わした一例であるが,この場合は表面張力 0.35 mN/cm を頂点として,これより増しても減っても,表面あらさは悪くなる.これは,切削剤が刃先まで浸潤するまではあらさに大きく影響するが,それ以上になると表面あらさの良否は他の性質に左右されることを示している.

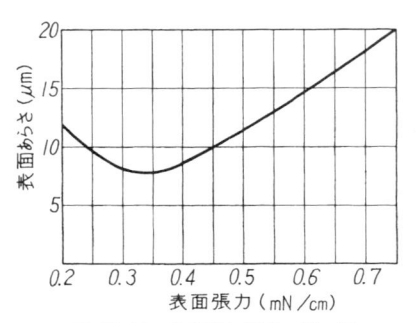

被 削 材;はだ焼き鋼 Cr・Mo 鋼
刃 物 材;高速度鋼第 3 種
切削速度;30 m/min
切 込 み;2 mm
送   り;0.1 mm/rev
7・12 図　表面張力と表面あらさ.

切削剤の粘度の影響は,だいたい粘度が大きくなるにつれて表面あらさがよくなる.また,切削剤の減摩性は,粘度より表面あらさに深い関係があり,摩擦係数の小さいものほどよい仕上げ面が得られる.

7・4 切削力と切削所要動力

1. 切削抵抗

(1) **三つの分力**　バイトで材料を切削する場合,切削力によってバイトには切削抵抗がはたらく.切削抵抗は,7・13 図に示すように,三つの分力に分けて考えることができる.すなわち

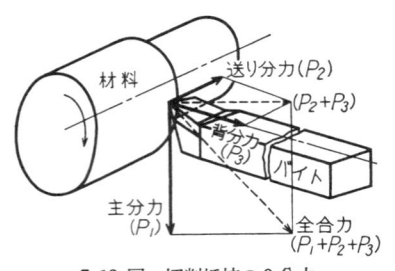

7・13 図　切削抵抗の 3 分力.

　主 分 力;P_1(バイトを折り曲げるように作用する分力.)
　送り分力;P_2(バイトを心押し台のほうへ押しもどす分力.)
　背 分 力;P_3(バイトを刃物台のほうへ押しもどす分力.)

一般に切削抵抗と呼んでいるのは,この主分力のことである.この切削抵抗の大小は,切削所要動力に関係するばかりでなく,刃物の寿命,表面あらさ,加工表面

の変質量などに関係する.

(2) 切削抵抗の変化 いま,バイトにはたらく主分力 P_1 と背分力 P_3 が,切削速度を大きくしてゆくとどのように変化してゆくかを,7・14 図によってみると,いずれも,切削速度の増加とともに減少していることがわかる.これは,構成刃先が温度上昇によって消失するものと考えられる.

したがって,切削のために必要とされる動力も少なくてすむということになる.

すでに高温切削のところで述べたように,被削材を加熱することによって切削抵抗は大きく減少する.

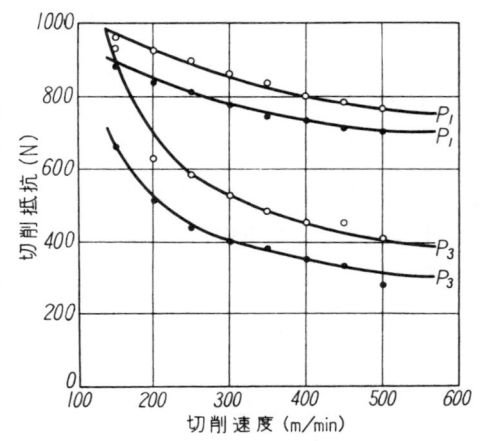

P_1; 主分力 ○ すくい角 0°
P_3; 背分力 ● すくい角 10°
被削材; S 15 C
切込み; 2 mm
送 り; 0.2 mm/rev
切削工具材質; S 2 超硬合金

7・14 図 切削速度と切削抵抗.

2. 切削所要動力

旋盤加工の場合,切削所要動力 $P(\mathrm{kW})$ の大きさは,つぎの式で計算することができる.

$$P = \frac{FV}{60\eta}(\mathrm{kW})$$

式中, P; 切削所要動力(kW), F; 切削抵抗の主分力(kN), V; 切削速度(m/min), η; 旋盤の効率(%)

7・6 表 切削抵抗の概略値.

材 料	切削抵抗 (kN/mm²)
軟 鋼	1.9
中炭素鋼	2.1
高炭素鋼	2.4
低合金鋼	1.9
高合金鋼	2.45
鋳 鉄	0.93
可鍛鋳鉄	1.20
青銅, 黄銅	0.77

ここで, F は切り粉面積および被切削材料に関係する. η は供給された動力に対する切削に費された正味動力の割合を表わしたもので,歯車で変速する場合には,普通旋盤で 0.70〜0.85 くらいである. 7・6 表は,各被切削材料に対する同一切り粉面積の切削抵抗の概略値を示したものである.

3. 切削機構と工作機械

以上に述べたように,切削の機構はかなり複雑であり,この解明とあいまって,

工作機械は近年作業能率の向上と工作精度の向上をめざましいものにしている．この向上の内容は，結局，必要とされる切削速度をだすことのできる主軸回転数と，これにともなう充分な剛性，それに強力な馬力といったものである．この三つの点について簡単に述べよう．

（1） **主軸回転数**　旋盤を例にとって，その主軸回転数 N(rpm)を式で表わすと，切削速度を求める式から

$$N = \frac{1000V}{\pi} \cdot \frac{1}{d} \text{ (rpm)}$$

となる．切削速度 V(m/min)を一定にして作業をするとすれば，素材の直径 d(mm)に反比例して主軸回転数を早くする必要があるので，このために超硬合金などのバイトの出現とあいまって，主軸回転数はますます高速になってきた．

（2） **機械の剛性**　主軸の回転数を機構的に高速にすることは，たいして困難なことではないが，剛性が充分でない機械では，高速回転をするときに主軸に振れが生じる．このためにバイトの切換えとか精度の低下などの弊害が生じる．機械の剛性というのは，"できるだけ大きな力を取り入れ，それを伝達することができ，かつその際における変形のきわめて小さいものである"ということであって，旋盤の主軸の振れについていえば，回転数 1000～2000 rpm 程度でその値が 5μ 以下の精度を保持する剛性が必要とされている．

（3） **強力な馬力**　切削能率を向上させるためには，高速度でしかも送りを大きくして重切削を行なう必要があるので，相当大きい動力を必要とする．さもないと切削抵抗が増大し，機械，刃物，工作物などの変形が大きくなり，振動によってびびりが発生するので，いざというときに困る．この工作機械の高馬力化もまた，機械自身の剛性を必要としているのである．

7・5　切削工作機械

1.　ボール盤

機械部品に，穴をあける作業をする工作機械が**ボール盤** (drilling machine) である．7・15 図に示すように**スピンドル** (spindle)の先端に刃物になる**ドリル** (drill)を取り付け，回転を与えて穴あけをする．もちろん，たんなる穴あけだけがボール

7・5 切削工作機械

盤のすべてではなく，タップ作業や中ぐり作業，ときにはフライス作業も行なう．したがってボール盤も強力になり，精度も高く，馬力も大きく，また操作性もいちだんと向上してきている．

（1） **ボール盤の種類**　いろいろなボール盤があるが，おもなものは，**直立ボール盤**(upright drilling machine)，**卓上ボール盤**(bench drill)，**ラジアルボール盤**(radial drilling machine)，**多軸ボール盤**(multiple spindle drilling machine)，それに小形の**電気ドリル**(electric drill)などである．

（i）　**直立ボール盤**　7・15 図は直立ボール盤を示したものである．このボール盤では，直径 50 mm 程度までの穴あけができる．主軸の駆動や変速は，段車で行なうものと歯車で行なうものとがあるが，歯車式のものが多い．送りは自動，手動いずれもできる．テーブルは 7・16 図に示すように，柱を中心として回転できるし，また，テーブル自身も回転できるので，加工物の穴の位置は容易にスピンドルの中心線に合わせることができる．

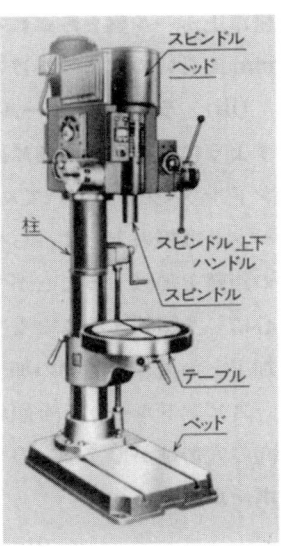

直立ボール盤の大きさは，スピンドルの径あるいは**振り**(swing)で表わす．振りというのは，テーブルの上にのせて回しうる加工物の最大径のことである．

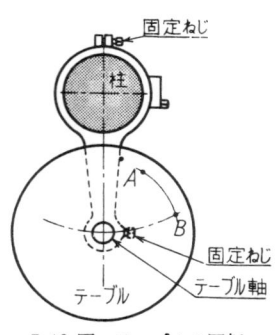

7・15 図　直立ボール盤

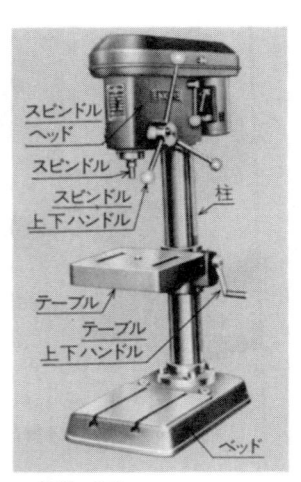

振り　350 mm
最大使用ドリル寸法 13 mm
7・17 図　卓上ボール盤

7・16 図　テーブルの回転．

（ii）　**卓上ボール盤**　7・17 図に示すように，径 12 mm 以下の穴あけに用いる小形のボール盤である．スピンドルの回転が 20000 rpm 近くのものもあり，精

密卓上ボール盤と呼ばれるものは,直径0.2 mmくらいの穴まであけられる.

(iii) ラジアル ボール盤 7・18 図に示すように,柱から直角に出ている腕にスピンドル ヘッドがついている.スピンドル ヘッドは腕の上をすべらせて柱の中心からの距離を加減することができるし,柱を中心にして回転することもできる.重量物の加工とか大きな品物の加工に用いる.

スピンドルヘッドを傾斜させて斜めの方向の穴あけができるものを**万能 ラジアル ボール盤**という.

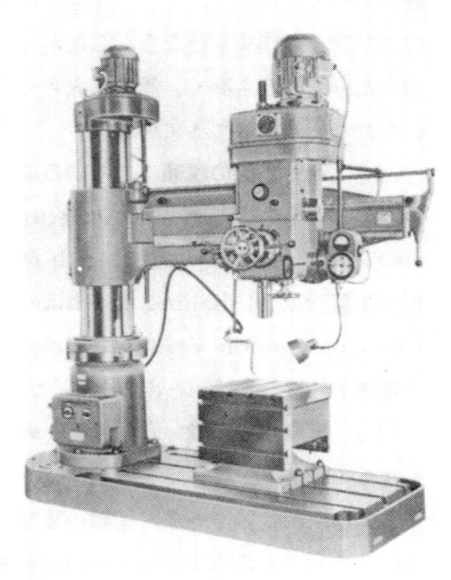

7・18 図　ラジアル ボール盤

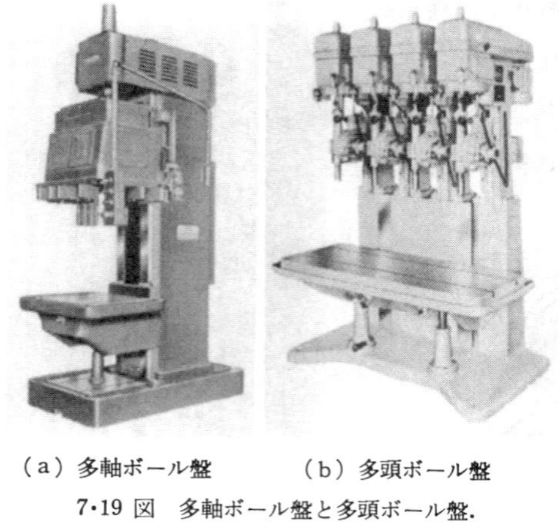

（a）多軸ボール盤　（b）多頭ボール盤
7・19 図　多軸ボール盤と多頭ボール盤.

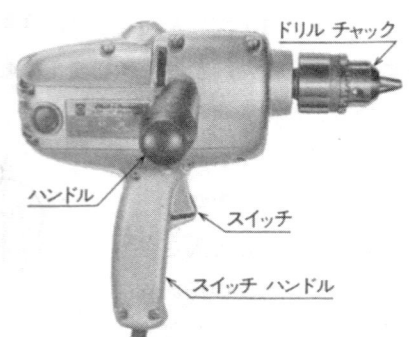

7・20 図　電気ドリル

(iv) 多軸ボール盤 同一平面内にある多数の穴を同時にあけるときに便利なボール盤である.7・19 図(a)は,その一例を示したものである.多数のスピンドルは,1本の親軸から自在継手などで駆動される.この種のボール盤は自動車工業などに多く使用される.同図(b)は,**多頭ボール盤**といって,テーブルは1個でスピンドルが数個あり,個個のスピンドルに各種の工具をつけて能率的な作業をするこ

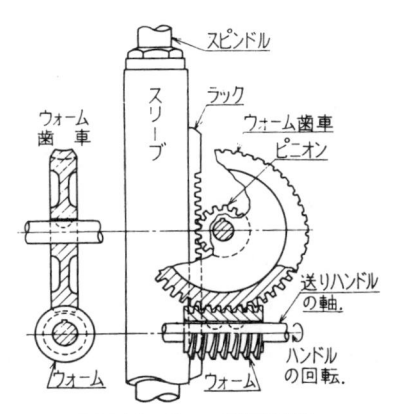

7・21 図 ボール盤送り機構

とができるのである．

　(ⅴ)　**電気ドリル**　7・20 図に示してあるのは，手で持ち運びのできる移動用電気ドリルである．

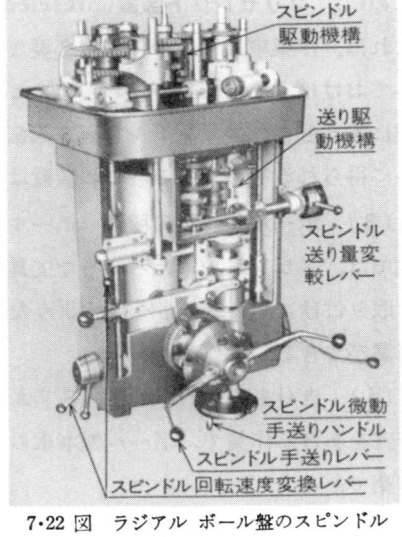

(2) ボール盤の回転と送り機構

　(ⅰ)　**直立ボール盤の送り機構**　7・21 図は，一般的なスピンドルの送り機構を示したものである．図において，送りハンドルを回転するとウォーム→ウォーム歯車→ピニオン→ラックという順序に運動が伝達されてスピンドルが上下する．手送りの場合は以上のように行なわれるが，自動送りの場合はこのウォームをはずして，もう１個の自動送り用ウォームを歯車やベルトで駆動して行なう．

　(ⅱ)　**ラジアル ボール盤の回転と送り機構**　7・22 図は，ラジアル ボール盤のスピンドル ヘッドの歯車箱を示したものである．上部はスピンドル駆動歯車で，中央部が送り駆動歯車機構の外観である．スピンドルは歯車のかみ合わせを変換するレバーで目的の回転数が得られるようになっている．送りの場合も同様で，7・23 図に示すようなレバーの位置決めの表によって操作が行なわれる．

　(ⅲ)　**プリセレクト装置**　ボール盤作業の操作時間を短くし，能率を向上させる

7・22 図　ラジアル ボール盤のスピンドル ヘッド．

主軸回転数表 r.p.m.

	低速	高速
／	32	250
╱	42	320
∠	55	400
⌐	62	470
⌙	80	600
⌒	100	780
╱	125	950
┃	160	1200
╲	200	1550

(a)

送り速度表 mm/r.p.m.

	D	E	F
A	0.05	0.13	0.36
B	0.08	0.22	0.60
C	0.11	0.30	0.80

(b)

7・23 図　スピンドルの回転と送りの操作指示板の一例．

ために，**プリセレクト装置**(preselect system)を備えたものが多くなっている．これは，作業中につぎの作業に必要な回転数と送り量を選んで，あらかじめセットしておけば，その作業が終わってスピンドルを停止し，工具を取り換えてつぎの作業に入るとき，スピンドルを再び回転すれば，先にセットした回転数と送り量が直ちに得られるものである．この装置は油圧方式あるいは電気方式で行なわれる．

（3） **ボール盤作業の種類** ボール盤では，スピンドルにいろいろな工具を取り付けて，7・24 図に示すような作業ができる．

（i） **きりもみ**(drilling) ドリルで穴をあける作業で，ボール盤本来の作業である．

（ii） **リーマ仕上げ**(reaming) ドリルであけた穴の内面を，リーマで正確な寸法に仕上げる作業である．

(a) きりもみ　(b) リーマ仕上げ　(c) 中ぐり　(d) もみ下げ
(e) さらもみ　(f) 座ぐり　(g) タップ立て
7・24 図　ボール盤作業

（iii） **中ぐり**(boring) 中ぐり棒に中ぐりバイトを取り付けて，ドリルであけた穴をさらに大きくする作業である．

（iv） **もみ下げ**(counter boring) 小ねじやボルトの頭を沈めるために，穴の一部をくり拡げる作業である．

（v） **さらもみ**(counter sinking) さら小ねじなどの頭を沈めるための，円すい(錐)座をつける作業である．

（vi） **座ぐり**(spot facing) ナットなどの当たる部分を削り，座をつくる作業である．

（vii） **タップ立て**(tapping) ドリルであけた穴にタップを用いてめねじを切る作業である．

（4） **ドリル**(drill) ドリルは，炭素工具鋼，合金工具鋼，高速度鋼などでつくられ，7・25 図に示すように，2本のみぞのあるねじれぎりが最も多く用いられる．

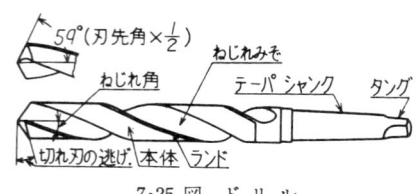

7・25 図　ドリル

(i) **ドリルの形状** ドリル各部の名称を，7·25 図に示す．先端角は一般に 118°に研削されているが，加工する材質によって，7·26 図に示すような角度にとぐ．7·7 表は，ドリルの切れ刃の角度と材料との関係を示したものである．切れ刃の逃げ角は最もたいせつなもので，これがないと切削できない．先端は**チゼルポイント**(chisel point)と呼び，切れ味に影響する．強さを減らさないで切れ味を増すために，7·27 図に示すように，先端の一部をとぎ落とす．これを**シンニング**(thinning)という．

(a) 鋼，鋳鋼用 (b) 合金鋼用 (c) 鋼，アルミニウム合金用

7·26 図 ドリルの刃先角．

7·7 表 切れ刃の角度．

工作物の材料	刃先角	切れ刃の逃げ	ねじれ角
標準ドリル	118°	12〜15°	20〜32°
Cu および Cu 合金	110〜130°	10〜15°	30〜40°
Al 合金	90〜120°	12°	17〜20°
鋳鉄	90〜118°	12〜15°	20〜32°
低炭素鋼，鋳鋼	118°	12〜15°	20〜32°
合金鋼(鍛造)	118〜140°	9°	25〜35°

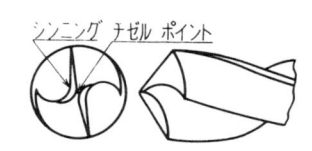

柄部は，こう(勾)配のない**ストレート シャンク**(straight shank)と，こう配のある**テーパ シャンク**(taper shank)とがある．直径 13 mm 以下のものはストレート シャンクであるが，それ以上の直径のものはテーパ シャンクになっている．

7·27 図 シンニング

(ii) **ドリルの取付け** ドリルをスピンドルに取り付けるには，ストレート シャンクのドリルは，7·28 図に示す**ドリル チャック**(drill chuck)でつかむ．テーパ シャンクのドリルは直接スピンドルのテーパ穴の部分に差し込む．テーパの合わないときは，7·29 図に示す**スリーブ**か**ソケット**を用いて，スピンドルに取り付ける．

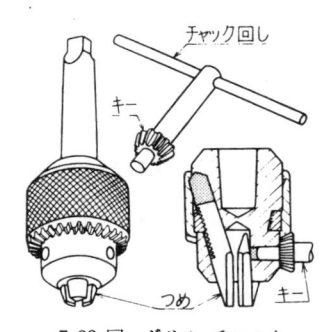

7·28 図 ドリル チャック

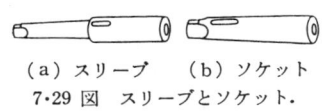

(a) スリーブ (b) ソケット

7·29 図 スリーブとソケット．

(iii) **ドリルの切削速度** ドリルの切削速度は，切れ刃の外周の速度で表わす．速度が早すぎると切れ刃が摩耗し，おそすぎるとランドがいたみ，作業がおそくなる．7·8 表は，種種の材料に対する切削速度と

送りの値を示したものである．この切削速度に合わせるようにスピンドルの回転数を定めなければならない．切削速度を V (m/min)，ドリルの径を d (mm) とすると，スピンドルの回転数 N (rpm) は次式で求められる．送り s (mm/rev) はドリル1回転についてドリルの進む長さである．

7·8 表 高速度鋼ドリルの切削速度と送り．
〔V；切削速度(m/min), s；送り(mm/rev)〕

工作材料		ドリルの径(mm)				
		2～5	6～11	12～18	19～25	26～50
鋼（引張り強さ500 N/mm² 以下）	V	20～25	20～25	30～35	30～35	25～30
	s	0.1	0.2	0.25	0.3	0.4
鋼（引張り強さ500～700 N/mm²）	V	20～25	20～25	20～25	25～30	25
	s	0.1	0.2	0.25	0.3	0.4
鋳鉄（引張り強さ180～300 N/mm²）	V	12～18	14～18	16～20	16～20	16～18
	s	0.1	0.15	0.2	0.3	0.4
黄　銅　（軟）青　銅	V	≦50	≦50	≦50	≦50	≦50
	s	0.05	0.15	0.3	0.45	—
青　銅　（硬）	V	≦35	≦35	≦35	≦35	≦35
	s	0.05	0.1	0.2	0.35	—

$$N = \frac{1000\,V}{\pi d}\;(\text{rpm})$$

2. 中ぐり盤

中ぐり盤 (boring machine) とは，中ぐりバイトを用いて，すでに穴あけを終わった加工物の穴をくり拡げて，所定の寸法に仕上げる工作機械である．ふつうは加工

7·30 図 横中ぐり盤

物を固定して刃物を回転しながら切削をするので，複雑な加工物や重量のある加工物を切削するのにつごうがよい．最近は，工具の進歩とともに生産性の高い中ぐり盤があり，中ぐりばかりでなく，ねじ切り，正面削り，フライス削りなど多角的な作業をするものが多い．

中ぐり盤には最も一般的に用いる**横中ぐり盤** (horizontal boring machine) や**立て中ぐり盤** (vertical boring machine)，エンジンのシリンダ，軸受ブシュ，ピストンのピン穴などを切削する**精密中ぐり盤** (fine boring machine)，それにジグの精密加工だけでなく測長機としても利用できる高級な**ジグ中ぐり盤**(jig boring machine)がある．

(1) **横中ぐり盤** 7・30 図に示したように，**主軸頭**(boring head)は柱のすべり面に沿って上下に移動することができ**スピンドル**(spindle)と変速装置を備えている．スピンドルの先端にあるテーパ穴に，**中ぐり棒**(boring bar)を差し込み，中ぐり棒には，中ぐりバイトが取り付けられる．前後，左右に移動もできる**サドル**(saddle)と回転できる**テーブル**(table)からできている往復台の上に加工物を固定して，送りが与えられる．

中ぐり棒の取付けは，中ぐり棒のテーパ部をスピンドルのテーパ穴に入れ，**引張りプラグ**(draw plug)をはめ，締付け用ナットを締めると，引張りプラグのテーパ部と中ぐり棒のテーパ部が固着するようになっている．7・31 図に中ぐり作業を示した．

7・31 図 中ぐり作業

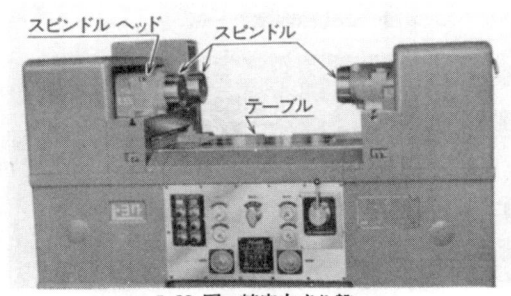

7・32 図 精密中ぐり盤

(2) **立て中ぐり盤** テーブルの上で加工物が回転し，中ぐり棒は垂直になっていて，刃物は上下方向に送られる．

この形式のものは数が少ない．

(3) **精密中ぐり盤** これは，自動車工業の発達にともなって，機関のシリンダをダイヤモンドバイトや超硬バイトで精密中ぐり仕上げをするのに用いられている．スピンドルの回転精度がきわめてよく，形式としては横形と立て

(a) 外観

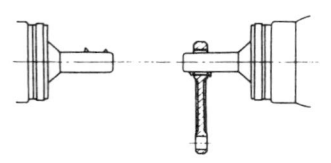

(b) 作業例

7・33 図 精密中ぐり盤による作業の例．

形とがあって，ふつうのものは加工のとき加工物を取り付けたテーブルを移動させ，スピンドルが一定の位置で回転する形式のものが多い．これに対して，加工物を固定させ，スピンドルヘッドを移動させる形のものもある．7・32図は横形の精密中ぐり盤を示したもので，自動または手動により，いろいろな加工物を，両側あるいは片側から精密中ぐり，面削り，旋削をすることができる．

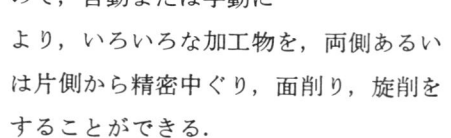

7・33図は，その作業の一例を示す．

7・34図は，きわめて短時間に中ぐり棒を交換することのできるカム機構を用いた装置を示したものである．

（4） **ジグ中ぐり盤** ふつうの中ぐり盤は穴の心出しに手数がかかり，しかも精度が低下する．ジグ中ぐり盤は，高精度のスピンドルおよび送り機構，あるいは，光学的測定装置などによって，短時間に正確な心出しができる中ぐり盤である．形式には，スピンドルが固定されて，テーブルが縦と横方向に移動するものと，テーブルは縦方向，スピンドルは横方向に移動するものとがある．7・35図は，後者の形式のジグ中ぐり盤を示したものである．

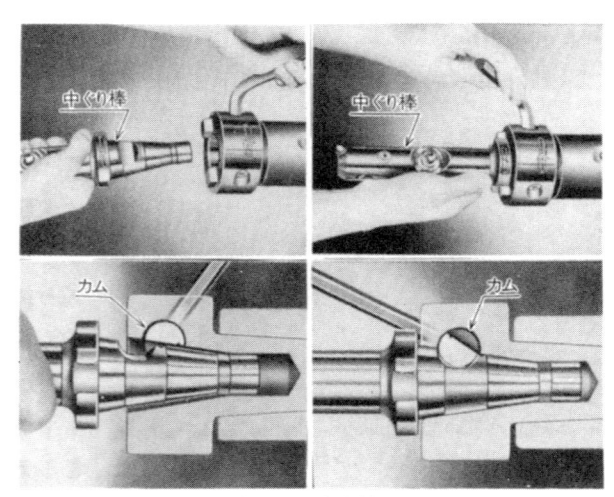

7・34図 工具交換装置の一例．

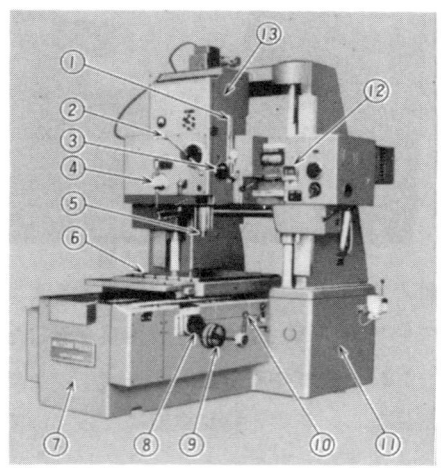

①深さ測定装置 ②スピンドル上下レバー ③スピンドル微動ハンドル ④スピンドル回転変速レバー ⑤スピンドル ⑥テーブル ⑦ベッド ⑧テーブル位置読取り装置 ⑨テーブル微動ハンドル ⑩テーブル油圧送りレバー ⑪切削剤ポンプ ⑫スピンドル位置読取り装置 ⑬スピンドルヘッド

7・35図 ジグ中ぐり盤

ジグ中ぐり盤は，μm(1/1000 mm)の単位を精度とする工作機械であるから，頑丈な防振基礎の上に完全な水平をだして据え付けられる．

室温の変化により機械や加工物の膨張，収縮が生じ，精度が悪くなるので，作業は必ず 20℃±1℃ の恒温室内で行なわれる．

基準尺は，機械本体と等しい熱膨張率をもったニッケル合金でつくられ，鏡面仕上げされた面に，1 mm ごとに正確な目盛りが施してある．これが機械内部に置かれ，外気に触れることもなくじんあい（塵埃）から完全に保護されている．この基準尺が，移動するテーブルとスピンドル ヘッドに取り付けられており，その移動量は 7・36 図に示したような光学投影で拡大して読み取り，加工すべき位置を決定する．読取り装置は，作業者から見やすいところにある投影スクリーンに拡大され，0.001 mm 目盛りで正確に読み取れる．

7・37 図はスピンドル ヘッドの位置読取り装置の位置を示したものである．

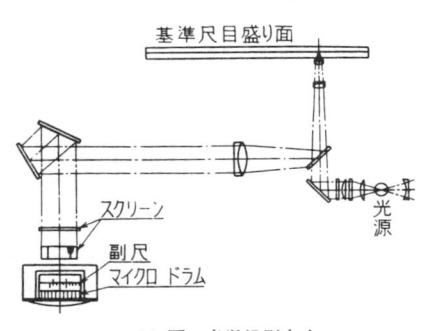

7・36 図　光学投影方式

①スピンドル ヘッド　②スピンドル
③スピンドル ヘッド位置読取りスクリーン　④マイクロ ドラム

7・37 図　スピンドル位置読取り装置

3. 旋　　　盤

旋盤(lathe)とは，加工物を回転させて，おもにバイトで円筒面，ねじ，平面，テーパなどを切削する工作機械である．旋盤は工場に設備されている工作機械のうち，30〜40％ 程度を占めていて，その種類も多い．したがって，工作機械の代表ともいえるもので，その構造，機能はすべての工作機械に共通したものが多く，旋盤を理解することが工作機械を理解する基礎となる．

(1) 旋盤の主要部分　一般に旋盤というときは，7・38 図 に示すような**普通旋**

盤(engine lathe)を指している.その大きさは，ベッド(bed)上の振り(swing)，両センタ間の最大距離，および電動機の力量をもって表わしている．7・39 図は，旋盤の大きさの表わしかたを示したものである.

（ⅰ） **ベッド**(bed)　ベッドは，その上に主軸台，心押し台，往復台をのせている．加工物によるたわみと切削抵抗によるねじれを防ぐために，剛性を大きくしてある．また切り粉の処理が円滑にできるように，7・40 図に示すような形をしている．材料はミーハナイト鋳鉄が多い．ベッドのすべり面は，平面の精度をよくし，$25.4\,\mathrm{mm}^2$ 当たり10〜12 個程度あたりのあるきさげ仕上げが施されている.

　ベッド面の形状は，米式と呼ぶ山形のものと，英式と呼ぶ平形のものとがある．大形旋盤では英式が多い.

（ⅱ）**主軸台**(head stock)　ベッドの左端

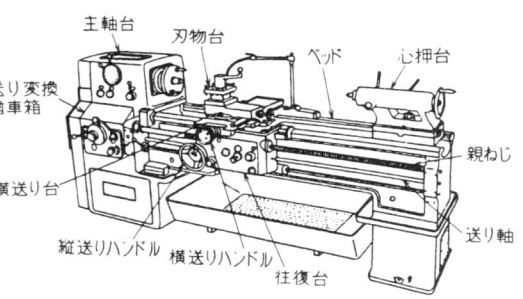

7・38 図　普通旋盤

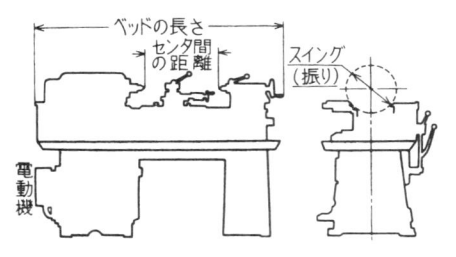

7・39 図　旋盤の大きさの表わしかた.

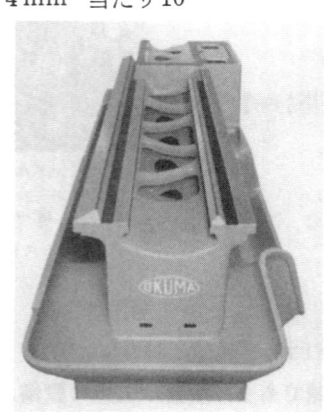

7・40 図　ベッド

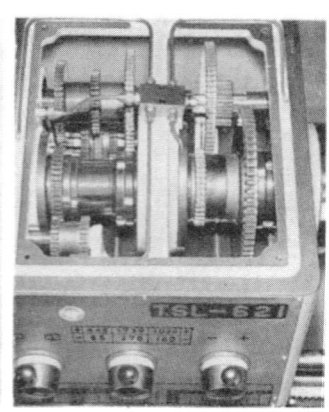

7・41 図　主軸台内部

の案内面上にあって，この中に加工物を支持する主軸と，主軸を駆動する装置，主軸速度の変換装置，バイトの送り伝導装置が入っている．これらの装置は，7・41 図に示すように，ほとんど歯車式である.

7・5 切削工作機械 133

主軸(spindle)は，中空にしてあり，長い棒材をここに入れて加工ができるようになっている．先端にはボール盤の主軸と同一のモールス テーパの穴があって，ここにセンタを取り付ける．主軸の端のおねじに**面板，回し板，チャック**が取り付けられるようになっている．7・42図(b)に示すように，3点支持のものが多い．Ni-Cr鋼や良質の炭素鋼でつくられている．

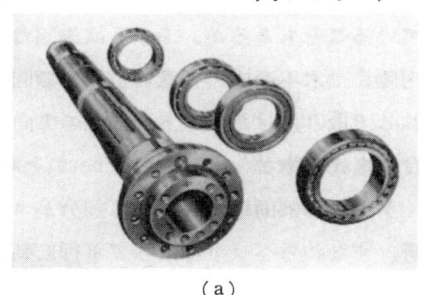

(iii) **心押し台**(tail stock) ベッド上に主軸台と向き合って取り付けられ，加工物の外端面をセンタでささえたりドリルやリーマをはめ込んで，主軸により回転される加工物を削ることができる．この場合，工具に送りを与えるのに便利なように，心押し軸に目盛りが刻んである．また，心押し台の上部はベッド案内面に対して直角方向に微動調整ができるので，テーパ削りにも応用される．7・43図は，心押し台の一例を示したものである．

(iv) **往復台**(carriage) 7・44図に示すように，**エプロン**(apron)と**サドル**(saddle)とからなっていて，バイトをベッドの

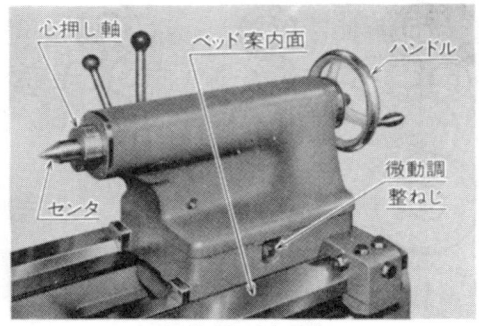

(a)

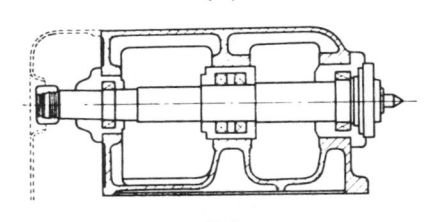

(b)
7・42図 主軸

7・43図 心押し台

① 複式刃物台　② サドル　③ ベッドすべり面
④ ラック　⑤ 送り棒　⑥ 親ねじ　⑦ エプロン
⑧ 手送りハンドル　⑨ 自動定寸装置　⑩ ハーフナット用レバー　⑪ 横送り台　⑫ 旋回台
7・44図 往復台

すべり面に沿って移動するようになっている．サドルの上に横送り台があって，主軸に対して直角方向に動く．バイトを取り付ける刃物台は直接横送り台の上にのっていることもあるが，ふつうは旋回台があってその上にのっている．したがって，刃物台は水平面内の任意の位置に旋回して固定することができる．刃物台は，止めねじで取り付けたバイトを任意の方向に向けて固定できる．このような形式の刃物台を**複式刃物台**(compound rest)と呼んでいる．

サドルの前面にたれている部分がエプロンで，このなかには往復台を駆動する機構，すなわちベッドに沿って平行に動かす縦送りと，ベッドに対して直角に動かす横送り，それにねじ切りの送り装置などがある．

（v）　**送り機構**　刃物台を縦に送るには，手動でも自動でもできる．手動の場合は，エプロン前面のハンドル車を回すとエプロン裏のピニオンが回り，ベッドのすべり面下部にあるラックによって，往復台が移動する．自動送りの場合は，**送り棒**(feed rod)とエプロン内部の歯車装置とで行なわれる．送り棒には，主軸から歯車装置によって動力が伝わる．送り棒の速度変換は，**歯車箱**(gear box)によるものが多く，歯車の組合わせによって行なう．

（vi）　**ねじ切り送り機構**　ねじ切り送りは，主軸から動力が伝達されている**親ねじ**(lead screw)に，7・45図に示す**半割りナット**(half nut)をかみ合わせて，往復台を移動させる．ねじ切り送りは，縦送りと横送りとが同時にはかからないようになっている．

7・46図は，送り棒や親ねじの回転伝達機構を示したものである．歯車Aは，主軸の端に直接取り付けられてい

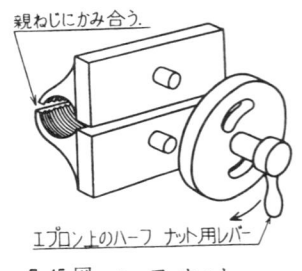

7・45図　ハーフ ナット

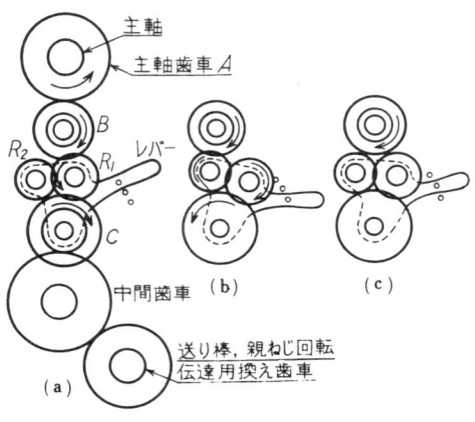

7・46図　送り棒，親ねじ回転伝達機構

る．R_1，R_2は**タンブラ歯車**(tumbler gear)で，図(a)では $A \to B \to R_1 \to C$ とかみ合って，C は A と逆方向に回転している．レバーを操作して図(b)の位置にすると，歯車は $A \to B \to R_2 \to R_1 \to C$ とかみ合って，C は A と同方向に回転する．C の歯車からは中間歯車をへて送り棒または親ねじに動力が伝えられる．

(2) 主軸の回転速度

(i) 段車式と歯車式 主軸の回転数を種種に変えるために，ベルトを掛け換えて行なう段車式と，歯車の組合わせを変えて行なう歯車式とがある．前者は旧式のものに多いが，機械的効率がよく，動力が節減できるという点と，びびりが少ないという点が長所であって，ダイヤモンド旋盤や小形旋盤になお用いられている．後者は高速回転ができ，速度変換も簡単であり，生産能率が高いという長所があるので，多く用いられている．

(ii) 主軸の回転数 切削速度と主軸台回転数の関係は，切削速度を V(m/min) 加工物の直径を d(mm)，主軸の回転数を N(rpm)とすると

$$V = \frac{\pi d N}{1000} \text{(m/min)} \qquad N = \frac{1000 V}{\pi d} \text{(rpm)}$$

となるので，切削速度が一定ならば N と d は反比例の関係になり，振りが大きくなるにつれて回転数を落とさなければならないし，工作物の直径の小さいものには回転数を上げなくてはならない．

いま，振り 460 mm の旋盤を例にとって回転数の標準を示す．

低　速	450 rpm 以下
中　速	450～650 rpm
高　速	600～750 rpm
超高速	750 rpm 以上

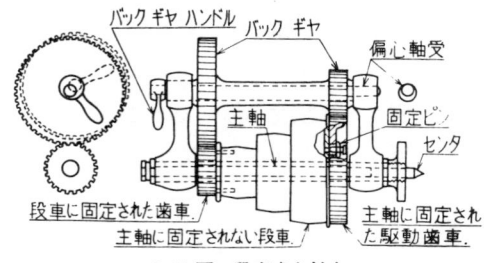

7·47 図　段車式主軸台

(iii) 段車式の構造 7·47 図は，段車式主軸台を示したものである．動力はベルトによって段車に与えられる．各段にベルトを掛け換え，なお**バックギヤ**(back gear)を用いて回転数を変えることができる．主軸歯車が主軸に固定され，段車は固定されていないが，固定ピンで連結すると主軸が回転する．バックギヤを用いて回転を落とすときは，固定ピンをはずしてバックギヤハンドルを動かし，偏心

(a) 主軸台

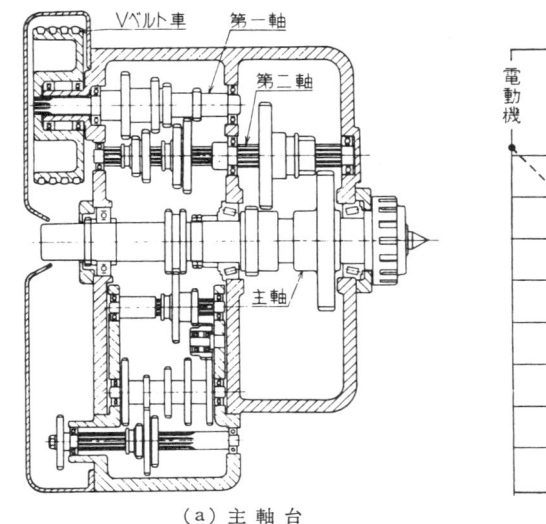

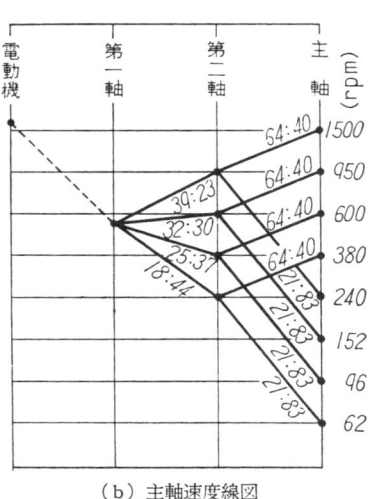

(b) 主軸速度線図

7・48 図　歯車式主軸台と主軸速度線図.

軸受によって歯車をかみ合わせる.

(iv) 歯車式の構造　歯車式のものは，電動機を旋盤に内蔵させてあり，動力はこれからVベルトにより歯車箱に入る．歯車の組合わせで主軸の回転数を変えるが，その方法にはつぎのものがある.

① 歯車を直接すべらせる方法.
② クラッチをすべらせる方法.
③ キーをすべらせる方法.

7・49 図　主軸速度変換レバー

このうち①，②が最も多く採用されている．7・48 図は，①の方法を用いた歯車式速度変換装置の一例を示したものである．ふつう 7・49 図に示すようなレバーがあって，回転表が表示され，必要な回転数が得られるようになっている.

(3) 旋盤の付属品と付属装置

(i) 回し金と回し板(carrier, driving plate)　回し板は主軸のねじ部に取り付けられ，加工物に固定した回し金を介して主軸の回転を加工物に伝える．7・50 図は，回し板を取り付けたところと回し金を示したものである.

(ii) **センタ** 主軸のテーパ穴に取り付けるセンタを**回りセンタ**(live center),心押し台に取り付けるセンタを**止まりセンタ**(dead center)と呼ぶ. 7·51 図はこれらのセンタを示したものである. 先端の角度はふつうは 60°, 重い加工物のときは 75°, 90° のものを用いる.

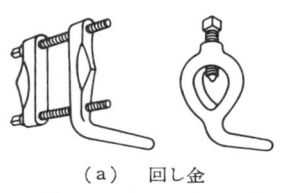

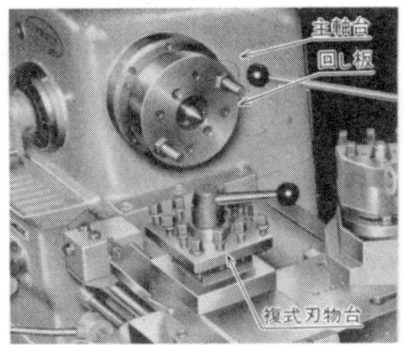

(a) 回し金

(b) 回し板

7·50 図 回し金と回し板.

(a) センタ

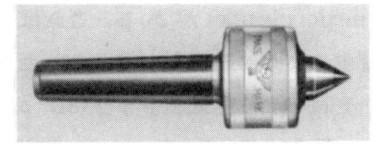

(b) 回転センタ

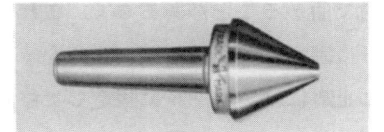

(c) パイプ用かさ形センタ

7·51 図 センタ

(iii) **面板**(face plate) これは, 主軸のねじ部に取り付ける回し板に似た, 7·52 図 に示すような円板で, 複雑な形をした加工物の取付けに用いる.

(iv) **心棒**(mandrel) これは, 仕上げられた穴を基準にして加工物の外面を削るとき, 加工物の穴に通す棒である. 心棒は両センタでささえる. 7·53 図に示すように, 径が加減できるようになっている.

7·52 図 面板

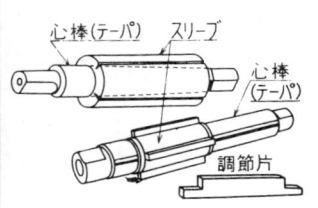

7·53 図 心棒(ひろがり心棒)

7·54 図 チャック

(ⅴ) **チャック**(chuck)　これは，加工物を主軸にねじで固定するための工具である．数個のつめ(爪)があり，これで加工物をくわえる．つめの動きがそれぞれ別べつの**単独チャック**，同時に動く**連動チャック**(scroll chuck)，両方できる**複動チャック**がある．7・54 図は，複動チャックを示したものである．このほかにも薄い加工物を取り付けるのに便利な**電磁チャック**

7・55 図　振れ止め

(magnetic chuck) がある．これは円板内に電磁石を装入し，磁石の力で加工物を固着するようにしたものである．また圧縮空気を用いてつめを自動的に動かし，加工物を固定する**空気チャック**(air chuck)も用いられている．

(ⅵ)　**振れ止め**(steady rest)　直径に比較して長い加工物を削るとき，自重や切削力で曲がることがあるので，これを防ぐために振れ止めを用いる．7・55 図はベッドに固定して用いる振れ止めを示したものである．

振れ止めには，サドルに固定して移動するものもある．

(ⅶ)　**テーパ削り装置**　普通旋盤でテーパを削るには，心押し台を中心線からずらす方法や，複式刃物台を加工物のテーパの 1/2 だけ旋回して，手送りで削る方法があるが，7・56 図のようなテーパ削り装置を用いると，正確に長さやテーパを広い範囲にわたって切削することができる．

この装置の要点としては，バイトをベッドに対して斜めに動かすということである．すなわち，まず，横送り装置の仕掛けをはずし，自由な状態にして，そのうえ

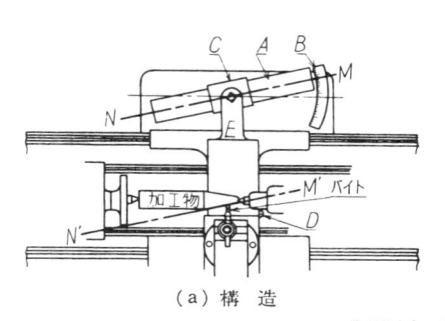

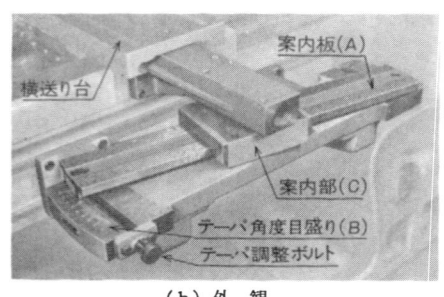

(a) 構　造　　　　　　　　　(b) 外　観

7・56 図　テーパ削り装置

で加工物のテーパの 1/2 に案内板の角度目盛りを合わせる．横送り台に固定してある案内部を傾斜している案内板にはめ込むと，送り台の運動は案内板によって，制御できることになる．横送り台は案内板にならって，前後に移動するために，加工物はテーパに削られる．

(viii) ならい削り装置 ならい（倣）装置を普通旋盤に取り付けることができる．同じ形状の部品を数多く加工する場合とか，複雑な形状の部品の加工に利用する．製品と同じ輪郭をもった**型板**(template)をつくり，それに沿って**触針**が動き，これによってバイトが同じように移動して，自動的に段付け，曲面，テーパ削りなどを行なうことができる．7·57 図は，油圧式のならい装置を示したものである．油圧式のものには，電動機で駆動される油圧ポンプがあって，油圧作動圧力を供給する．触針は型板にそって動き，**油圧制御弁**(pilot valve)を動かす．それによって**油圧サーボ モータ**の中の複動式ピストンの両側に送られる油圧を制御する．ならい切削のときは，油圧サーボ モータはバイトと一体になって動く．

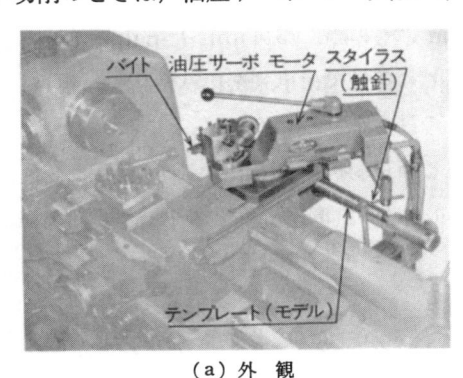

(a) 外観　　　　　　　　　(b) 構造

7·57 図　ならい削り装置

7·58 図は触針（スタイラス）の動きを電気的に検出して増幅し，電動機に指令を与えて刃物台の送りねじを駆動する電気式ならい装置を示す．電気のため遠隔制御も容易であるから大形機械に用いられる．即応性は油圧式に比較して低い．

7·59 図は電気油圧式ならい装置で，触針（スタイラス）の動きを電気的に変換し，電子管増幅器を通して電磁弁を作動させ，油圧機構へ伝えるもので，これは電気式のような遅れがないし，遠隔制御ができ，小形で大出力が得られるなどの利点があるため，現在のならい装置としては最高の特性をもっている．

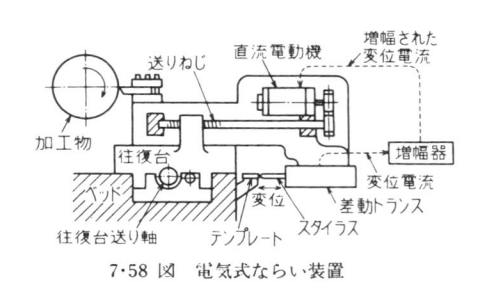

7・58 図　電気式ならい装置

7・59 図　電気油圧式ならい装置

(4) 旋盤のねじ切り装置

(i) ねじ切りの原理　ねじ切りの原理は，7・60 図に示したように，主軸から親ねじに歯車列によって回転を伝え，それに連動する自動送りをバイトに与えて削る．親ねじが基準になるが，親ねじにはピッチ(pich)が 2 mm，4 mm，6 mm，12 mm のものや，25.4 mm に 6 山，4 山，2 山のものがあるので，切削しようと思うねじの条件で歯車列を組み換えて，親ねじの回転を変え，主軸の回転に対するバイトの動きを合わせる．

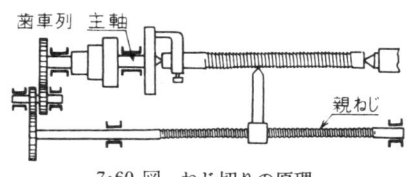

7・60 図　ねじ切りの原理．

(ii) 歯車列の組合わせ　いま，親ねじのピッチを P(mm)，切削されるねじのピッチを p(mm)とする．主軸の端に取り付ける歯車の歯数を A 枚，親ねじの端に取り付ける歯車の歯数を C 枚 とすると，$\dfrac{p}{P}=\dfrac{A}{C}$ の関係がなりたつ．

この関係式から A，C を求めて，適当な中間歯車を選んで歯車列をつくる．

換え歯車(change gear)は，20～64 枚まで 4 枚とびにあり，このほかに 72，80，127 枚を備えている．

速度比が 6 より大きいか 1/6 より小さい場合には，7・61 図 (b) に示すような四段掛けにする．

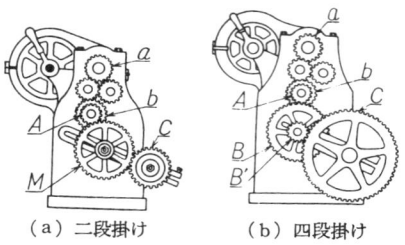

(a) 二段掛け　　(b) 四段掛け

7・61 図　換え歯車の取付け．

この場合の関係式は，$\dfrac{p}{P}=\dfrac{A}{B}\times\dfrac{B'}{C}$ のようになる．

最近の旋盤では，歯車を数種のレバーによって組合わせを変える構造が多い．

(5) 旋盤用バイト

(i) バイトの形状と各部の名称

バイトは，その構造上，つぎのように大別される．

① **むくバイト**(solid tools) これは刃先と柄(シャンク)が同一の材質でつくられているものである．

② **完成バイト** むくバイトの一種で全体に熱処理が施されていて，断面が正方形か長方形である〔7・62 図(a)〕．

③ **付け刃バイト** これは，チップを柄にろう付けか溶接でつけたもの〔同図(b)〕．

④ **クランプ バイト** これは，チップを柄に機械的に取り付けたもの〔同図(c)〕．

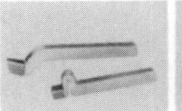

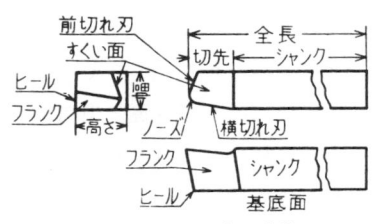

バイトの各部は，7・63 図に示すように，それぞれの名称で呼ばれている．

バイトの切れ刃部の各角度は，7・64 図に示すように，つぎのように呼ぶ．

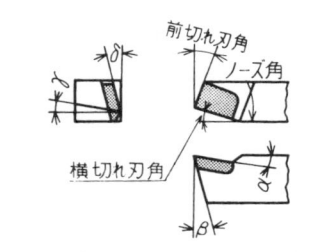

α；上すくい角　　　β；前逃げ角(前二番)

γ；横逃げ角(横二番)　δ；横すくい角

7・62 図　バイトの構造.

7・63 図　バイト各部の名称.

7・64 図　バイト切れ刃部の角度.

7・9 表　バイトの切れ刃部の角度.

加工物の材質		鋳　鉄		可鍛鋳鉄	硬鋼	軟鋼	快削鋼	合金鋼		黄銅, 青銅		銅	アルミニウム	プラスチック
バイト	角度	軟	硬					軟	硬	硬	軟			
高速度鋼バイト	α	5	5	—	8〜12	12〜16.5	12〜16.5	10〜12	8〜10	0	0	16.5	35	−5〜16.5
	β	8	8	—	8	8	8	8	8	8	8	12	8	8〜10
	γ	10	10	—	10	12	12	10	10	10	10	14	12	12〜15
	δ	12	12	—	12〜14	14〜22	18〜22	12〜14	12〜14	−2〜0	−4〜0	20	15	0〜10
超硬バイト	α	0〜6	0〜6	0〜6	0〜10	0〜15	0〜15	0〜15	0〜10	0〜5	0〜10	6〜16	5〜15	0〜10
	β	4〜6	4〜10	4〜8	5〜10	6〜12	6〜12	6〜12	5〜10	4〜6	6〜8	7〜10	6〜10	6〜10
	γ	4〜6	4〜10	4〜8	5〜10	6〜12	6〜12	6〜12	5〜10	4〜6	6〜8	7〜10	6〜10	6〜10
	δ	0〜10	0〜12	0〜1	5〜12	8〜15	8〜15	8〜15	4〜12	4〜8	4〜16	15〜25	8〜15	8〜15

α と δ の角度は切り粉の流れをよくする. この角が大きいと, バイトの切れ味はよく, 切削面は美しいが, 刃先が弱くなる. β, γ は刃先と加工物との間の摩擦を防ぐためにつける角度で, 必要以上に大きくするものではない. 7・9 表は各角度の一例を示したものである.

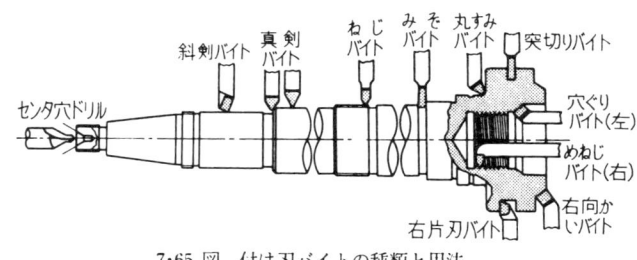

7・65 図 付け刃バイトの種類と用法.

7・66 図 バイト ホルダ

(ii) バイトの材質と用法

(a) 高速度鋼バイト チップをバイトにろう付けして用いる. 7・65 図は, 付け刃バイトの種類と用法を示したものである. 完成バイトは 7・66 図に示すようなバイト ホルダに取り付けて用いる. 小形の旋盤では, そのまま用いることもある.

(b) 超硬バイト 7・67 図は, 超硬バイトとチップの基本的な形状と名称を示したものである. 超硬チップの取付けは, 機械的に保持する方法とろう付けする方法とがある. 機械的に保持するものには, チップが摩耗, 欠損したら, 順次に押し出して再研磨する方式のものと, 7・68 図に示すような **スロー アウェイ式**(throw away)のものとがある. スロー アウェイ式のものは, 三角形, 四角形のチップが

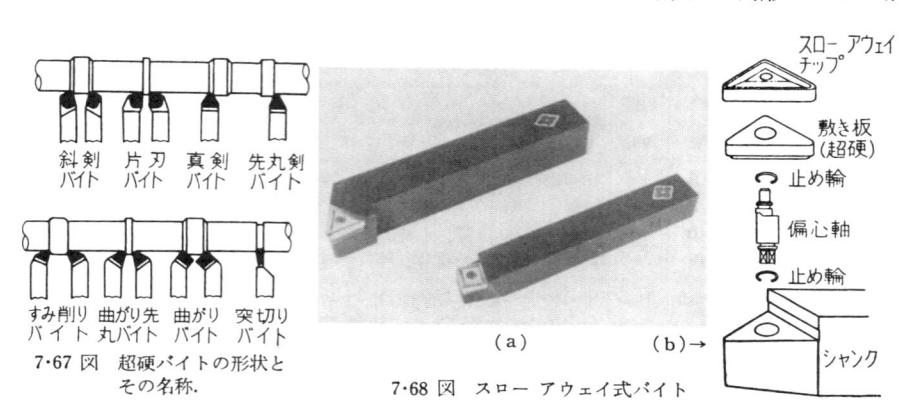

7・67 図 超硬バイトの形状とその名称.

7・68 図 スロー アウェイ式バイト

多く用いられ，切れ刃が摩耗するとチップを回し，新しい切れ刃を使用する．これは裏返しても用いるので，三角形のものでは6回，四角形のものでは8回使用することができ，再研磨の時間と労力をはぶくことができる．

(c) **ダイヤモンド バイト** 光学機械，時計，精密機械類の部品の切削や軟金属，軽金属の切削に用いられる．7·69 図はその種類を示したものである．

(iii) **バイトの使用条件** 7·10 表，7·11 表は，それぞれ高速度鋼，超硬合金のバイトの使用条件を示したものである．

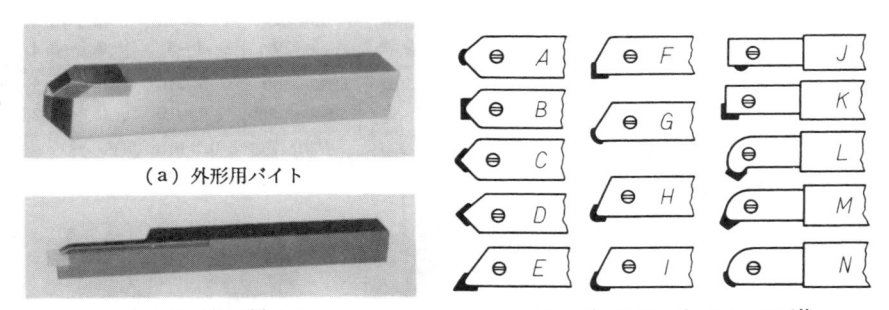

(a) 外形用バイト

(b) みぞ切り用バイト

(c) ダイヤモンド バイトの形状．

7·69 図　ダイヤモンドみぞ切り用バイト

7·10 表　高速度鋼バイトの使用条件．

切削の種類．	荒旋削				仕上げ旋削				ねじ切り		突切り	
バイトの材質．	SKH 2, 6, 7		SKH 3, 4, 5		SKH 2, 6, 7		SKH 3, 4, 5		SKH 2,6,7	SKH 3,4,5	SKH 2, 6, 7	
工作物の材質．	V	s	V	s	V	s	V	s	V	V	V	s
鋼 軟	45	～10	60	0.5～6	60	0.2～0.3	75	0.2～0.3	12	18	15～20	0.02～1
鋼 中	35	～6	50	0.5～3	50	0.2～0.3	60	0.2～0.3	10	14	12～18	0.02～1
鋼 硬	30	～2	40	0.5～2	40	0.2～0.3	50	0.2～0.3	18	12	—	—
ステンレス鋼	25	0.6～15	30	0.5～2	32	0.2～0.3	40	0.2～0.3	6	10	—	—
鋳鉄 軟	30	1～2	40	1～2	40	0.2～0.3	50	0.2～0.3	8	12	15～20	0.05～1.5
鋳鉄 中	25	1～2	50	1～2	30	0.2～0.3	35	0.2～0.3	6	9	—	—
青銅 軟	80	0.8～2.5	100	0.6～2	100	0.2～0.3	150	0.2～0.3	15	20	18～35	0.02～1
青銅 硬	40	0.6～1.5	60	0.5～1.5	60	0.2～0.3	90	0.2～0.3	6	10	—	—
真鍮 軟	100	0.4～3	150	0.3～2.5	150	0.2～0.3	200	0.2	25	40	18～35	0.02～1
真鍮 硬	60	0.3～2	100	0.3～1.5	80	0.2～0.3	150	0.2	12	15	—	—

〔注〕　V＝切削速度(m/min)，s＝送り(mm/rev)

(6) **旋盤の種類** 旋盤は，その機構は，ほとんど普通旋盤と変わらないが，形状が多少変わったり，特殊な用途に用いられたりするので，それぞれ固有の呼び名をもっている．

(ⅰ) **普通旋盤** 最も多く用いられる一般的な旋盤．

(ⅱ) **高速旋盤** 高速の限界は明確でないが，超硬バイトを用いて高速切削ができる旋盤．

(ⅲ) **切落とし旋盤** ベッドの主軸台付近を切り欠いて，短いものであれば径の大きなものも加工できる旋盤(7・70 図)．

(ⅳ) **ならい旋盤** ならい(倣)装置のついたならい削り専用の旋盤(7・71 図)．

(ⅴ) **ダイヤモンド旋盤** 刃物にダイヤモンドを利用し，高精度な作業のできる精密旋盤．

(ⅵ) **工具旋盤** 主としてカッタ類の工具を加工するもので，構造は普通旋盤と同じであるが，高精度にできている．

(ⅶ) **二番取り旋盤** フライスなどの二番を削るため，主軸の1回転中に工具スライドが数回半径方向に動くようにした旋盤．

7・11 表 超硬バイトの使用条件．

工作物の材質		切削速度 (m/min)	切込み深さ (mm)	送り (mm/rev)
鋼	軟	100〜250	1〜10	0.2〜2
	中	70〜150	1〜10	0.2〜2
	硬	50〜30	1〜10	0.2〜2
ステンレス鋼		45〜60	1〜8	0.2〜1.5
鋳 鋼		30〜50	1〜10	0.2〜2
鋳 鉄	軟	50〜100	1〜10	0.2〜0.8
	中	40〜80	1〜10	0.2〜0.8
チルド鋳鉄		5〜10	1〜5	0.1〜0.4
青 銅		200〜400	1〜10	0.2〜1.2
軽 合 金		900〜1200	1〜10	0.2〜1.2

〔注〕 仕上げ削りは 切込深さは 0.3 mm 以下．送り は 0.2 mm/rev 以下．

7・70 図 切落とし旋盤

7・71 図 ならい旋盤

(viii) **正面旋盤** 径の大きい加工物の正面加工を主とする旋盤(7・72 図).

(ix) **立て旋盤** 直径が大きくて薄い加工物や,重量の大きい加工物を切削するもので,主軸が立て形になった旋盤(7・73図).

(x) **卓上旋盤** 時計などの小形部品の製作に用いる精密旋盤(7・74 図).

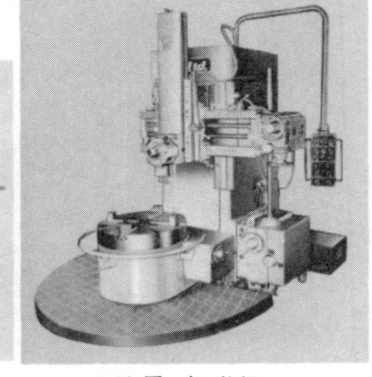

7・72 図 正面旋盤

7・73 図 立て旋盤

(xi) **タレット旋盤** 普通旋盤の心押し台の代わりにタレット往復台を置き,このタレットに工具を多数取り付け,この工具を順次に使用して切削加工を行ない,作業能率をあげるようにした旋盤.

(a) **タレット旋盤の構造** 7・75図は,ラム形のタレット旋盤の構造を示したものである.おもな部分は,主軸台,**タレット往復台**(turret carriage),補助往復台で,これらがベッドの上にのっている.主軸台の内部は 7・76 図に示すとおりである.軸の変速は,主軸台前面の変速ダイヤルのレバーを引き,所要回転数のところに合わせて差し込めばよい.

7・74 図 卓上旋盤

タレット旋盤では,切削中につぎに必要な主軸速度を選んでおき,ただちにその速度にすることが要求される.この装置が**プリセレクタ**(preselector)である.また,自動セレクタというのは,タレットの工具に応じて主軸速度または送りが自動的に変わるものである.

7章 切削加工

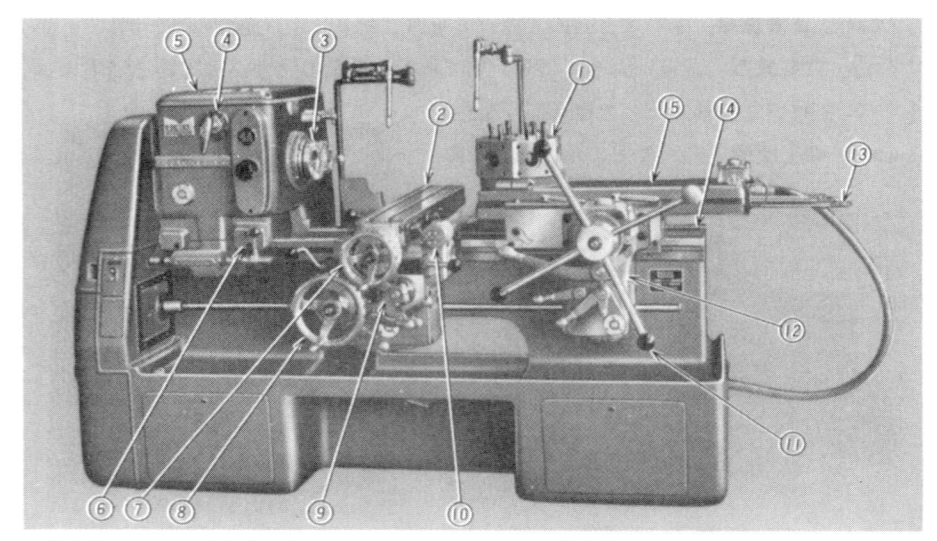

① 六角タレット　② 横送り台　③ コレット チャック　④ 主軸変速ダイヤル　⑤ 主軸台　⑥ 横送り台自動ストップ バー　⑦ 横送りハンドル　⑧ 縦送りハンドル　⑨ 補助往復台　⑩ 横送りストップ ロール　⑪ 始動ハンドル　⑫ タレット往復台　⑬ タレット ラム ストップ ロール　⑭ ベッド　⑮ ラム

7・75 図　タレット旋盤

7・76 図　主軸台内部

7・77 図　タレット往復台

7・77 図は，タレット往復台を示したものである．一つの作業工程が終わりラムを手送りハンドルにより後退させると，タレットが 1/6 だけ旋回してつぎの工程に移ることができる．ラムの後端にはストップ ロールが取り付けられ，これを調節することにより，タレットの各面に合わせた任意の位置に，ラムを自動的に正確に

停止させることができる.

(b) **工具の取付け** ふつうの旋盤作業では，数本のバイトとドリル，リーマなどの工具をひとつひとつ手で取り換えて作業をするが，タレット旋盤では，これらの工具をタレットの六面に同時に取り付け，工具をそのつど取り換えることをしない．作業は内外径の切削，面削り，きりもみ，リーマ通し，ねじ切りなどの基本的な加工を連続して行ない，これらの組合わせをするにすぎない．7・78 図は，

7・78 図 六角タレットに対する工具取付けの状態．

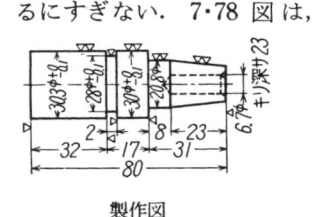

7・79 図 加工品の一例と加工順序．

工具をタレットに取り付けた状態の一例を示したものであり，また，7・79 図は，加工品の例とそれを仕上げる各種工具の取付け順序を示したものである．図中の番号は作業順序と工具を示す．

(xii) **NC 旋盤**（numerical control lathe：数値制御旋盤）多くは，普通旋盤やタレット旋盤の動作を NC 装置によって自動化したもので，機械動作は一般にコンピュータ プログラムによって制御される．形

7・80 図 NC 旋盤

状が比較的複雑な部品の加工や，繰返し製作される部品の加工に適している．

4. 平削り盤

加工物をのせたテーブルの直線往復運動と，バイトの直線送りとによって長い平面を切削するのが，**平削り盤**(planer)である．長さ１m以上のものを加工するときに用い，仕上げ切削力は軽くてひずみ（歪）を起こすこともなく，発熱もともなわないので，工作機械の案内面のような高精度の加工を行なうのに適している．平削り盤の大きさは，テーブルの最大行程と加工物の最大高さと最大幅で表わす．

（1） **平削り盤の種類** 平削り盤には，柱の数によって**門形**（housing type）と**片持ち形**（open side type）とがある．7・81 図は，門形平削り盤を示したもので，テーブルをはさんで２本の柱があって，門の形をしている．

正面に**横すべり案内**（cross rail）を渡し，刃物台をかけてある．横すべり案内を上下させるねじは，平らな平面を削る必要から，旋盤の親ねじと同様な精度をもっている．

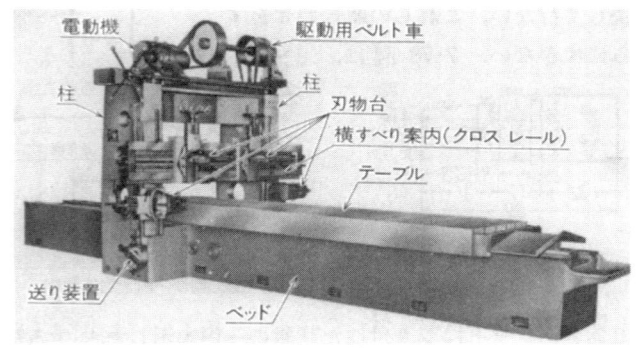

片持ち形は，幅の広い工作物が削れるように，柱は１本にしてある．横すべり案内はラジアル ボール盤のように，この柱に直角に取り付ける．7・82 図は片持ち形の平削り盤を示したものである．

7・81 図　門形平削り盤

（2） **テーブル駆動装置** テーブルは，テーブルの裏面にあるラックを，ベッドの内側に置かれた平歯車，はすば歯車，やまば歯車，ウォーム歯車のいずれかで駆動する．また，油圧でテーブルを駆動するものなどもある．

（ⅰ） **歯車駆動装置** 動力はベルト車

7・82 図　片持ち形平削り盤

より歯車に伝わり，テーブル裏面のラックを駆動する．切削のときは所定の切削速度でテーブルが移動するが，もどり行程では2～4.5倍の速さになる．この装置を早もどり装置という．交流電動機の場合，径の異なるベルト車によって行なわれる．

(ii) 油圧駆動装置 7·83 図に示すように，ベッドに油圧シリンダを取り付け，テーブルの下面にピストン棒が固定され，油圧によってピストンが押されてテーブルを駆動する．この構造で削り行程では 36 m/min まで，もどり行程では 60 m/min まで無段変速ができ，逆転は確実で，運動部分の慣性による振動が少なく，円滑な運動ができる．

(iii) ワード レオナード駆動方式 7·84 図は，削り行程ともどり行程とで回転方向が逆になる電動機を減速して，ピッチの荒いねじ歯車を駆動し，テーブル下面のラックにかみ合わせる駆動方式を示したものである．

この電動機は他励磁直流電動機で，べつに専用の直流発電機と，それを運転する

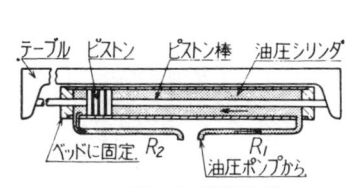

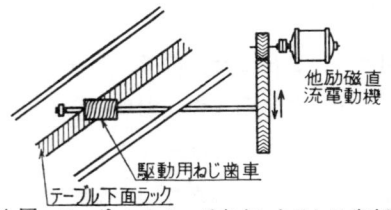

7·83 図　油圧駆動装置　　　　　7·84 図　ワード レオナード方式によるねじ歯車駆動．

7·12 表　切削速度(超硬バイト)　　　　　　　　　　　(単位 m/min)

仕上げ程度	荒	仕	上	げ	本仕上げ
切込み深さ(mm)	12.5～25	6.3～12.5	3.1～6.3	0.38～3.1	0.075～0.38
1行程ごとの送り(mm)	0.25～2.5	0.38～3.1	0.38～4.4	0.38～5	0.38～2.5
鋳鉄　硬(ミーハナイト)	45	52.5	55.5	60	60
軟	52.5	60	67.5	75	75
鋼性	45	52.5	60	63	63
鋼　炭素鋼	—	—	75	90	90
快削鋼	67.5	75	90	90	90
ステンレス鋼	—	—	—	75	90
鋳鋼	45	54	60	75	75
黄銅　硬	45	60	67.5	75	90
軟	75	82.5	90	125	120
アルミニウム	90	100	120	135	150
プラスチック	—	—	135	180	225

電動機がある．直流電動機は，励磁の加減により速度とトルクを制御できる．これをワード レオナード制御方式（Ward-Leonard drive）という．

（3） 切削速度とバイト

（i） **切削速度** 切削速度は，加工物を取り付けたテーブルの速度であるが，ふつうの平削り盤は，テーブルの速度が一定であるから，工作物の材質や切削条件をとわず同じ切削速度になる．高速度鋼バイトで鋳鉄や軟鋼を削る場合は 12 m/min が適当であるとされている．速度が変えられるならば切削条件に応じて 3～20 m/min，電動機直結のものでは 6～24 m/min，超硬バイトでは 90 m/min に及ぶ．7・12 表に，平削り盤の切削速度を示す．

（ii） **平削り用バイト** 7・85 図 (a)(b)は，荒削り用バイトを示したもので，これは鋳鉄や鋼の水平面の荒削りに用いる．同図(c)は仕上げ用バイトを示したもので，鋳鉄の仕上げに用いる．刃先の先端が切削抵抗によってうしろに曲げられても，加工物の削り面にくい込まないよう**腰折れ**になっている．同図(d)は角みぞ削りバイトを示したもので，幅広いみぞ削りに用いる．同図(e)は角度削りバイトを示したもので，加工物のありみぞや傾斜面を削るのに用いる．同図(f)の片刃バイトは，みぞの内側や加工物の外側を仕上げるのに用いる．

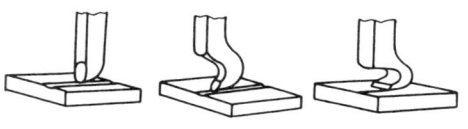

(a)荒削りバイト　(b)荒削りバイト　(c)仕上げバイト

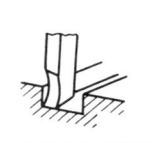

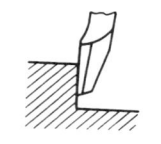

(d)角みぞ削りバイト　(e)角度削りバイト　(f)片刃バイト

7・85 図　平削り用バイト

5. 形削り盤

形削り盤(shaper)は，加工物を固定してバイトを移動させ，平面削りをする工作機械である．

形削り盤は，Vブロックのような小形の加工物の平面やみぞを削るのにつごうがよい．取扱いが簡単で，作業も容易であるが，精度の高い工作には不向きである．

形削り盤の大きさは，バイトの最大行程で表わす．200～900 mm の範囲のものが多く，番号で呼ぶこともある．

7・5 切削工作機械

(1) 形削り盤の構造　最も一般的な形削り盤は，7・86 図に示すように，バイトに往復運動を与える**ラム**(ram)がフレームの案内面を往復するものである．

(i) ラムの早もどり機構　油圧によってラムを動かすものもあるが，クランクと細窓リンクによるものが多い．7・87 図は，この機構を示したものである．

動力は電動機あるいはベルト掛けの段車から大歯車 W に伝達される．W には位置の調節ができるクランクピン C がある．C にはすべり子 D がはまり，これが細窓リンクのみぞに，はまっている．細窓リンクの下部はピンでフレームに取り付けられている．

上部は小リンクをへてラムに連結している．したがって，W の回転によって細窓リンクがラムに往復運動を与えるのである．

7・88 図は，早もどり運動の原理を示した図である．クランクピン C が角度 θ_1 回転するときも，θ_2 回転するときも，細窓リンクはフレームに取り付けられたピンを中心に振れる．すなわち，ラムの運動は，θ_1 回転するとき削り行程でおそくなり，θ_2 回転するときはもどり行程で早くなる．

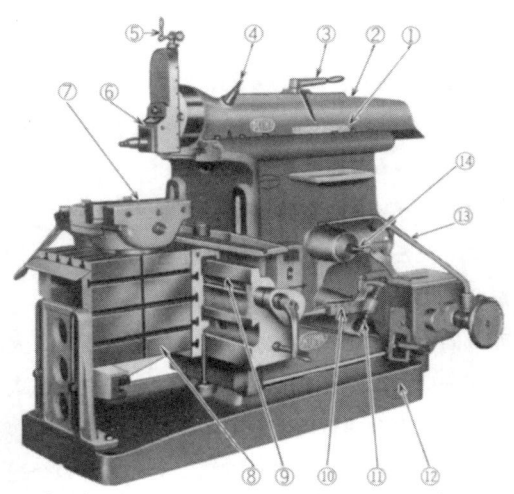

①尺度　②ラム　③締付けハンドル　④ラムの行程調節用ハンドル　⑤刃物台送りハンドル　⑥刃物台　⑦機械万力　⑧テーブル　⑨横送りねじ　⑩揺れ棒　⑪ふたまた　⑫ベッド　⑬変速レバー　⑭ラムの行程調節用ハンドル軸

7・86 図　形削り盤

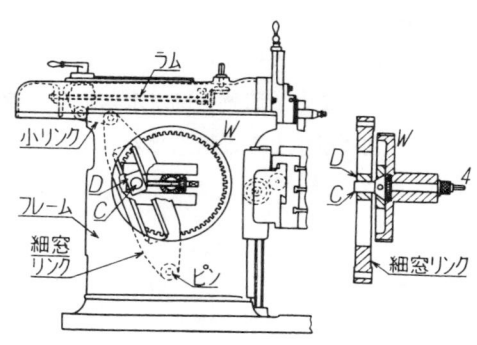

7・87 図　早もどり機構

(ii) ラムの行程調節　ラムの行程はクランクピン C の回転半径を変えること

によって，調節できる．クランクピンの回転半径を変えるためには 7・86 図の ④のハンドルを回せばよい．

(iii) ラムの速度変換 加工物の材質やバイトの条件が同一の場合に，たとえば加工物の切削長さが2倍になったときでも，切削速度は同一にしておかなければならないので，大歯車の回転を 1/2 にしてラムの速度を同一にする．そのためには，段車式や歯車式のものでは，段車のベルトをかけかえたり歯車の組合わせを変えることが必要になる．

(iv) テーブルの送り機構 テーブルの横送りは，手送り，自動送りができる．自動送りの機構は，ラムの1往復ごとにテーブルをラムに直角に移動させる．この装置は，フレームのなかにある大歯車の円板に偏心の輪みぞを設けたり，7・89 図に示すように，大歯車の中心に偏心に取り付けてある連接棒 A によって ふたまた B が揺らし棒 C を動かしたりするようになっている．揺らし棒 C の左右の動きがつめの動きに変わり，つめ車を一方向に1歯ずつ送る．これが横送りねじを回し，テーブルを送ることになる．7・90 図は つめとつめ車を示したものである．

(v) 刃物台 刃物台は，水平削り，垂直削り，角度削りなどができるように，7・91 図に示すような構造になっている．

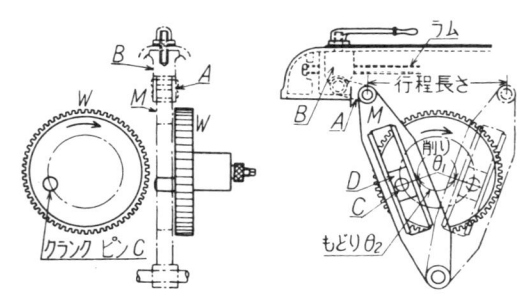

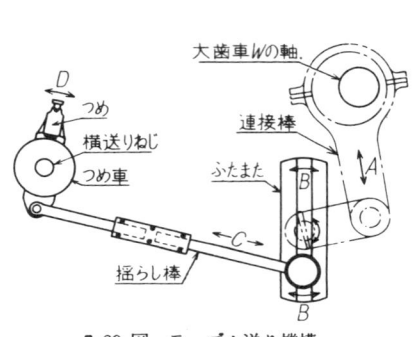

7・88 図　早もどり機構

7・89 図　テーブル送り機構

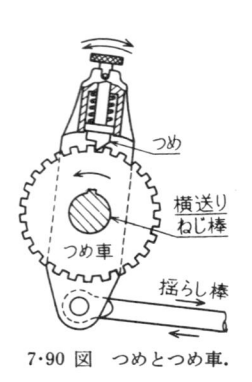

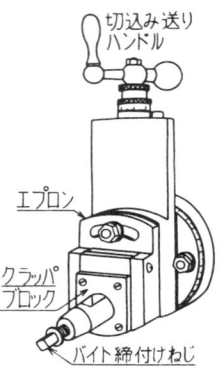

7・90 図　つめとつめ車．

7・91 図　刃物台

(2) 油圧式形削り盤　これは，ラムの下に長い油圧シリンダを置きピストン棒をラムに連結したものである．高圧ポンプから油を送り，切削速度 1～36 m/min を与え，もどりは低圧ポンプから送油して 40 m/min の平均もどり速度を与える．油圧式の利点は，切削速度の変化が無段階であり，**衝撃とびびりがなく，超硬バイト**に適するということである．全行程にわたり等速で，細窓リンク式のものより1往復がきわめて短時間である．

(3) 形削り盤用バイトと切削速度

(i) バイト　バイトの形状，刃先角は旋盤用のものと似ているが，シャンクの部分が曲がった**腰折れバイト**を用いる．これは，切削抵抗によってバイトがたわんでも，加工物にバイトがくい込まないようにするためである．チップはほとんど高速度鋼である．7·92 図は，形削り盤用バイトの形状を示したものである．

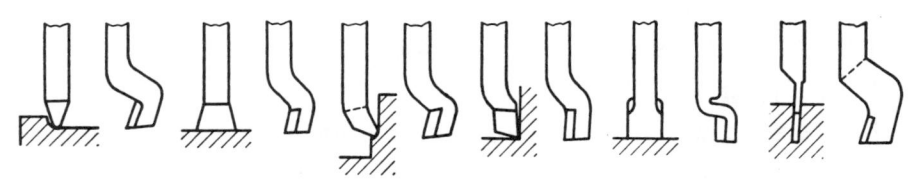

(a)真剣バイト　(b)平剣バイト　(c)横剣バイト　(d)片刃バイト　(e)仕上げバイト　(f)みぞ切りバイト

7·92 図　形削り盤用バイト

(ii) 切削速度　加工物の材質や，バイトの材質，切込み，送り，機械の強さなどによって，切削速度を適当に決めなくてはならない．7·13 表は，高速度鋼バイトで切削するときの，切削速度と送りの値を示したものである．

7·13 表　切削速度と送り

加工物の材質	バイトの材質	切削速度 (m/min)	送り (mm)
鋳　　鉄	高速度鋼	18	2.1
炭 素 鋼	高速度鋼	15	1.4
黄　　銅	高速度鋼	48	1.4

6. 立て削り盤

立て削り盤(slotter)は，バイトが上下運動をして加工物を切削する機械である．キーみぞ，スプライン，角穴などを削り出すのに用いられる．加工物を取り付けるテーブルは，ベッドの案内面に沿ってすべるサドルにのっていて，回転するようになっている．立て削り盤の大きさは上下運動をするラムの最大行程で表わす．

7・93 図　立て削り盤

7・94 図　立て削り盤

7・93 図 および 7・94 図は，立て削り盤を示したものである．

7. フライス盤

フライス盤(milling machine)は，多数の同心の切れ刃をもつ**フライス**(milling cutter)と呼ぶ刃物を回転させ，加工物に送りを与えて，平面や複雑な曲面，あるいはみぞなどを切削する工作機械である．付属品の割出し台を用いて，歯車の歯切り，ドリルのねじれみぞなどの切削も行なうことができる．

すべての工作機械がそうであるように，フライス盤も超硬フライスの進歩にともなって，主軸の回転数，送り速度が高速化し，重切削ができるようになった．また一方，各種のならいフライス盤や**数値制御**(numerical control, NC)フライス盤などの進歩がいちじるしく万能的な工作機械として重要な地位を占めて

7・95 図　横フライス盤

いる．フライス盤の大きさは，テーブルの移動距離(左右×前後×上下)，テーブルの大きさ(長さ×幅)，主軸端とテーブル面の最大距離で表わす．また，番号でいうこともあり，これはテーブルの移動距離の標準によるもので一般に用いられている．

(1) フライス盤の種類と構造

(i) 横フライス盤(plain milling machine) 7･95 図に示すようなフライス盤を横フライス盤という．主軸は柱(column)の上部に水平に組み込まれ，柱の前面の案内面を**ひざ**(knee)が上下し，ひざにサドルとテーブルがのっている．主軸にはめられたアーバは，上腕にささえられ，このアーバにはめられたフライスによって切削が行なわれる．

主軸は 7･96 図に示してあるように，高速回転に耐えられるように軸径が太く，軸受は高精度のころ軸受の3点支持方式が採用され，剛性と防振性が与えられている．主軸の端は柱の側面にあって，この部分に 7･97 図に示すようなアーバをはめ込む．アーバにはフライスをはめる．フライスは，7･98 図に示すカラーをアーバにはめて位置を定めて固定する．

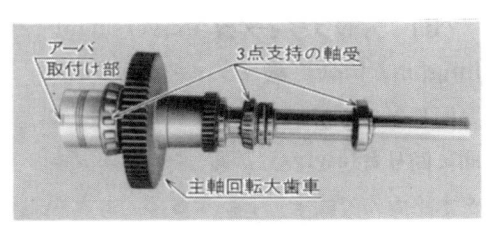

7･96 図　フライス盤主軸

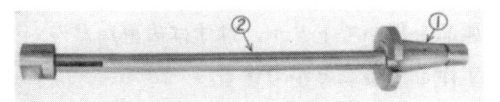

①主軸に取り付ける部分．　②フライスカッタを取り付けるアーバ．
7･97 図　アーバ

7･98 図　フライス取付け用カラー

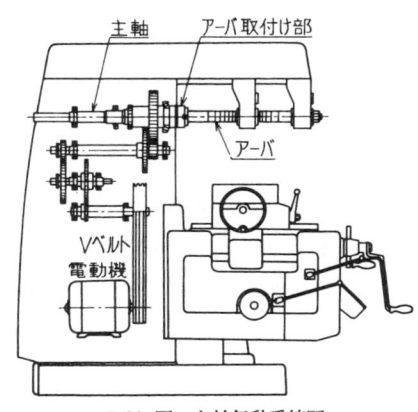

7･99 図　主軸伝動系統図

主軸の回転は，7･99 図に示すように，柱の内部の電動機からVベルトによって第一軸が駆動され，以下 2～3 本の平行軸が歯車によって駆動されて主軸に及ぶ．主軸の回転数変換はしゅう(摺)動歯車によって行なわれる．

（ii）**万能フライス盤**(universal milling machine)　横フライス盤とほとんど同じであるが，サドルとテーブルとの間に**回り台**(swivel)があって，テーブルを水平面内で回すことができる．したがって，**割出し台**(index head)などの付属品を用いてドリル，はすば歯車などの工作をすることができる．

　（iii）**立てフライス盤**(vertical milling machine)　7·100 図に示してあるように**主軸頭**(spindle head)がテーブル面に垂直になるように柱に取り付けられている以外は，横フライス盤と同じである．主軸頭のなかには，固定されているもの，上下に移動ができるもの，左右に適当な角度だけ傾けることのできるものなどがある．

　フライスは，主軸の先端に取り付けられて，キーみぞ切削や正面フライスによる平面切削などが行なわれる．

　（iv）**生産フライス盤**(production milling machine)　これは，生産性を高

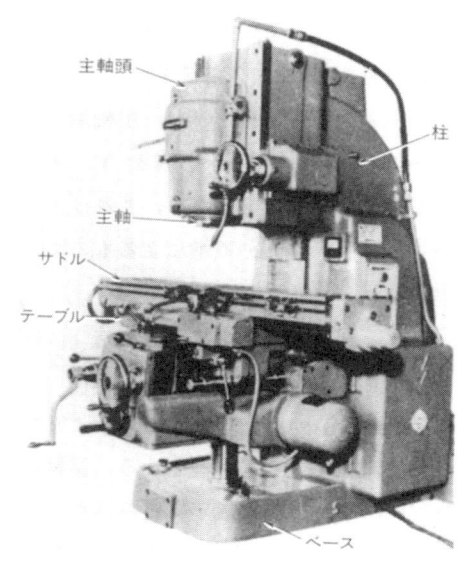

7·100 図　立てフライス盤

7·101 図　両頭形生産フライス盤

め，しかも安定した重切削を行なうためにベッド形の構造とし，必要に応じて主軸頭の数を増して，両頭フライス削りなどもできるようにしたフライス盤である．

　7·101 図は，両頭形の生産フライス盤を示したものである．さらに重切削用のものとして，門形の平削り盤と同じような構造の，7·102 図に示すような平削り形フライス盤がある．これを**プラノ ミラー**(plano miller)と呼んでいる．

　（v）**特殊フライス盤**　特殊なフライスでねじを切削するねじフライス盤，ならい装置を利用した型彫り盤，あるいは工具，ジグおよびゲージなどを加工する工具

7・102 図 プラノ ミラー

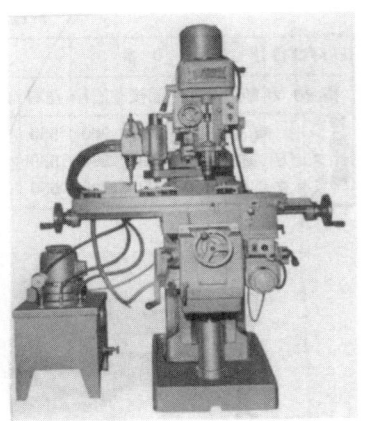

7・103 図 ならい装置付き型彫り盤

フライス盤などがある．7・103 図は型彫り盤，7・104 図は工具フライス盤を示したものである．

(vi) **フライス盤の呼び番号** 先に述べたようにフライス盤の大きさや能力は，呼び番号を用いる場合が多い．

7・14 表は，フライス盤の称呼寸法を示したものである．

(2) **フライス盤付属品**

(i) **機械万力**(machine vice) フライス盤の付属品(attachment)として，広い範囲に利用されている．加工物の取付けに必要な段取り時間を短縮し，また，加工精度の向上に役立つ．7・105 図は，テーブルに固定して用いる機械万力を示したものである．旋回台によって水平に旋回できるようになっている．

(ii) **円テーブル**(circular table) 7・106 図のように円弧の切削，割出し作業，連続切削に用いる．円テーブルには 360° の目盛りがある．

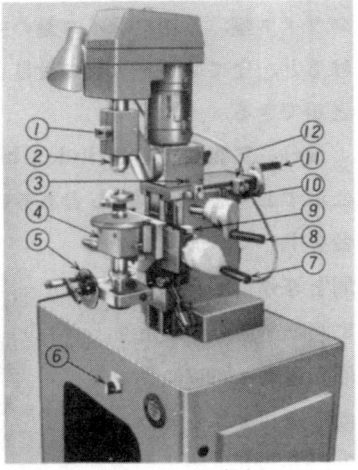

①主軸固定ねじ ②主軸(クイル スピンドル) ③固定ねじ ④回り台 ⑤割出し装置 ⑥始動スイッチ ⑦横送りハンドル ⑧上下送りハンドル ⑨上下用ストッパ ⑩前後用固定ねじ ⑪前後送りハンドル ⑫前後用ストッパ

7・104 図 工具フライス盤

7・14 表　フライス盤の呼び番号.

呼び番号		0番			1番			2番			3番			4番			5番		
移動方向		左右	前後	上下	左右	前後	上下	左右	前後	上下	左右	前後	上下	左右	前後	上下	左右	前後	上下
移動距離	横	450	150	300	550	200	400	700	250	400	850	400	450	1050	325	450	1250	350	500
テーブルの	万能	450	150	300	550	175	400	700	225	400	850	275	450	1050	300	450	1250	325	500
	立て	450	150	300	550	200	300	700	250	300	850	300	350	1050	350	400	1250	400	450

7・105 図　フライス盤用機械万力

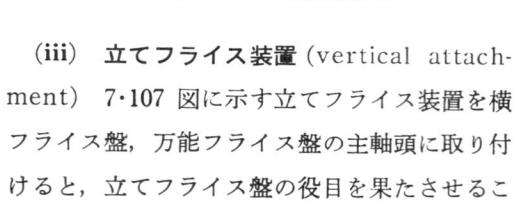

7・106 図　円テーブル

(iii) 立てフライス装置 (vertical attachment)　7・107 図に示す立てフライス装置を横フライス盤，万能フライス盤の主軸頭に取り付けると，立てフライス盤の役目を果させることができる．

(iv) 万能割出し台 (index head)　7・108図に示すような万能割出し台あるいは単能割出し台を用いて，加工物の円周を等分したり，加工物に回転運動を与えたり，回転運動と同時に長手方向の送りを与えてねじれみぞを切削したりすることができる．

7・107 図　立てフライス装置

(a) 万能割出し台　　(b) 単能割出し台
7・108 図　万能割出し台と単能割出し台．

以上の付属品のほかにも，ラック切削用，キーみぞ切削用など各種の付属品があって，フライス盤の作業範囲を大きくしている．

(3) フライス盤作業とフライス

フライス盤ではフライスの種類により，平面削り，側面削り，みぞ削り，歯切り，底削りなどができる．

フライスはアーバにはめ込んで使用するものであるから，中心に穴があいている．

(i) **平面削り，みぞ削り** これらの加工のためには，7·109 図に示すような**平フライス**(plain milling cutter)を用いる．刃の幅が 10〜15 mm 以下のものは直刃で，それ以上長いものは，図に示すようにねじれ刃になっている．ねじれ刃のほうが振動が少ない．ねじれ角 40〜50° のヘリカル フライス は抵抗力の大きい材料の切削に適する．

(ii) **角削り** 7·110 図に示したのは**側フライス**(side milling cutter)で，平フライスの両側面に放射状に刃をもたせたものである．円周の刃と側面の刃とにより，直角をなす二つの平面を同時に切削することができる．

(iii) **切断，すり割り** 7·111 図に示

7·109 図　平フライス

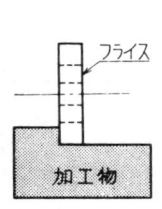

7·110 図　側フライス

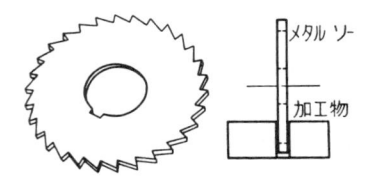

7·111 図　メタル ソー

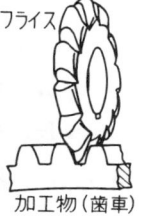

7·112 図　外丸フライス

7·113 図　インボリュート フライス

したのは**メタル ソー**(metal slitting saw)と呼ばれる刃物で，加工物を深く切り割るのに用いる．一種の金属用丸のこ(鋸)である．

(iv) **ねじれ削り** 7·112 図に示したのは，ドリルのねじれ削りに用いる**外丸フライス**(convex milling cutter)を示したものである．

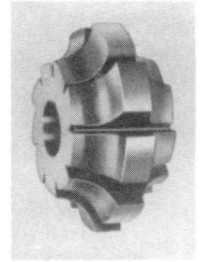

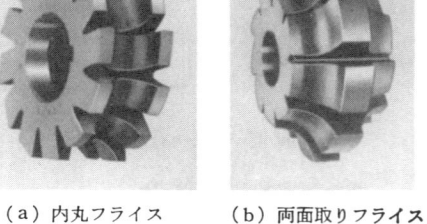

(a) 内丸フライス　　(b) 両面取りフライス
7・114 図　総形フライス

(ⅴ)　**インボリュート歯車削り**　7・113 図は，インボリュート歯車を，割出し台を用いて切削するのに使う**インボリュート フライス**(involute gear cutter)を示したものである．

7・115 図　角度フライス

外丸フライスやインボリュート フライスのように，刃部の形を直線以外の線形につくれば，種種の複雑な形の切削ができる．このようなフライスを**総形フライス**(formed cutter)と呼ぶ．7・114 図は総形フライスの例を示したものである．

(ⅵ)　**角度削り**　7・115 図は，一定角度のみぞ(溝)を削る**角度フライス**(angular cutter)を示したものである．刃のある部分のちがいで片角フライスと等角フライスとがある．

(ⅶ)　**キーみぞ削り，Tみぞ削り**　7・116 図は，キーみぞ削りに用いる**エンドミル**(end mill)，Tみぞ削りに使用する**Tみぞフライス**(T slot cutter)，半月キーみぞ削りに用いる**キー シート フラ**

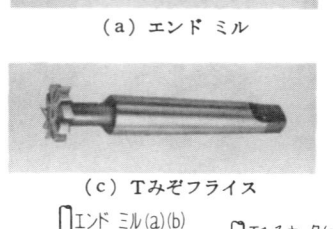

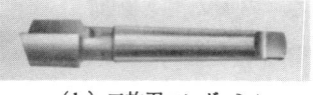

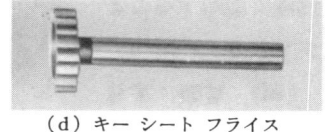

(a) エンド ミル　　(b) 二枚刃エンド ミル
(c) Tみぞフライス　　(d) キー シート フライス

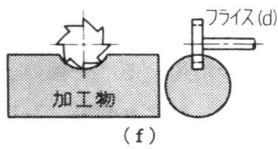

7・116 図　エンド ミル，Tみぞフライス，キー シート フライス

イス(key seat cutter)を示したものである．

(viii) 正面削り　7・117 図は正面削り用超硬チップの植刃の**正面フライス**(face milling cutter)を示したものである．これは，フライスの直径が大きいものに用いられる．

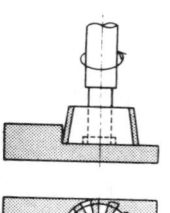

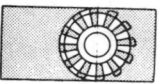

(a)　　　　　　　　(b)
7・117 図　植刃正面フライス

(4) フライスによる切削

(i) フライス削りの方向　平フライスのような周刃フライス削りでは，加工物に対して，7・118 図に示したとおり，**上向き削り**(up cutting)と**下向き削り**(down cutting)をする場合がある．上向き削りでは，送り機構の**遊び**(back lash)が自然に除かれ，加工物がフライスにくい込む傾向を防ぎ，切り粉が切れ刃のじゃまをしないなどの長所がある．しかし，加工物の取付けを確実にしなければならないし，フライスの摩耗が比較的多く，切削時にびびりの発生する傾向がある．

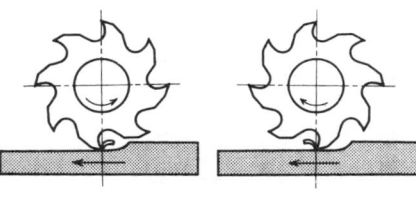

(a) 上向き削り　　(b) 下向き削り
7・118 図　フライス削りの方向．

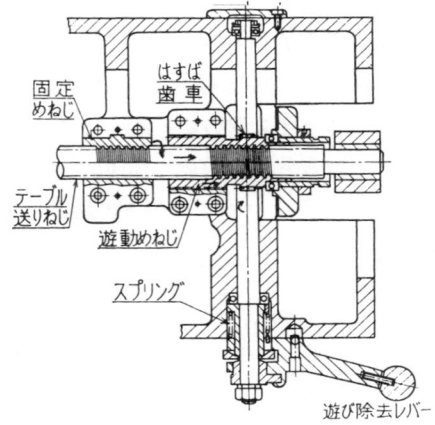

下向き削りは，加工物の取付けは簡単で仕上げ面は良好であるし，フライスの摩耗も少なく，また，動力の消費も少ないが，送り機構にわずかでも遊びがあれば，加工物がフライスに引き込まれてびびり，さらにフライスや加工物をいためることがある．したがって，7・119 図に示すような，遊び除去装置を設けたフライス盤が必要になる．

7・119 図　遊び除去装置

遊び除去装置は，テーブル送りねじにかみ合っている固定めねじ以外に遊動めね

じがあり，この遊動めねじがはすば歯車の回転によって移動し，固定めねじとの間で遊びを除くようになっている．はすば歯車は，テーブルの横側にある遊び除去レバーの回転によって回転する．

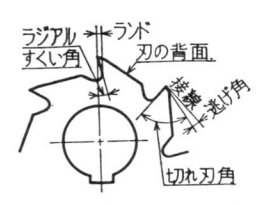

（ii）**フライス刃先の形状** フライスの刃先面も，一般の刃物と同様に，7・120 図に示すように，すくい角，逃げ角をつける．7・15 表は標準刃先角を示したものである．

7・120 図 フライス刃先の形状．

7・15 表 フライス標準刃先角(度)

加工物材料	生産用高速度鋼フライス		超硬正面フライス			
	ラジアルすくい角	逃げ角	ラジアルすくい角	外刃逃げ角	側刃すくい角	側刃逃げ角
銅合金	0〜10	4〜10	3	6	− 7	5
鋳鉄（硬）	8〜10	4〜7	3	4	− 7	3
鋼（普通）	10〜15	5〜6	− 8	4	− 7	3
鋼（硬）	10〜15	4〜5	−10	4	− 7	3

総形フライスは，偏心二番刃形といって，7・121 図のようにランドの幅を広くしてある．これは二番取り旋盤で削られる．この形の刃は上面をフライスの中心に向かうようにとげば，刃の形や逃げ角が変化しない．

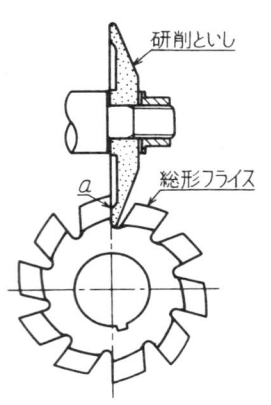

（iii）**フライス盤の切削速度** フライスの切削速度は，回転するフライスの刃先の周速度で表わす．フライスの直径を D(mm)，フライスの回転数を N(rpm)とすれば，切削速度 V(m/min)は次式で計算できる．

$$V = \frac{\pi DN}{1000}$$

7・121 図 総形フライスとその研削．

7・16 表は，一般に用いられる切削速度の標準を示したものである．

7・16 表 フライスの切削速度．(単位 m/min)

加工物の材質 \ フライスの材質	高速度鋼	超硬合金	
		荒削り	仕上げ削り
鋳鉄（硬）	24	30〜60	75〜100
可鍛鋳鉄	24	30〜75	50〜100
軟鋼	27	50〜75	150
硬鋼	15	25	30
黄銅（硬）	50	150	300

テーブルの送り速度 f(mm/min)は，フライス1刃当たり

の送りを s(mm) とし，フライスの刃数を Z，フライスの回転数を N(rpm) とすれば

$$f = N \cdot s \cdot Z$$

である．

切込み深さは，荒削りで 2 mm 以上，仕上げ削りでは 0.1～2.0 mm 程度である．送り量はフライスの耐久性を考え，削りしろの多い場合は切込みを深くしないで，送り量を大きくして何回も切削する．

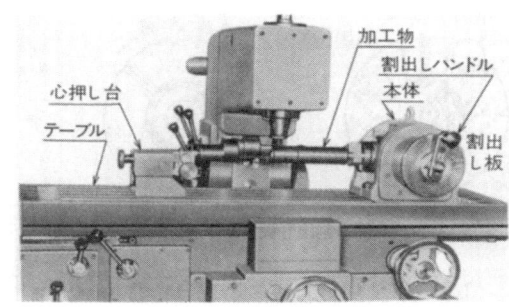

7・122 図　割出し台

(5) 割出し法　フライス盤でスプライン軸のみぞ（溝），ドリルのねじれみぞなどの切削をする場合には，加工物の外周を正確に等分しなければならない．このために，付属品に**割出し台**(index head) がある．

(i) 割出し台の構造　7・122 図は，割出し台の外観図を示したものである．本体にあるセンタは，本体内部の主軸のテーパ穴にはめられている．主軸には 40 枚のウォーム歯車が固定され，割出しハンドルのクランク軸に切られた一条のウォームと本体内部でかみ合っている．したがって，割出しハンドルを 40 回転すると主軸は 1 回転することになる．

7・123 図は，この間の関係を示したものである．

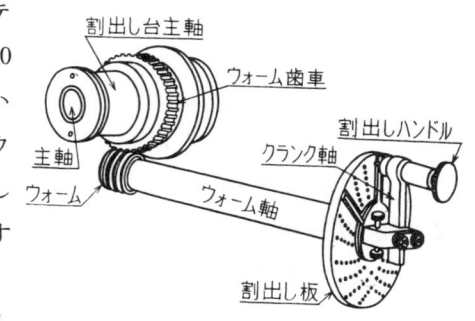

7・123 図　割出し台の内部構造．

(ii) 割出し法の原理　割出し法には，直接割出し法，単式割出し法，差動割出し法の三つがある．

(a) 直接割出し法　割出し台の直接割出し板には，ブラウン シャープ形のものでは 24 個の等分された穴があり，シンシナチ形では 24, 30, 36 個の穴があるので，割出しハンドルの位置決めピンによって主軸の位置を決め，四角，六角などの分割を行なう．

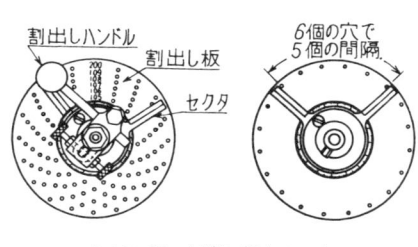

7·124 図 割出し板とセクタ.

7·17 表 割出し板の穴数.

ブラウンシャープ形	No. 1	15, 16, 17, 18, 19, 20
	No. 2	21, 23, 27, 29, 31, 33
	No. 3	37, 39, 41, 43, 47, 49
シンシナチ形	表	24, 25, 28, 30, 34, 37, 38, 39, 41, 42, 43
	裏	46, 47, 49, 51, 53, 54, 57, 58, 59, 62, 66

（b） **単式割出し法** これは，直接割出しで割り出せない数を割り出すときに用いる．7·124 図に示すようにクランクと割出し板を使って割り出すのである．割出し台は，7·17 表に示す数多くの穴をもった**割出し板**（index plate）を備えている．いま，ブラウン シャープ形1/40で，n；割出しクランクの回転数，N；割り出す数，$1/R$；ウォーム ギヤの回転比とすれば

$$n=\frac{R}{N}=\frac{40}{N}$$

割出し板の穴数を数えまちがえないようにするために，7·124図に示したような**セクタ**（sector）を用いる．

（c） **差動割出し法** これは，換え歯車の差動比を用いて割り出す方式で

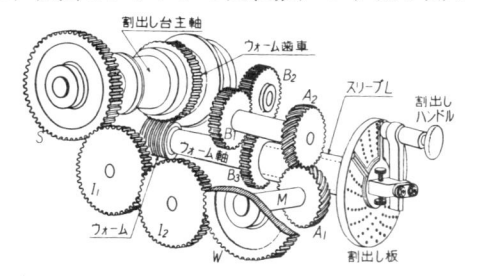

7·125 図 差動割出し台の機構.

ある．7·125 図はブラウン シャープ形割出し台の機構を示したものである．

8. 歯切り盤

歯車は鋳造，転造によって製作されるが，歯切り盤によって切削するものが最も多い．一般に使われる歯切り盤は，創成法によるものである．円に巻き付けた糸の一端を，ゆるめることなしにほどいていくとき，糸の

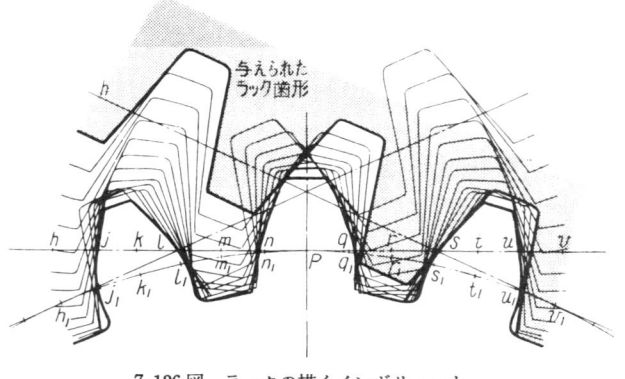

7·126図 ラックの描くインボリュート.

任意の一点が描く軌跡はインボリュート曲線である．これが歯形曲線として最も広く用いられている．創成法は，このことを応用し，刃物と歯車材とが互いにころがり運動をしながら歯形を創成するのである．7・126図に示すように，一つのラックのピッチ線が相手の歯車(歯車材)のピッチ円上をころがるとき，ラック歯の両側の直線によって描かれた線が歯車のインボリュート歯形になる．

 (1) 歯切りの方式 歯切り盤は，平歯車，はすば歯車，ウォーム歯車，およびかさ歯車などの歯を切削する工作機械であるが，切削方法にはつぎの種類がある．

 (i) 総形フライスによる方法 7・127図に示すように，切削すべき歯形をもった総形フライスを用いて，フライス盤によって加工をする．この場合，**歯車材(blank)** は割出し台によって1歯ごとに割出しを行なって切削する．

 (ii) 型板による方法 これは直接ならい切削法であって，切削すべき歯形と同じ型板にならって刃物が動く．このなかには，歯形曲線を近似円弧として，刃物に円弧状の運動を与えるものもある．

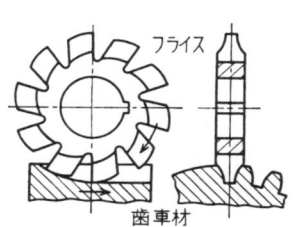

 (iii) 創成歯切り方法 これは，ピニオン形またはラック形刃物を用い，しかもこれら2個の歯車がつねにかみ合うように，歯車材と刃物に適当な速度比をもつ運動を与える歯切り方法である．

7・127図 総形フライスによる方法．

これにはホブを用いる方法，ピニオン形カッタを用いる方法，ラック形カッタを用いる方法などがある．7・128図は，創成歯切り用の刃物を示したものである．

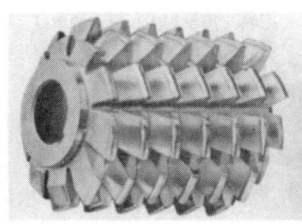

(a) ホ ブ　　　(b) ピニオン形カッタ　　　(c) ラック形カッタ
7・128図　創成歯切り用刃物

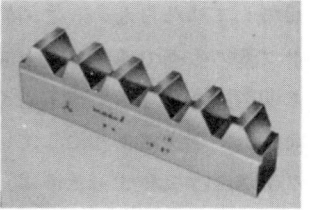

 (2) ホブ盤(hobbing machine) これは，**ホブ**(hob)を用いて，平歯車，はすば歯車，ウォーム歯車，スプライン軸，鎖歯車などを切削するものである．ホブ

は回転しながら送られ，歯車材も回転しながら連続的に切削されるので，強力で高精度の歯車を切削することができ，しかも生産的な切削法である．

(ⅰ) **ホブ盤の種類と構造**

ホブ盤には，立て形と横形とがある．7・129 図は，一般的な立て形ホブ盤を示したものである．ホブ盤には，構造上，つぎの四つの運動が必要である．すなわち

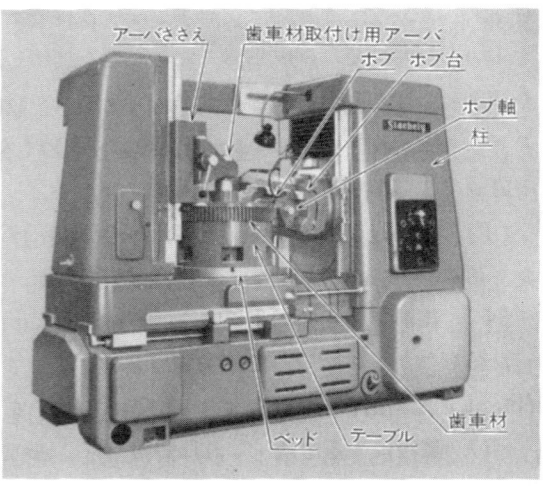

① ホブの回転．
② ホブの送り．
③ テーブルの回転．
④ はすば歯車切削用差動歯車装置

7・129 図 立て形ホブ盤

7・130 図は，立て形ホブ盤の運動系統を示したものである．

ホブ盤では，ホブが1回転する間にテーブルを正確に1ピッチぶんだけ回転させなくてはならない．この回転の精度がホブ盤の生命である．また同時に，ホブに切削送りを与えて歯車材の歯すじの方向にホブを送るようにしている．これらの運動を行なわせるために，**歯数割出し換え歯車**の組合わせと**送り換え歯車**の組合わせを適当に選定しなくてはならない．

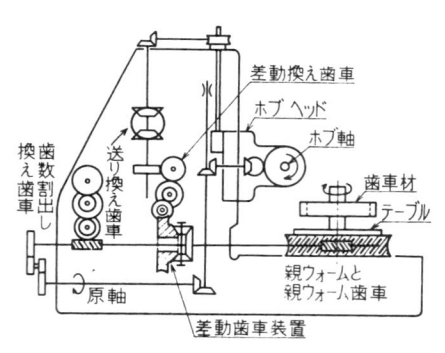

1. 歯数割出し　原軸→歯数割出し換え歯車→親ウォーム→親ウォーム歯車（テーブルの回転）→歯車素材の回転．
2. ホブ軸の回転　原軸→かさ歯車→ホブ軸の回転．
3. ホブの送り　原軸→歯数割出し換え歯車→送り換え歯車→送り（ホブヘッドの上下）．

7・130 図　ホブ盤の運動系統．

また，はすば歯車，ウォーム歯車を切削するには，歯車材のリードに適合するように，**差動換え歯車装置**によって歯車の組合わせをしなくてはならない．

歯切り盤の能力は，一般に切削しうる歯車材の最大径で表わす．

(ii) ホブと切削送り

(a) ホブの取付け ホブは，7・131 図(a)に示すように，ウォームの形をしたもので，その表面のねじのねじれに直角に，何条かのみぞ(溝)を切り，フライスの刃のように二番を落として切れ刃としたものである．

ねじ山に直角な平面で切ったウォームの断面形は，ラックになっている．したがって，ホブが回転すると，ラックに相当する歯形が連続的に歯車材のピッチ円の接線方向に移動することになる．平歯車切削のときは，同図(b)に示すように，ホブを**ねじれ角**だけ傾けて取り付け，ウォームとウォーム歯車のかみ合いと同じ関係にして歯車材にインボリュート歯形を創成するのである．7・132 図は切削中のホブを示したものである．

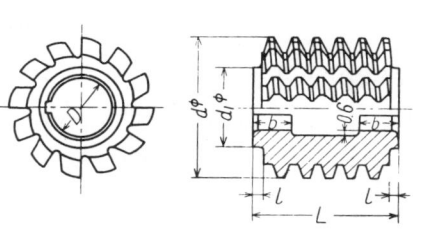

(a) ホブのラック形断面．

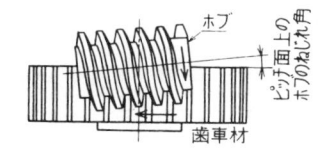

(b) 取付け角

7・131 図　ホブのラック形断面と取付け角．

7・132 図　切削中のホブ．

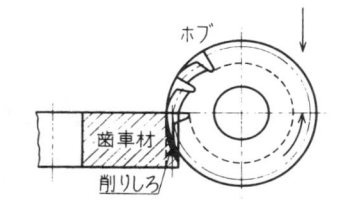

(a) 上向き削り

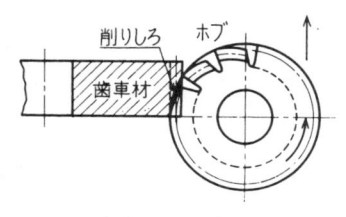

(b) 下向き削り

7・133 図　ホブの切削送り．

歯車と歯車がピッチ線で接しながらかみ合っているとき，力が伝わる方向を示す角度を圧力角（JIS では標準が 20°.）というが，これが同じであれば，歯数に関係なしに同一のホブで切削できる．

(b) ホブの切削送り 平歯車の切削の場合は，7・133 図に示すように，上向き削りと下向き削りの二つの方法がある．前者は切削が歯底から外径に進むので，切

り粉は初めに薄く，しだいに厚くなる．そのため切り粉がホブの刃先について，加工面を傷つけやすい．後者は切り粉が下に落ち，加工面が美しい．またホブの寿命が長く，重切削やかたい材料に有利である．しかし，送りねじや歯車装置の遊び(bach lash)を取り除くことが必要である．最近では下向き削りが多く用いられている．

（c）**ウォーム ホブの切削送り**　ウォーム歯車の切削には，7・134 図に示したようなウォーム歯車用ホブを使用する．ホブの径，ピッチ，ねじれ角，口数などは，そのウォーム歯車とかみ合うウォームとまったく同じである．したがって，ホブはウォームに応じて製作される．

種類は**円筒ホブ**(straight hob)と**テーパ ホブ**(tapered hob)があり，一般に使われるのは**柄つきホブ**であるが，径の大きなものにはふつうのホブのようにボス穴があいている．

円筒ホブによる切削は，7・135 図に示すように，ウォーム歯車の半径方向に，ホブを歯切り深さだけ送って切削する．

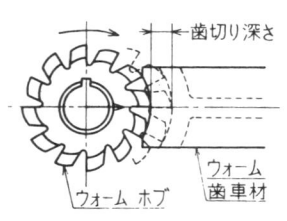

テーパ ホブによる切削は，7・136 図に示すように，大径の部分が歯の全深さの位置にくるように置いて，ホブが接線方向へ移動するにつれて切込み深さが増大し，ついに規定深さの切削を行なって歯形を形成するものである．とくにねじれ角の大きいウォーム歯車の切削に有利である．

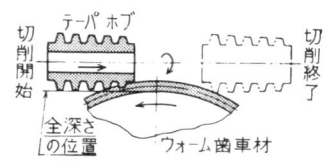

（iii）**歯数割出しの計算**　割出し計算は，歯車材の歯数から，各ホブ盤特有の公式で計算する．

ホブで平歯車を切削する場合は，ラックと小歯車のかみ合いと同じ状態で創成する

（a）ウォーム ホブ

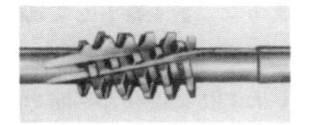

（b）柄つきウォーム ホブ

（c）テーパ ホブ

7・134 図　ウォーム ホブ

7・135 図　ウォーム ホブによる切削．

7・136 図　テーパ ホブによる切削．

のであるから，1 口ホブが 1 回転すると，ラックが 1 ピッチだけ移動することになり，歯車材，すなわち小歯車には 1 ピッチだけ回転が与えられなければならない．

旋盤でねじ切りをするとき，親ねじの固有ピッチと同様に，ホブ盤では，ホブ軸とテーブルとの回転比を**割出し定数**といい，たとえばライネッカ，ファウタ製のホブ盤では 20 という数値になっている．

四段掛けの歯数割出し換え歯車は，つぎの式から求められる．

$$\frac{n \times 割出し定数}{Z} = \frac{a}{b} \times \frac{c}{d} = \frac{原軸歯車の歯数の積}{縦軸歯車の歯数の積}$$

式中 n；ホブの口数（ふつうは 1.），Z；歯車材の歯数，a, b, c, d；換え歯車の歯数である．

（3） ラック形カッタを用いる歯車形削り盤　7・137 図のような**ラック形カッタ**で歯切りを行なう歯車形削り盤には，**マーグ歯切り盤**(maag gear shaper)と**サンダランド歯切り盤**(sunderland gear planer)がある．

マーグ歯切り盤は，7・138 図に示したように，立て削り盤に似ている．ラック形カッタと歯車材とが理想的にかみ合うように，歯車材に直線送りと回転送りを与え，カッタには上下方向の往復運動を与える．

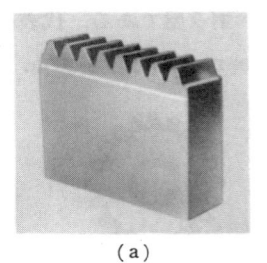

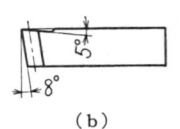

下向き行程で歯切りを行ない，上向き行程のときに，歯車材は横方向に切削位置決めのためのころがり運動をするようになっている．

また，ラック形カッタの歯数が歯車材と同じ歯数のとき，テーブル 1 回転で歯切りは完了するが，ふつう，長さに制限があるので，1 歯または数歯の切削が終わると，テーブルは歯切り前の位置までもどり，つぎの歯切りを行なう．7・139 図は，

7・137 図　ラック形カッタ

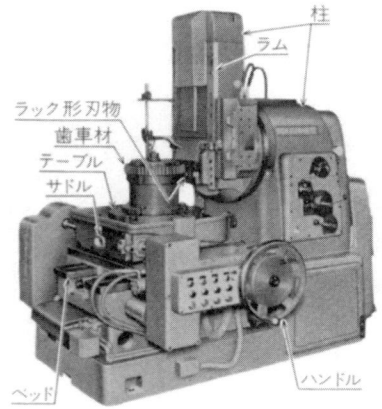

7・138 図　マーグ歯切り盤

7·139 図　はすば歯車の切削． 　　　　7·140 図　フェロース歯切り盤

はすば歯車の切削状態を示したものである．

（4）　**ピニオン形カッタを用いる歯車形削り盤**　歯車の歯形と等しい形状のピニオン形カッタで歯車を切削する歯車形削り盤である．代表的なものに，7·140 図に示す**フェロース歯切り盤**(fellows gear shaper)がある．

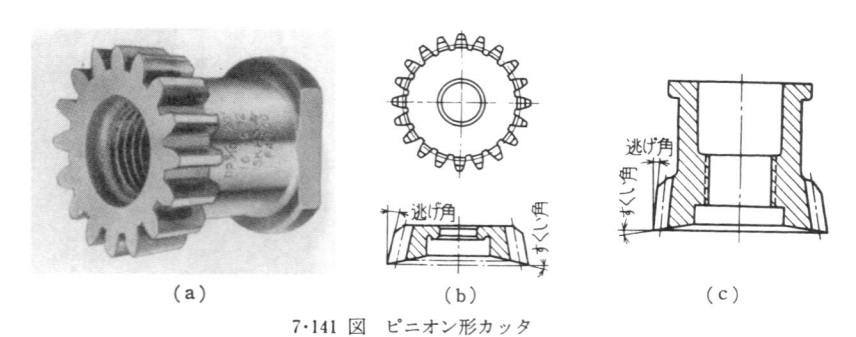

(a)　　　　(b)　　　　(c)

7·141 図　ピニオン形カッタ

7·141 図は，フェロース歯切り盤に用いる**ピニオン形カッタ**(pinion cutter)を示したものである．切れ刃はインボリュート曲線であるが，歯幅の方向に逃げ角（二番）が与えられている．

カッタと歯車材の往復運動とによって歯切りが行なわれて，テーブルが 1～3 回転すると加工が完了する．ホブ盤で加工できない内歯車や段付き歯車の切削ができる．はすば歯車は，ピニオン形カッタをヘリカルガイドにそってねじれ運動をさせ

7・142 図　はすば歯車の切削．  　　　　7・143 図　かさ歯車 　　　　7・144 図　ねじ歯車

ながら，上下運動をさせて切削する．7・142 図はその切削加工の状態を示す．

（5）**かさ歯車歯切り盤**　かさ歯車には，7・143 図に示すような，すぐ歯かさ歯車のほかにまがり歯かさ歯車があるが，いずれも歯の両端で歯形が異なっているので，平歯車とは違った歯切り法がとられる．

ラック形カッタを用いて平歯車を創成することは，すでに述べたが，これと同じ考えかたでかさ歯車を創成することができる．ただ，この場合は，多数の歯をもつラック形カッタを用いないで，ラック1歯の片側の形をもったカッタが 1〜2 個あって，これが往復して歯形を仕上げてゆく．7・145 図は，カッタと歯車の素材が創成運動をして，互いにころがりながら歯形が仕上げられてゆく過程を示したものである．この場合，カッタは紙面に直角方向に往復運動をすることによって歯形を切

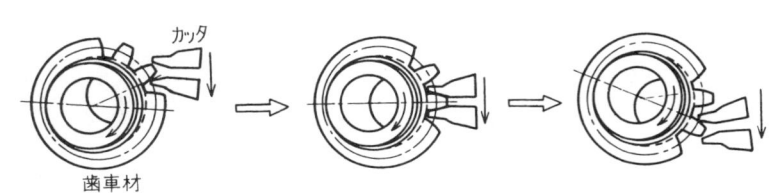

7・145 図　かさ歯車の切削

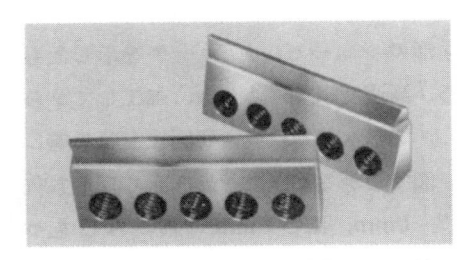

7・146 図　かさ歯車切削用カッタ（グリーソン式） 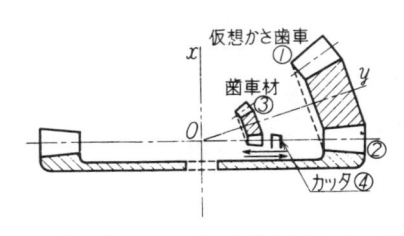　　　7・147 図　グリーソン式かさ歯車歯切り盤の原理．

7・148 図　グリーソン式かさ歯車歯切り盤の切削状態.

削する.

7・146 図は，グリーソン式のかさ歯車切削用カッタを示したものである．

グリーソン式かさ歯車歯切り盤の切削運動機構はつぎのとおりである．すなわち，7・147 図に示すように，円すい（錐）の頂角 180° の平面かさ歯車 ② にかみ合ってころがる仮想かさ歯車 ① があって，両者の軸を Ox, Oy とする．歯車材 ③ は仮想かさ歯車①と同一軸上に固定されている．カッタ ④ は平面かさ歯車とともに回る．こうして①と②のかみ合いと同じ状態のかみ合い運動を ③ と ④ との間に行なわせることができる．すなわち，カッタ ④ の往復切削運動によって ③ のかさ歯車が創成されるのである．7・148 図は，実際の切削状態を示したものである.

（6）　**歯車のシェービング**　歯切り盤によって創成された歯の切削面は，正確な歯形曲面でなく，辺数の多い多角形と考えられる．この歯面をなめらかにし，かみ合い性能を向上させ，加工精度のよい歯車を多量に生産するには，**シェービング**(shaving) 加工が行なわれる．7・149 図は**シェービング盤**を示したものである．この大きさは，シェービングしうる歯車の最大ピッチ径と最大歯幅で表わす．

7・149 図　シェービング盤

7・150 図　シェービング カッタ
（ピニオン形）

（i）　**シェービング カッタ**　7・150 図は，ピニオン形のシェービング カッタを示したものである．高速度鋼でつくられ，加工してから焼入れし，焼きもどしの後，研削仕上げが施してある．図でわかるように，歯形面の直角方向に幅 0.7～1 mm，深さ 1 mm の細いみぞをつくりこれを切れ刃としている．切れ刃には，す

くい角や逃げ角はなく，なめらかで丸味をもっている．

(ii) **シェービング** シェービングは，カッタと，仕上げようとする歯車を軸角 8〜12°でかみ合わせ，軽く押しつけて軸方向の送りで切削する．カッタの円周速度は 100〜130 m/min で，仕上げしろは歯厚で 5/100〜10/100 mm 程度である．

切り粉を完全に流し去るように良質の潤滑油を用い，一般にケースの中で行なうようにしている．

シェービング仕上げは，歯面に焼きの入っているような，かたさの大きい歯車の仕上げに用いることはない．こういう歯車の仕上げには，後で述べる歯車研削盤で研削仕上げをする．

9. ブローチ盤

ブローチ盤 (broaching machine) は 7・151 図(a)に示すような多角形の穴，スプライン穴，キーみぞ(溝)などを，同図(b)に示すような **ブローチ** (broach) と呼ぶ直列に平行な多数の刃を連ねた長い工具を使って，1回の切削で短い時間に能率よく，また高い精度で工作するものである．穴の仕上げばかりでなく，外面を仕上げる表面ブローチ削りも行なわれている．

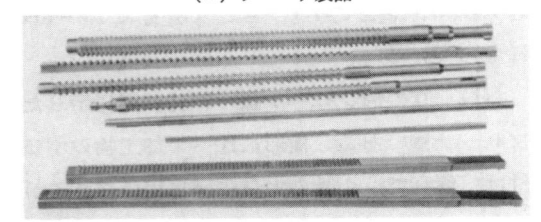

(a) ブローチ製品

(b) ブローチ

7・151 図　ブローチ製品とブローチ．

(1) ブローチ盤の種類と構造　ブローチ盤には，引抜き式のものと押抜き式のものとがある．比較的細くて長いブローチを動かすときは **引抜き方式** を用い，太くて短いブローチの場合は **押抜き方式** を用いる．

ブローチを駆動するには，ねじによるもの，ラックとピニオンによるものなどもあるが，油圧式のものが多く用いられている．

ブローチ盤の形式は，ブローチを水平に動かすか上下方向に動かすかによって，

横形ブローチ盤と立て形ブローチ盤とに分けることができる．

ブローチ盤の大きさは，最大引張り力とブローチを取り付ける部分の行程の長さで表わす．

(i) **横形ブローチ盤** 7·152 図に示したのは，油圧式の横形ブローチ盤である．この形のものはブローチ削りの操作や機械の点検が容易で，運転も安定している．7·153 図は，横形ブローチ盤の油圧機構を示したものである．

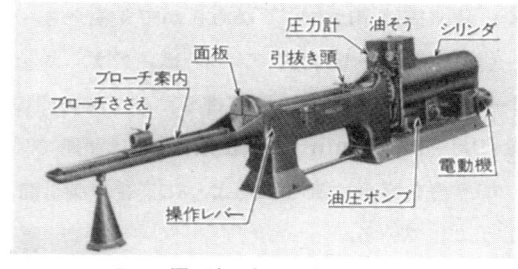

7·152 図　油圧式横形ブローチ盤

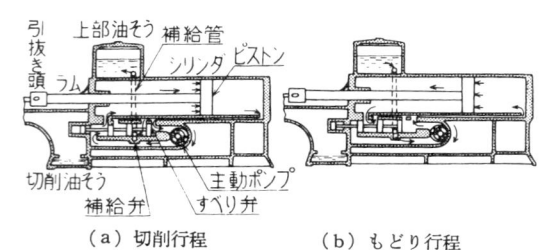

(a) 切削行程　　(b) もどり行程
7·153 図　油圧機構

ブローチ盤の切削速度は 5〜10 m/min 程度であり，もどり速度は 15〜40 m/min くらいになっている．

(ii) **立て形ブローチ盤** 7·154 図に示したのは，立て形ブローチ盤である．横形に比べて加工物のすわりがよく，取付けに便利で，小物の大量生産に用いられるが，機械の高さが大きいのが欠点である．

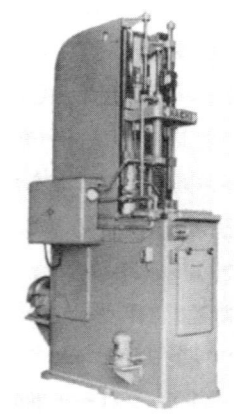

(2) **ブローチ**

(i) **ブローチの各部の名称** ブローチの形状には種種あるが，最も多く用いられるのは，7·155 図に示すような引抜きブローチである．ブローチはほとんど高速度鋼でつくられている．

7·154 図　立て形ブローチ盤

切削歯を中間にはさんで，両端にシャンクがある．前方のシャンクは，ブローチ盤に取り付けるのを容易にしたり，前加工の下穴にブロ

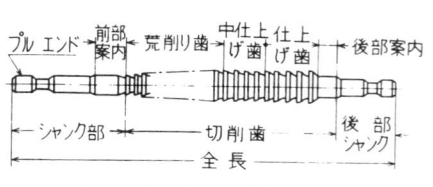

7·155 図　ブローチ各部の名称．

ーチを案内する役目をする．後方のシャンクは，最後の歯で切削を終わるまでブローチをささえるために設けてある．切削歯の部分には多数の歯があるが，荒削り用のはじめの歯は下穴とほぼ等しい外径につくられている．歯は中仕上げ，仕上げとしだいに外径が大きくなり，最後に製品の寸法にあう歯がついている．

(ii) ブローチ切れ刃の形状 7·156 図は，ブローチの歯の形状を示したものである．歯は丈夫であり，切り粉の逃げ場所をもつことが必要である．平行ランドはとぎ直しの場合に寸法が変化しないためのものである．みぞは切り粉を逃がす部分で，底アールに添って渦巻き状に出るようにしてある．

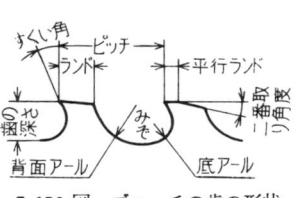

7·156 図 ブローチの歯の形状．

ブローチのピッチは，一般に加工物の長さから算出する．ブローチに加わる力の変動を防ぎ，びびりをなくして，なめらかな仕上げ面をつくるために，歯がつねに 2～3 枚かかるようにしてある．

ふつうピッチは，$(1.5～2)\sqrt{切削長さ(mm)}$ で算出する．加工物の材質がやわらかいときは小さい値をとり，かたいときは大きい値をとる．ピッチを変化させることによって，振動をなくすることができるので，ふつう 0.1～0.5mm ずつ変化させて，しだいに大きくする．

(iii) ブローチの切込み量 ブローチの歯の切込み量は，加工物の材質，穴径，機械の行程，製品の精度などによって決める．7·18 表に，鋼，鋳鉄，アルミニウムに対する 1 歯当たりの切込み量を示した．

7·18 表 ブローチ歯の切込み量．

ブローチの種類．	1歯当たりの切込み量．(mm)
丸穴ブローチ	0.05
キーみぞブローチ	0.09
多みぞブローチ	0.06
角および異形穴ブローチ	0.075

8
数値制御加工

機械工作では以前から絶えず加工の能率化が叫ばれ，製品の大量生産となれば，そのためのジグ，取付け具の設計・製作にそれなりの努力がなされてきた．しかし昨今の能率化は油圧・空気圧および電気の新技術が機械工作と融合して，より高度なものとなり，その進歩については目を見張るものがある．従来の少品種大量生産には工作機械の専用化・自動化が計られて省力化に拍車がかかり，多品種少量生産には汎用工作機械が用いられるのが一般的で，とくに精度の高い複雑な部品の生産には熟練した人材が必要とされていたが，当今は中量生産にも向く高能率な工作機械として**数値制御**(numerical control：NC)**工作機械**が開発された．これはあらかじめ数値化したテープなどに作業順序を記憶させて**NC装置**に読み取らせ，その順序どおりに自動的に加工していく工作機械である．現在，旋盤・ボール盤・フライス盤などについてはもちろんであるが，その他型彫り放電加工機，ワイヤカット放電加工機など広範囲に用いられている．また自動工具交換装置をもったNC複合工作機械であるマシニング センタやターニング センタがつくられている．その後，コンピュータを内蔵した(テープのいらない)**CNC**(Computer NC)や，多数のNC機を1台のコンピュータで集中管理する**DNC**(direct NC)などが開発され，いまでは，NC工作機械といえば，CNCのそれをさすようになっている．

8・1 機械加工の能率化

1. ジグ，取付け具

機械部品を能率的に加工するために，工作物を工作機械のテーブルに正確に手早

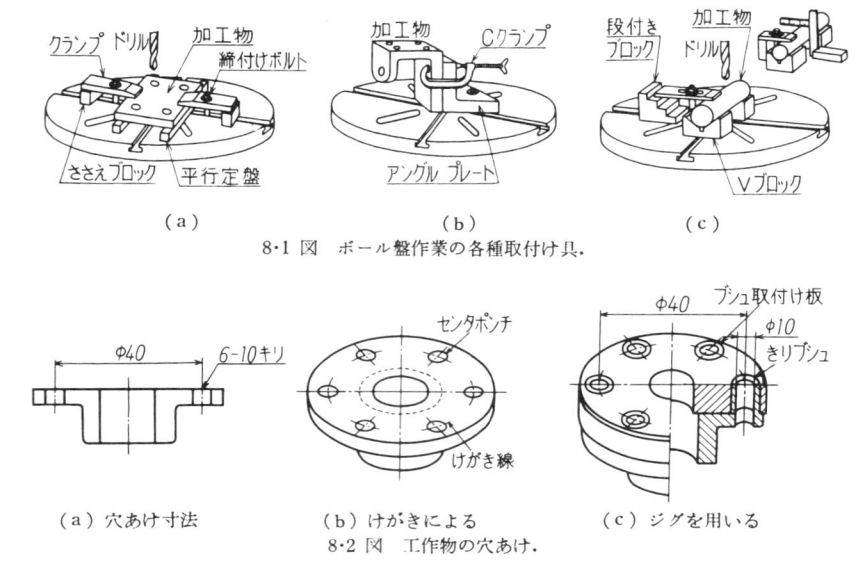

8・1 図　ボール盤作業の各種取付け具.

8・2 図　工作物の穴あけ.
(a) 穴あけ寸法
(b) けがきによる
(c) ジグを用いる

く取り付けたり取り外したりすることができる取付け具や，正確な加工ができるように工具の案内部をもったジグ（jig）が使用されている．取付け具（fixture）やジグはそれぞれ別別の目的を持っているが，同種類の部品を多量生産する場合などではその区別は明瞭でなくジグ，取付け具が一体になったものも多い．8・1 図はボール盤作業の各種取付け具の使用例である．8・2 図（a）のような工作物に多くの穴あけをする場合，製造個数が少ない時は一個ずつけがきをして穴あけをするが，多量の場合はそれでは手数がかかるし正確な穴あけがむつかしくなるのでそのようなときには同図（c）に示すようなジグを使用する．一般にジグを使用する利点は，

① けがきの工数が省け，けがき誤差の影響をうけることがない．
② 不良品が減るので材料や工費の無駄がはぶけ，手直し作業がなくなる．
③ 一部の検査を省くことができ，次の作業を能率化する．
④ 熟練を必要とする作業が減り，作業時間が短縮できる．
⑤ 互換性部品が得られるので，組立てや修理が円滑にできる．

2. ジグの種類

ジグは主として切削加工のときに用いられ，その部品の加工方法によって多種多様であるがその構成要素には基盤・工作物や工具の位置決め・締付け・案内・ささ

え・たたき出し等がある．8・3図には基盤の種類を示しているがこれは各種のジグを取り付ける母体となるもので，鋳鉄で作られている．鋳鉄は加工も容易であるし打ち痕もかえりがでないので着座面にもよい．工作物の位置決めはジグの重要な要素であり，工作物の底面・側面穴など精度のでやすいところが基準になる．この工作基準部が平面の場合には，8・4図（a）のような位置決めピンを用い，これに基準面をあてて位置決めをする．（b）は穴を基準部にした穴あけジグの例である．

（a） Tみぞ付きプレート　　（b） Tみぞ付きアングルプレート　　（c） マシニングセンタ用

8・3図　各種の基盤．

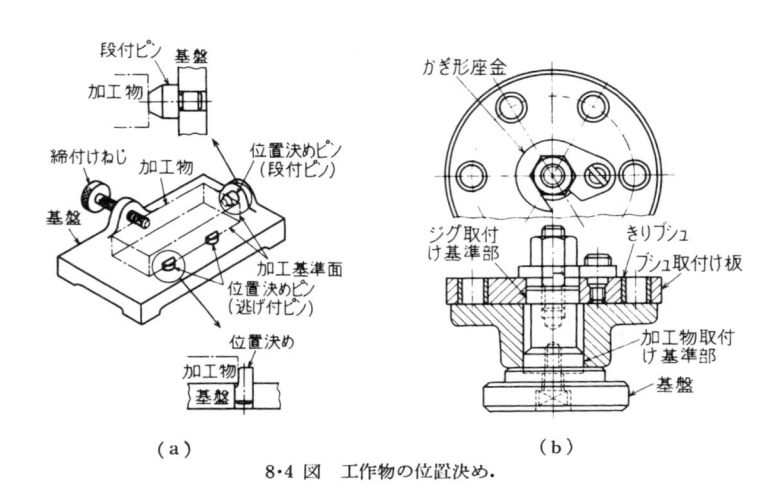

（a）　　（b）

8・4図　工作物の位置決め．

工作物を締め付けるにはねじ・リンク・カム・ばねのほか油圧・空気圧で行なうこともある．8・5図はカム・ねじによる締付けの例であり，8・6図には空気圧利用による締付け具の一例を示す．また8・7図のシャコ万力やマシンバイス等は締付け具として万能であり，口金の改造によって幅広く活用できるものである．ジグでは

切削工具の位置決めもまた重要である．

ジグは切削工具を正確な位置に案内するもので8・4図（b）の穴あけジグの例では，ドリルの位置決めはブシュが行なうようになっている．またきりブシュには固定ブシュとさしかえができる差込みブシュがある．

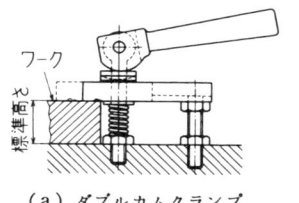

(a) ダブルカムクランプ

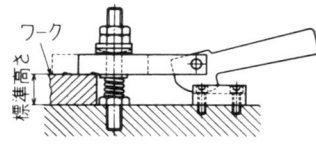

(b) シングルカムクランプ

(c) ねじ付きクランプ

8・5図　締付け具の例．

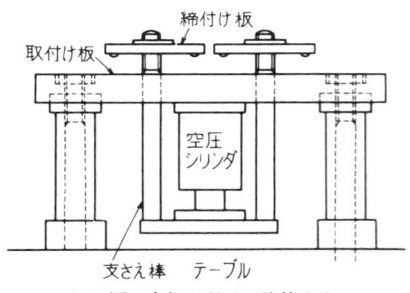

8・6図　空気圧利用の締付け具．

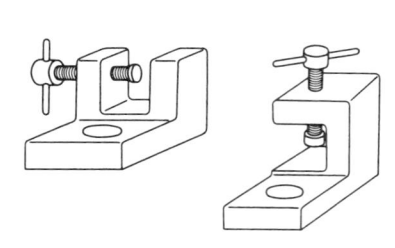

(a) シャコ万力

3.　ジグ・取付け具の活用と経済性

ジグを用いる目的は，指定された精度のものを安価に生産することにある．ジグ中ぐり盤など高級な工作機械では間接費も加工費も高価になるので，ジグを作って経済的な設備機械で所要の精度のものを生産する．標準的な製品を多量生産する場合は無条件でジグを用いるが，個数を限られた生産の場合には次

(b) マシンバイスとガイドストッパ

8・7図　マシンバイスとシャコ万力

の式によってジグを用いるかどうか試算をする必要がある．

加工費による利益の総額 P は

$$P = W \times (T-t) \times N$$

加工費とは（1分間当りの賃金）×(間接費率)×(1個当りの加工時間／分)

W…賃率＝(1分間当りの賃金)×(間接費率)

T…ジグを使用しない時の1個当りの加工時間(分)

t…ジグを使用した時の1個当りの加工時間(分)

N…生産総数

この式によって生産数が多い時には相当高価なジグを準備することができるが，生産数が少ない時には簡単なジグにするとか共用できるジグにするとかを考えなくてはならない．

8・2　工作機械の専用化と自動化

1.　生産方式の多様化

機械加工の進歩の経過をみてみると，最初は汎用の単純工作機によって工作が行なわれていたものが，次第に熟練者によって万能工作機で生産されるようになり，多量生産の傾向に従って簡単なジグを使い互換性部品の生産が行なわれるようになってきた．その後次第にジグの整備が進められ，汎用工作機で未熟練者でも良質の部品生産ができるようになった．

また，生産量が増加してゆくと，機械に特定のジグを付けたまま同一部品の加工を続けるようになるから，回転も送り速度も変える必要がなくなり，汎用工作機よりも簡単な構造でジグまで含めた専用機が特製されるようになった(8・8図は専用機の一例)．

専用機は操作が簡単になるので自然自動化される傾向になってき

8・8 図　専用機の一例（3方向64軸穴あけねじ立て盤）．

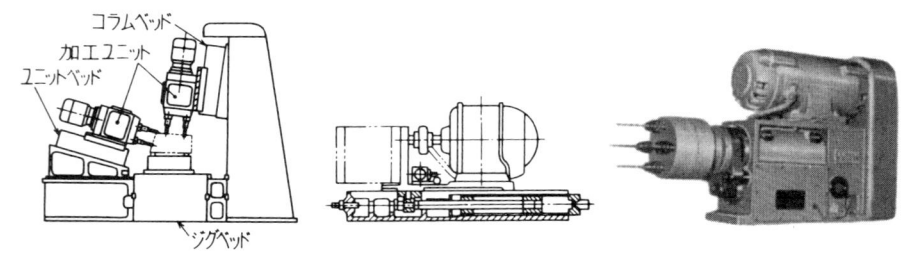

(a) 基礎ブロック　　　(b) 油圧式送りユニット　　　(c) 加工ユニット
8・9図　専用機の構成要素.

た．現在の少品種大量生産方式ではこうして自動化工作機械を使うことが非常に多くなってきている．

2. 多品種少量生産方式

工作物の加工内容が常にかわるような場合には，工作機械に融通性が求められることになって，一般には汎用工作機械が多く使われている．すなわち多品種少量生産の場合には自動化が困難のようである．しかしただ製品は多種であっても，生産工程のみを考えた場合には加工機能が限定されて，同種とみなされるような場合には，量産化の条件が整って自動化への足がかりになった．

3. 専用工作機械

加工数量が多く，部品の形状や寸法が一定している場合には，機械の融通性や加工の段取りの変更などの必要がないので，その部品の加工に適した機構をもった専用の工作機械を使うことになり，従って加工能率も増大した．また取付け，取外し，運搬等についても容易に自動化できる長所もあるために多量生産の分野では主流を占める工作機械に発展した．

専用機では穴加工・面加工が普通主であるが旋削加工を行なうことができるものもあり，工作物の大きさ・形状・加工箇所・生産量などによって種々の形式のものが作られ，8・9図のような基礎ブロック・加工ユニット・流体圧機構などを適当に組み合わせたものが使われている．

工作物の大きさにもよるが8・10図に示すような1台で1工程の加工をする専用機としては最も簡単な1ステーション機械と2工程以上の加工をする多ステーション機械とがある．1ステーション機械には，加工ユニットが一方向からのもの，左

8・2 工作機械の専用化と自動化

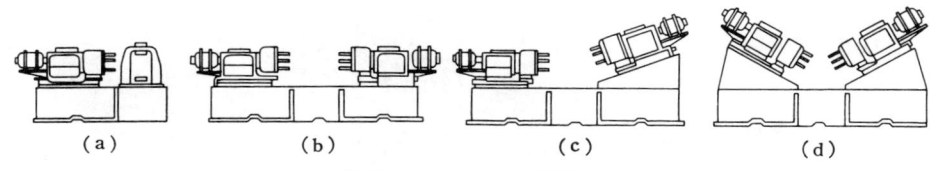

8・10 図　1ステーション機械

8・11 図　トランスファマシン（多ステーション機械の一例）

右二方向からのもの，左右と上方向の三方から加工できるものなどがある．8・8 図は三方向から加工する 1 ステーション機械の例である．

8・11 図は多ステーション機械の一例である自動車製造工場などに用いられている**トランスファマシン**(transfer machine)を示す．この機械は工程も加工箇所も多い複雑な工作物をいくつかの工程に分割したり，加工箇所も同時に加工できる程度に分割して，各分割ごとの加工を受持つ専用機を，加工順序に従って一定間隔に並べ，各ステーションにおける加工が全部終了したのを合図に，工作物を 1 ステーションだけ移動して固定し，次々に全部の加工を完了させる方式の専用機群である．また 8・12 図は，インデックステーブルを用いてテーブルの上の専用ジグに工作物を取付け，順次テーブルの割出しを行ないながら加工してゆく**ダイヤルマシン**(dial machine)で，小形部品加工の専用機として多く用いられている．

8・13 図 (a) にはダイヤルマシンのテーブル軸を 90°倒して横型にして，テーブルのかわりにドラムの外側に取り付けた工作物を加工する**トラニオンマシン** (trunnion machine) を示す．これによると加工困難な工作物の裏面の加工ができる．

同図（b）はトラニオン型のインデクスヘッドである．

4. 工作機械の自動化

工作機械で加工をするときその生産性の向上と生産原価の低減については自動化する意義は極めて大きい．また，自動化によって生産された部品は，その品質も高く，均一性も得られる．部品の加工精度は加工の段取りや機械の操作上作業者の判断による誤差の積み重ねが直接の原因であるから，自動化することによってこうした誤差はなくなり均一な品質のものが得られるのである．このために原価も安くなる．

自動工作機械の代表機種は何といっても自動盤あるいは専用機である．8・14図は自動旋盤の一種であるが自動工作機では，取付けられた工作物は加工工具に対して順序よく定められた相対運動

8・12 図　ダイヤルマシン

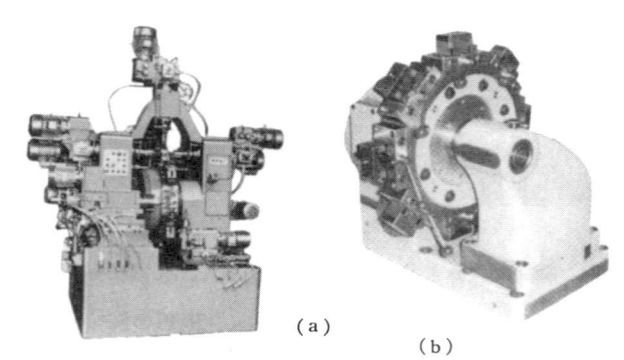

8・13 図　トラニオンマシン

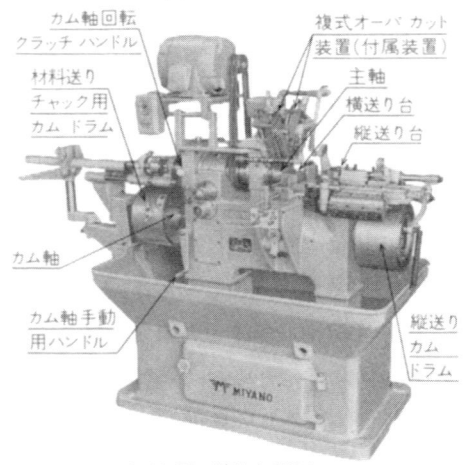

8・14 図　単軸自動旋盤

（シーケンス運動）を行ない，順々に素材の不要部分が削り取られ，仕上げられてゆく．自動工作機では加工素材の供給・取付けも自動化され始動スイッチを押すと一定の加工が行なわれ，加工が終了するとはじめの状態に戻って停止するようになっている．

5. 自動化工作機械の一例（自動旋盤）

自動旋盤（automatic lathe）は大量生産に用いられ，加工時間を短縮するために，工作物の取付け，取外しなどの段取りが自動的に行なわれるようになっている．その用途によって，センタ作業用，チャック作業用，棒材加工用の3種があるが，主軸の数によっても単軸自動旋盤と多軸自動旋盤に分けられている．

単軸自動旋盤は，1本の主軸中から素材を供給し，自動的に加工を継続するもので，小形部品の量産用に適している．**多軸自動旋盤**は，横形のものでは数本の水平な主軸があり，全加工を主軸と同数の工具群に分配し，同時に数個の加工物を切削し，受持ち工程が終わればいっせいに主軸がつぎの位置に移動し，つぎの工具群によって加工されるもので，単位時間の生産量が大きい．

（1） 自動旋盤の動力伝達機構 動力の伝達は，8・15図（a）に例を示すように，まず電動機からVベルトをへて主軸を回す．**主軸**には主軸ウォームがついており，ウォーム ホイールと組み合って，同図(b)に示すようにクラッチ軸を回転させ，換え歯車を介してハンドル軸を回転させる．そしてハンドル軸のウォームとカム軸のウォーム ホイールによって**カム軸**を回転させる．

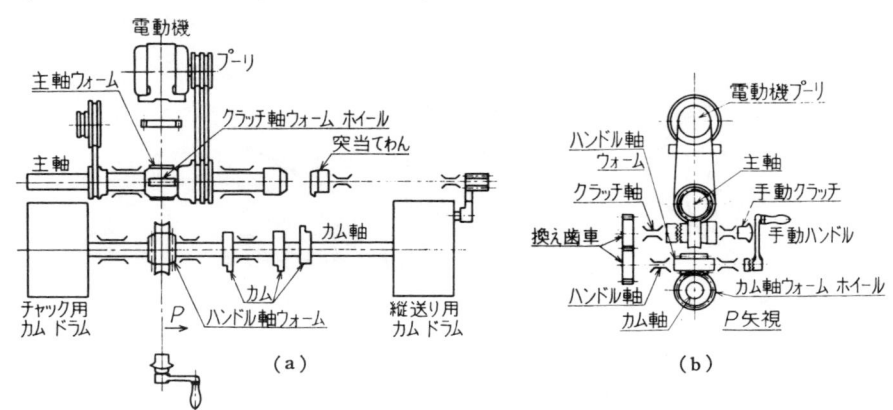

8・15図　自動旋盤の動力伝達機構．

自動旋盤は，この1本のカム軸に取り付けられた多くのカムやドグによって，刃物台の運動，主軸回転数の変換，棒材の締付け，送込みなどが，一定の順序で行なわれ，カム軸が1回転する間に加工物が1個完成する．主軸の回転数に対しカム軸の回転数は数百分の一にしてある．

(2) 横送り台 8・16図は，横送り台の運動機構である．カム軸の回転によって，横送りレバーが時間的な差をもって作動し，刃物台を相前後して前進，後退させる．刃物台の前進する距離はカムによって定まる．カムは，8・17図に示すような形状につくられている．前進，後退の時間は短く，切削は最大切込み量まで徐徐に行なうように設計されている．

(3) 付属装置 8・18図は，オーバカット装置を示したものである．この刃物台も横送り台に似た機構で，カム軸の指示に従って動作を繰り返しながら順次切削を行なう．これはより複雑な作業に適応するためと，刃物の寿命時間をそろ

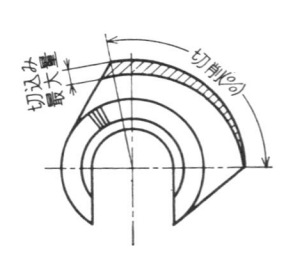

8・16 図　自動旋盤の横送り台．

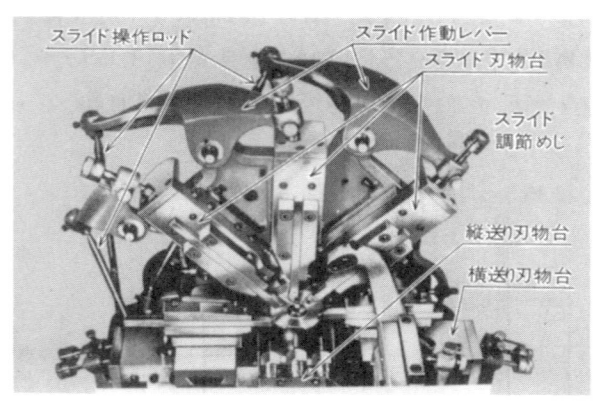

8・17 図　横送り用カム　　　8・18 図　複式オーバカット装置

えるなどの目的で設計されたものである．

(4) その他の自動旋盤　以上述べた方式は，すべて機械的にカムで操作する方式であるが，最近は油圧を利用するものが多くなった．これは各種の加工物に対し

て，ドグや停止片の位置を調整するだけで，カムを取り換える必要がない．

8・19 図は，油圧式の単軸自動旋盤の一例を示したものである．

8・3 NC 工作機械

NC（numerical control）とは数値制御のことをいい，**NC 工作機械**（numerically controlled machine tool）とは，汎用機械である旋盤やフライス盤などに **NC 装置**（numerical control unit）を取り付け，刃物の回転や工作物の位置を正確に動かして加工する工作機械をいう．JIS では，"工具と工作物との相対運動を，位置，速度などの数値情報によって制御し，加工にかかわる一連の動作をプログラムした指令によって実行する工作機械"と定義されている（JIS B 0105）．

NC 工作機械は 1952 年，アメリカのジョン・T・パーソンズによって考案されたもので，開発当初はあまり採用がなかったが，現在では，ほとんどの工作機械が NC 化されている．また，コンピュータの発展により，**コンピュータ数値制御**（computerized numerical control；CNC）工作機械となり，NC 工作機械のほとんどが CNC 工作機械となっている．CNC で使われるプログラム言語を **NC プログラム**という．

NC 工作機械は，円弧などの曲面や複雑な形状の加工でも，高精度を得意としているが，使いこなすためには多くの経験と高い技能が必要とされる．

1. NC 工作機械のしくみ

NC 工作機械は，8・19 図に示すように，NC 装置と工作機械本体によって構成される．まず図面から，使用工具や加工手順などの情報をプログラムという形で NC 装置が得て，NC 装置はその情報を処理し，加工指令の演算，記憶，制御を行ない，電気信号に変換し，サーボ機構に指令を送る．サーボ機構は NC 装置からの電気信号（断続的に流れるパルス信号）を読み，工作機械の工具やテーブルなどを動かし，製品を完成させる．

（1）サーボ機構の種類　サーボ機構(servo mechanism)は，人間でたとえると手足の役目を果たすもので，NC 装置からの命令を工作機械に出す．**サーボ**(servo) の語源はラテン語の servus（奴隷）である．

つぎに，代表的なものを説明する．

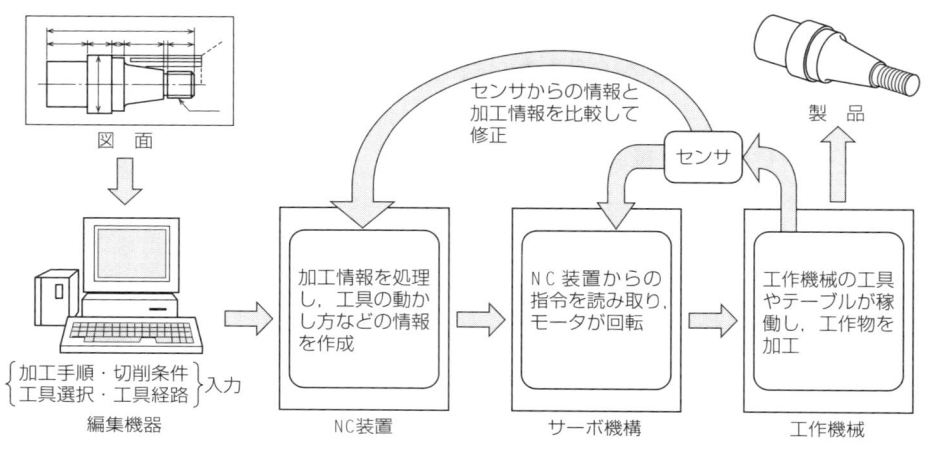

8・19図　NC工作機械のしくみ．

（ⅰ）オープン ループ制御（open loop control）　これは，8・20図に示すように，NC装置からの指令をステッピング モータが受け，モータの回転によってボールねじが回転し，テーブルや工具が移動する．1パルスを受信すると，定められた回転数だけ回り，二つのパルスを受信すれば，その2倍だけ回る．このように，電気信号の数によって移動する方式である．フィードバックを受け取らないで制御するため，構造が簡単であるが，発生した誤りが訂正できないため，NC工作機械の制御には使われなくなった．

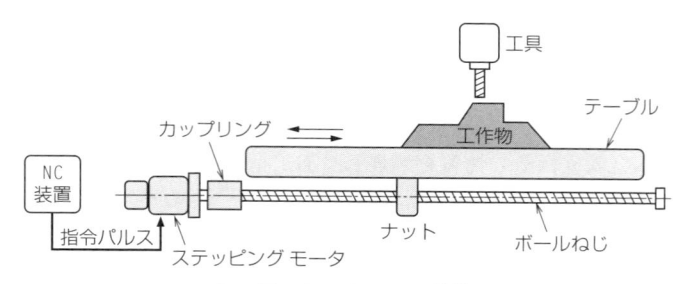

8・20図　オープン ループ制御

（ⅱ）クローズド ループ制御（closed loop control）　これは，8・21図に示すように，ロータリ エンコーダ（後述参照）を直結させたサーボ モータがNC装置からの指令を受けてモータを回転させ，ボールねじに伝達する．テーブルに取り付けてあるセンサが，指令の目標値（ボールねじを正しく作動させているかどうか）に対す

8・3 NC工作機械

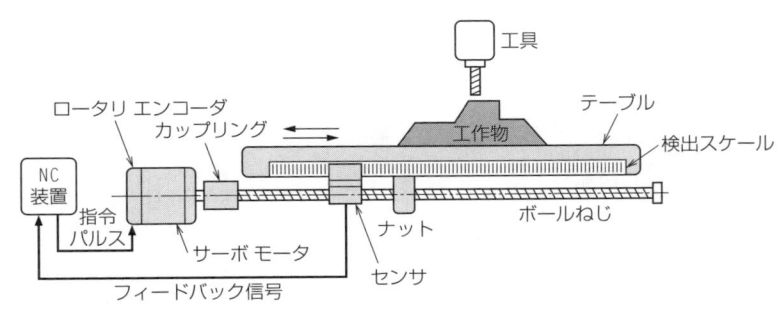

8・21図 クローズド ループ制御

るずれの量をフィードバック信号として再びモータに伝える方式である．移動量にともなう誤差の累計が発生しないので，高精度の加工が要求される工作機械に使われる．

ロータリ エンコーダ(rotary encoder)は，ガラスや金属製で外周部に窓をもつスリット円板に光を照射させ，窓を通過した光を検出し，回転体の回転速度や回転角を読み取るセンサで，**インクリメンタル形**(incremental encoder)と**アブソリュート形**(absolute encoder)に大別される．8・22図にインクリメンタル形の構造を示す．

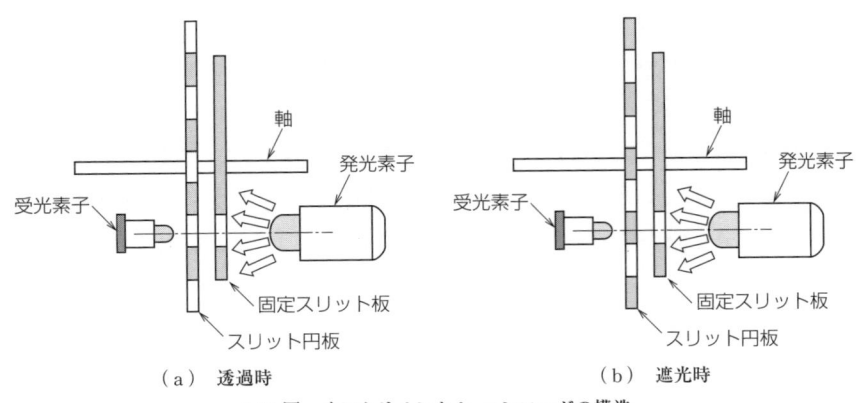

(a) 透過時　　　　(b) 遮光時
8・22図　インクリメンタル エンコーダの構造

(iii) セミクローズド ループ制御(semi closed loop control)　これは，8・23図に示すように，ボールねじのサーボ モータ取付け位置と反対側にも回転センサのロータリ エンコーダを取り付け，何mm動いたかというフィードバック信号を出し，NC装置に送って制御する方式である．実際の機械位置で制御するのではなく，

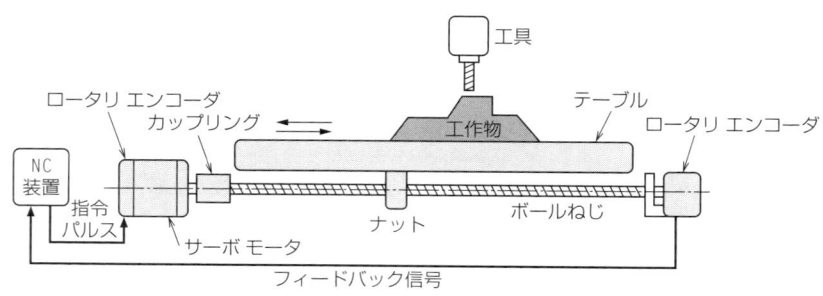

8·23図 セミクローズド ループ制御

モータの回転を検出するため，ボールねじの精度が必要である．

（2） **NC 工作機械の制御方式**　NC 工作機械には，つぎのような制御機能がある．なお，工具の通過する経路を**工具経路**(tool path)という．

（ⅰ）**位置決め制御**(positioning control)　切削工具と工作物との関係位置において，途中の経路に関係なく目的場所のみを決める制御である．8·24図（a）に示すように，1 から 2 への移動途中の加工がなく，工具の位置のみを決めることが要求される．NC ボール盤，スポット溶接機，打抜きプレスや NC 工作機械の早送りなどに用いられる．

（ⅱ）**直線切削制御**(straight control)　工具経路を多数軸同時に動くことなく，同図（b）の旋盤作業に示すように一定の切込みを与え，軸方向（Z 軸）に沿う制御である．本質的には位置決め制御に属し，NC フライス盤や NC 旋盤に用いられる．

（ⅲ）**輪郭制御**(contouring control)　同図（c）に示すように，工作物の形状に応じて切削工具を動かす制御である．同時に 2 軸以上の動きが制御でき，工具を空

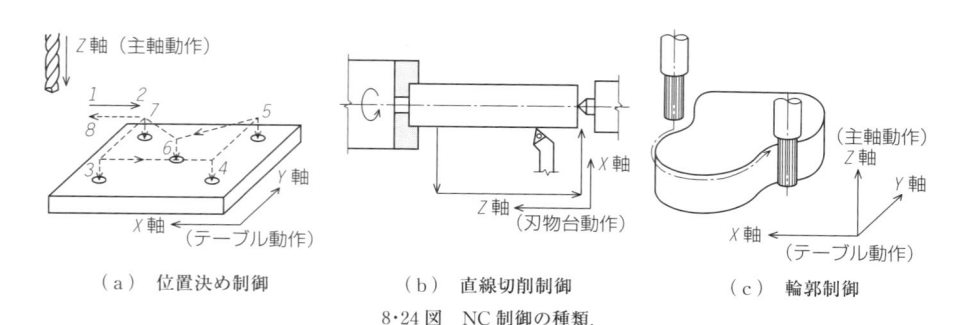

（a） 位置決め制御　　（b） 直線切削制御　　（c） 輪郭制御
8·24図　NC 制御の種類．

間の任意の位置に動かし,複雑な形状の工作物を加工する.NC旋盤,NCフライス盤,マシニング センタ,自動ガス溶断機などに用いられる.

2. NCプログラム

NC工作機械を動かすためには,加工に必要な工具の種類や動きなどに関して指令をする加工プログラムをNC装置に読み込ませなければならない.この加工プログラムを順序よく並べる作業を**プログラミング**(programming)という.プログラミングには,NC言語を用いてNCプログラムを作成する**マニュアル プログラミング**(manual programming)とコンピュータを使う**自動プログラミング**(automatic programming)がある.

(1) プログラミングの流れ 8・25図にプログラミングの流れを示す.マニュアル プログラミングでは,加工図面から加工の構想を練り(①,②),切削個所や切削工具を決定し(③,④),それをもとに,加工の指令情報をツーリング シートに,座標系をNC言語のアドレスにもとづいて記述する(⑤).プロセス シートに記述したプログラムを入力して,NCプログラムを記述する(⑥〜⑧).加工シミュレーションの後に,メモリカードなどの記憶媒体を使用してNC工作機械に入力し,加工されて製品が完成する(⑨〜⑫).

(i) ツーリング シート(tooling sheet) 切削工具を工作機械に取り付けるためのアダプタの役割をもつ機械工具を**ツーリング**(tooling)という.これは,加工に最適な状態で取り付けられ,ものづくりにおいては重要で,非常に大きな役割を果たし,加工精度の善し悪しを左右する.ツーリング シート(8・1表)は,保有する工具の形状,使用切削条件などを選択・整理して作成したものである.

(ii) 座標系 NCで使用される座標系はX軸,Y軸,Z軸の直交座標系である.フライス盤や立て形マシニング センタのプログラムでは,8・26図に示すように,X軸は横方向の右がプラス,Y軸は前後方向の奥がプ

8・25図 加工図面から製品完成までの流れ.

8・1表　ツーリング シートの例.

工具番号	加工工程名	工具名	図	工具径加工径(mm)	切削速度(m/min)	送り(mm/min)	回転数(min^{-1})	加工時間(min)
T03	切削	ボール エンド ミル		R5		150	5000	
T06	穴あけ	ドリル		φ6		200	1500	
T00								

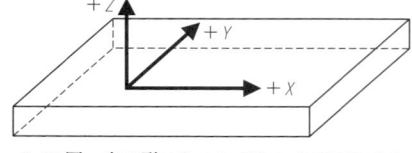

8・26図　立て形マシニングセンタのフライス盤の座標系.

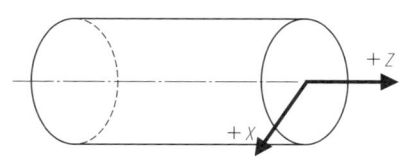

8・27図　NC旋盤の座標系.

ラス，Z軸は上下方向の上がプラスで指令する．また，NC旋盤では，8・27図に示すように，X軸とZ軸だけの座標系で指令する．座標系にはワーク座標系と機械座標系，相対座標系があり，実際のプログラミングはワーク座標系が使われている．

座標の指定には，8・28図に示すように，**アブソリュート方式**(absolute dimension system)と**インクリメンタル方式**(incremental dimension system)の2種類がある．前者は，ワーク座標系原点からの距離または角度で座標を表わし，任意の位置から指定した位置に直接ワークを移動させたい場合などに適している．後者は，現在位置からの距離または角度で表わし，定寸送りなど，同じ移動量を繰り返し行

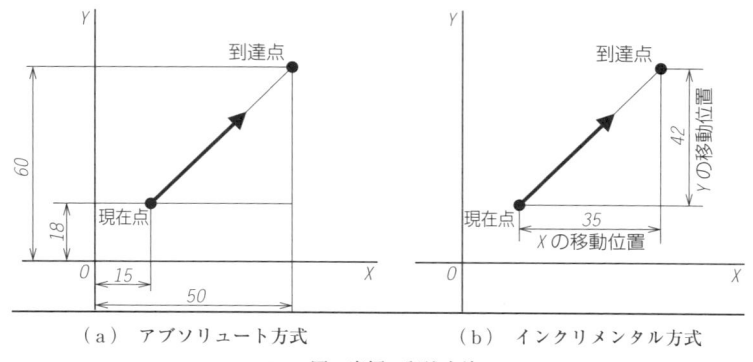

（a）アブソリュート方式　　　（b）インクリメンタル方式

8・28図　座標の記述方法.

なう場合に適している．どちらの方式で行なうかの決まりはとくにない．

（2）実際の NC プログラム

NC プログラムは，8・29 図に示すように，アルファベットと数字の組合わせで表現される．アルファベットの部分を**アドレス**と呼び，後ろの数値と合わせて**ワード**と呼ぶ．ワードは各ブロック内に含まれ，座標を表わしたり動作指示をする．アドレスと数値は必ずセットで使用される．行の最後の"；"（セミコロン）を **EOB**（エンド オブ ブロック）と呼び，指令を区切っている．この EOB と EOB で区切られた指令の単位を**ブロック**という．8・2 表にアドレスの基本的な用途を示す．

基本操作のコードと X, Y, Z 座標を数値で入力することにより，NC 工作機械を使って加工を行なうことができる．工具の移動や機械の動きに対して指令する機能を **G コード**と呼び，機械にいろいろな補助動作を行なわせるための指令を **M コード**と呼ぶ．8・3 表と 8・4 表にそれぞれ，おもな G コードと M コードを示す．

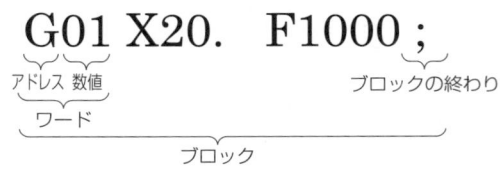

8・29 図　プログラムの基本文法．

8・2 表　アドレスの基本的な用途．

アドレス	用　途
O	プログラム番号．プログラムの先頭に記述．
D	工具径補正で使用する番号指定．
F	送り速度の指定．
G	G コードと呼ばれる準備機能．
H	オフセット番号の指定．
I, J, K	円弧補間で R の中心座標の指定．
M	M コードと呼ばれる補助機能．
N	シーケンス番号の指定．
P	サブプログラム番号の指定．
R	円弧補間で R の大きさの指定．
S	主軸の回転数の指定．
T	工具番号の指定．
X, Y, Z	各軸の座標の指定．

8・3 表　おもな G コード一覧．

コード	機　能
G00	位置決め（早送り）
G01	直線補間
G02	円弧補間（時計回り）
G03	円弧補間（反時計回り）
G04	ドウェル
G10	データ設定
G28	リファレンス点への復帰
G40	刃先 R 補正キャンセル
G41	刃先 R 補正左側
G53	機械座標系選択
G54～59	ワーク座標系選択
G68	座標回転
G90	アブソリュート指令
G91	インクレメンタル指令

8・4表 おもなMコード.

コード	機　　能	説　　明
M00	プログラム ストップ	プログラムを強制的に一時停止.
M01	オプショナル ストップ	オプショナル ストップONの場合，プログラムの一時停止.
M02	プログラム エンド	プログラム終了
M03	主軸正転	時計方向の回転.
M04	主軸逆転	反時計方向の回転.
M05	主軸停止	主軸を停止させる.
M06	工具交換	主軸の工具と選択された工具の交換.
M08	クーラント オン	切削油を出す.
M09	クーラント オフ	切削油を止める.
M30	エンド オブ データ	プログラム終了
M99	エンド オブ サブプログラム	サブプログラムの終了.

8・30図の加工例に対するプロセス シートが8・5表で，このプログラムにより，厚さ8 mmのアルミニウム板に"TO"の文字が，$R5$のボール エンド ミルを使って深さ1 mmで切削され，$\phi 6$ドリルへと工具交換されて，深さ10 mmの穴あけが行なわれる．

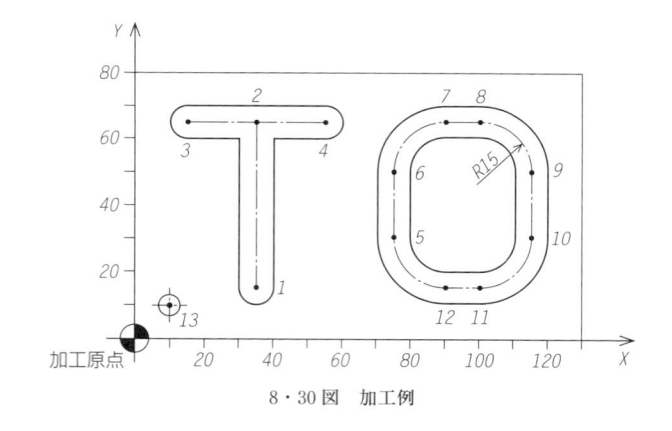

8・30図　加工例

3. NC工作機械の種類

ここでは，複雑な形状を加工できるNC工作機械をいくつか紹介する．

（1）**NC旋盤**(numerically controlled lathe；8・31図)　工作機械の中で数多く用いられる旋盤に，材料の回転やバイトの動かし方をコンピュータ制御させたものである．汎用旋盤では，加工形状によっては高い技術が必要で，作業者によって精度が異なることもあるが，NC旋盤では，同じ形状や同じ品質の製品が大量生産で

8・5表 プロセスシート

N	G	X, Y, Z, R	F	S	T	M	H	動作の説明
0001					T03	M06		3番の工具($R5$ボールエンドミル)へ交換.
0002	G90							絶対座標アブソリュート.
0003	G55							加工原点の設定.
0004	G00	X0.Y0.						加工原点への移動.
0005	G43	Z100.					H03	Z100.の位置へ移動しながら工具長補正.
0006				S1000		M03		主軸回転速度 1000 min^{-1} で正転起動.
0007						M08		クーラント ON
0008		X35.Y15.						1へ. 加工開始点の位置決め.
0009	G01	Z-1.	F120					切削開始. 切込み 1 mm, 直線補間, 送り速度 120 mm/min
0010		Y65.						2へ
0011	G00	Z10.						Z軸を逃がす.
0012		X15.Y65.						3へ
0013	G01	Z-1.						切削開始. 切込み 1 mm.
0014		X55						4へ
0015	G00	Z10.						Z軸を逃がす.
0016		X75.Y30.						5へ
0017	G01	Z-1.						切削開始. 切込み 1 mm.
0018		Y50.						6へ. 直線補間.
0019	G02	X90.Y65.R15.						7へ. 円弧補間, 半径 15 mm
0020	G01	X100.						8へ
0021	G02	X115.Y50.R15.						9へ. 円弧補間, 半径 15 mm
0022	G01	Y30.						10へ. 直線補間.
0023	G02	X100.Y15.R15.						11へ. 円弧補間, 半径 15 mm
0024	G01	X90.						12へ. 直線補間.
0025	G02	X75.Y30.R15.						5へ. 円弧補間, 半径 15 mm
0026						M09		クーラント OFF
0027	G00	Z10.						Z軸を逃がす.
0028						M05		主軸回転停止
0029					T06	M06		6番の工具($\phi 6$ドリル)へ交換.
0030	G00	X0.Y0.						加工原点への移動.
0031	G43	Z100.					H06	Z100.の位置へ移動しながら工具長補正.
0032				S750		M03		主軸回転速度 750 min^{-1} で正転起動.
0033	G00	X10.Y10.						13へ. 加工開始点の位置決め.
0034	G01	Z-10.	F180					切削開始. 直線補間, 送り速度 180 mm/min.
0035	G00	Z10.						Z軸を逃がす.
0036						M05		主軸回転停止
0037					T00	M06		工具を終了.
0038						M30		プログラム終了

きる．また，汎用旋盤では，同時に1軸方向にしか移動できないが，NC旋盤では，2軸以上を同時に動かすことが可能なため，球面や曲面形状の加工も容易にできる．

また，旋削加工のほか，工具・工作物の取付けが自動で交換でき，回転中心から外れた穴の加工や，フライス加工なども可能な

8・31図　NC旋盤

ターニング センタ(turning centre)と呼ばれるNC工作機械もある．

（2）　**NCフライス盤**(numerically controlled milling machine)　NC旋盤と同様に，フライス盤にNC装置を取り付け，材料の位置やその動きを数値化し，高精度の製品をつくる．左右・前後・上下の3方向の3軸を制御している．同時に1軸しか動かないものを**同時1軸制御**といい，比較的簡単な形状の部品の加工に用いられる．同時2軸，同時3軸のものは，複雑な形状の加工ができる．

（3）　**NCボール盤**(numerically controlled drilling machine)　NCフライス盤と似ている構造で，位置決め制御を主とする．2軸制御で位置決めだけを制御する形式もあるが，穴の深さや方向も制御する3軸制御のベッドの上にテーブルが取り付けられている形式のものが多い．テーブルの左右の動きをX軸，サドルの前後の動きをY軸，主軸の上下の動きをZ軸としている．

（4）　**マシニング センタ**(machining centre；8・32図)　日本工作機械工業会の定義によると，"工作物の取付けを変えずに，フライス・穴あけ・中ぐり・ねじ立

8・32図　マシニング センタ

てなどいろいろな作業ができるNC工作機械であり，多数の種類の異なる工具を自動的に作業位置にもってくる装置を備えたもの，または，少なくとも2面以上を加工できる構造で，工具の迅速な交換機能を備えた機械"となっている．主軸（スピンドル）の方向によって横形（主軸が水平方向）と立て形（主軸が垂直方向）に大別されている．主軸の方向は横・立ての両方を備えるものや，一つの主軸ヘッドが旋回して横と立てに変化し，5面加工ができるものもある．また，コラム（柱）構造によって門形，片持ち形に分類できる．

8・33図　自動工具交換装置（輪状になっている）

マシニング センタにはATC装置（自動工具交換装置 automatic tool changer；8・33図）が付いている．これは，ホルダに取り付けられた状態でさまざまな工具が格納され，ATCアームによって，主軸に取り付けてある工具と交換する方式となっている．複数の工具を交換しながら，自動的に加工を進めるマシニング センタは，きわめて生産性が高いNC工作機械である．

9
研 削 加 工

　研削加工は，フライスの切れ刃に相当するかたい無数の鋭い刃先をもった研削といし車〔一般には単に，といし(砥石)と呼ぶ〕が，フライス削りと同様のはたらきをして，工作物を切削する工作法である．切削加工では困難な焼入れ鋼，合金鋼，その他の硬質材料でも削ることができ，また，切削工具による削りあと(跡)を研削して，平滑な仕上げ面を得ることができるので，精密工作法の重要な地位を占めている．このような，研削加工を行なう研削盤は，といしの発達とともに改良され，切削速度の10数倍の高速度で，円筒研削からテーパ，内面，平面，ねじ，歯車，切削工具などあらゆる方面の研削に利用されている．

　また，最近の研削盤は，軸受の進歩改良によって，高い仕上げ精度が得られるようになり，自動サイクル機構や自動定寸装置の併用とあいまって，正しい研削過程と狭い限界の寸法管理を容易にしている．

9・1 研 削 機 構

1. 研削といしの構造

　研削加工は，高速で回転する研削といし(砥石)を用いて，9・1図に示すように，といしを構成するかたい小さいと(砥)粒によって，被削材をわずかずつ削る精密加工法であり，バイトによる切削のときと同じような切り粉が発生する．

　（1）**といし構成の三要素**　といし(砥石)の一部を顕微鏡で見ると，9・2図に示すように，と(砥)粒は結合剤の橋でお

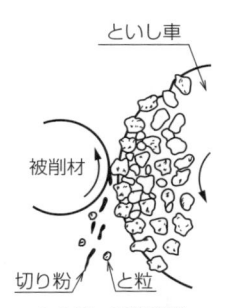

9・1図　研削機構

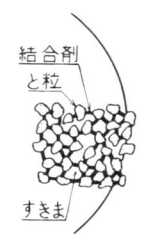

互いに連なり，その間に多くのすきま(隙)，すなわち気孔ができている．

このと粒，**結合剤**，**気孔**をといし構成の三要素という．

(2) といしの五因子　と粒は，酸化アルミニウム(Al_2O_3)または炭化けい素(SiC)を主成分とする人工と粒が一般に用いられる．電気炉でつくられた大塊を砕いて，粒の大きさのそろったものを用いる．この粒の大きさを表わすのが**粒度**である．

9·2図　といしの構成．

最も多く用いられている**結合剤**は，磁器質の粘土であって，と粒と水とを加えてといし(砥石)の形をつくり，1350℃内外の高温で焼くと，これが溶けてと粒を固める．この結合剤がと粒を保持する強さを**結合度**という．結合度の強弱は研削作用に深い関係をもつ．また，気孔は切り粉の逃げ場所としてたいせつな部分であって，これがあまり少ないと，切り粉が溶着して研削が行なわれなくなる．この気孔の大きさや数の多少を表わすのが**組織**である．

以上に述べたと粒，粒度，結合剤の種類，結合度，組織をといし(砥石)の五因子と呼んでいる．

2. 研削作用

9·3図において，C点にある1個のと(砥)粒が，といし(砥石)車の回転によって，ある時間後にQ点に移るとする．また，被削材の一点Qは，被削材の回転によって同一時間の後にA点に移るものとする．一般に被削材の周速度は，といし車の周速度に比べてきわめて小さいので，$\overarc{QA}$は$\overarc{QC}$よりもはるかに短い．こうして面積CAQの部分が削り取られてゆく．しか

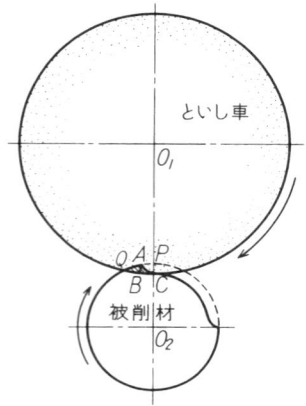

9·3図　研削作用

し，図で示すように，と粒の削り始めの切込みはCから始まるが，しだいに深さをましてABのところで最も深くなる．このABを**切込み深さ**という．切込みが増すと，と粒の鋭い刃先が鈍って研削抵抗が増す．この研削抵抗がといしの結合度以上の大きさになると，と粒と結合剤の一部が砕けて，新しいと粒の切れ刃が気孔とともに自生する．このように，研削加工中の自然の目立て作業により研削が行なわれる．といしの五因子が被削材に対して適当でないと，研削はうまくゆかない．

なお，図で明らかなように，被削材の周速度が増せば，$\stackrel{\frown}{QA}$ が大きくなるから，切込み深さ AB も大きくなる．これは，被削材の周速度を一定にしておいて，といし車の周速度を小さくしても同じである．これに反して，被削材の周速度が減ったり，といし車の周速度が増したりすると切込み深さは小さくなる．

3. 研削抵抗

といし(砥石)車が被削材を研削するときの研削抵抗は，9・4 図に示すように，三つの分力に分けて考えることができる．研削抵抗は，一般にバイトで切削する場合の抵抗に比べて小さいが，研削盤の動力に直接関係するばかりでなく，研削面の良否を左右し，研削焼けの原因にもなるので重要なものである．

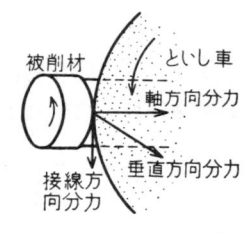

9・4 図 研削作用の3分力．

研削抵抗は，つぎの種種の条件によって変化するものである．

① 一般に，結合度の大きいといしのほうが研削抵抗は大きい．
② といしの切込み量が増加すると，研削抵抗は増大する．
③ 被削材の送りが大きいほど，研削抵抗は大きい．
④ 研削速度を大きくすると，研削抵抗は減少する．
⑤ 不適当な研削作用をすると研削抵抗は増し，所要動力は適正な場合に比較して2倍以上になる．

4. 研削仕上げ面

(1) **表面あらさ** 研削作用は細かいと(砥)粒の切れ刃による切削作用であり，正常な研削が行なわれているときの切り粉の大部分は，薄いリボン状の細粉であって，これが気孔にみたされて排出される．したがって，ふつうの研削作業でも，あらさが $2 \sim 3 \mu$ あるいはそれ以下の良い面が容易に得られる．しかし，研削仕上げ面の耐摩耗性はあまりよくない．

研削による表面には，と粒による機械的な加工と熱的な作用とによって**加工変質層**ができ，加工面がかなりの深さまでもろくなっている．そこで，仕上げ面のあらさを向上させ，有害な加工変質層を除くために，あとで述べるラッピング，ホーニング，超仕上げなどの精密加工が広く行なわれているのである．

しかし，最近では研削仕上げだけで耐摩耗性のすぐれた面を得る方法として，研

削盤の主軸(spnidle)軸受を改善して振動を防止し，といし(砥石)車の条件を整えて研削する**鏡面仕上げ研削**(mirror grinding)が行なわれ，0.1μ程度の表面あらさに研削することができる．

（2） **研削焼けと研削割れ**　研削仕上げ面の耐摩耗性が劣化する原因は，研削熱のための研削焼けと研削割れとにある．焼入れをした高速度鋼には研削焼けが起こりやすく，浸炭鋼や超硬合金には研削割れができやすい．

研削焼けは，研削加工の場合に，研削速度が大きく，といし(砥石)と被削材との接触弧の長さが大きいときに生じる．これは焼きもどし色と同様な表面の酸化膜のために，ふつうは茶色かかっ(褐)色，弱い研削焼けの場合はわずかに黄色みがかった色になる．

研削割れは，研削の際の急激な加熱冷却によって表面に割れが入る．はげしい場合は，割れが発達して網目状になり，表面がはく(剝)離されることがある．これは被削材の研削加工前の熱処理が原因である場合が多い．

9・2　研削といしと研削条件

1. 研削といし

研削といし(砥石)の構成と研削作用については，すでに概要を述べたが，といし構成の三要素について，その内容を9・1表に示しておく．

（1）**と 粒**　酸化アルミニウム系(Al_2O_3)のものと，炭化けい素系(SiC)のものとがある．これらは，9・2表に示す材料を研削するのに用いられる．

（2）**粒 度**　と(砥)粒は粗粒と微粉とに分けられ，さらに細かく分けて数字にFあるいは番を付けて呼ぶ．分ける方法はF4～F220までの粒子(粗粒)はふるい(篩)で分ける．数字はメッシュ(mesh)の数である．F230または#240以下の微粉は光透過沈降法，沈降あるいは電気抵抗試験法によって分けている(9・1表参照)．

（3）**結合剤**　ビトリファイドは，粘土を主成分とし，これに長石，けい石などを配合したものである．研削力がすぐれ，最も多く用いられている．

シリケートは，水ガラスを結合剤の主体として，プレス成形ののち焼成したものである．大形刃物の研削や研削き(亀)裂のできやすいものに用いる．

ラバーは，天然ゴムまたは人造ゴムにいおうその他を添加してつくったものであ

9・1表　といし構成の三要素

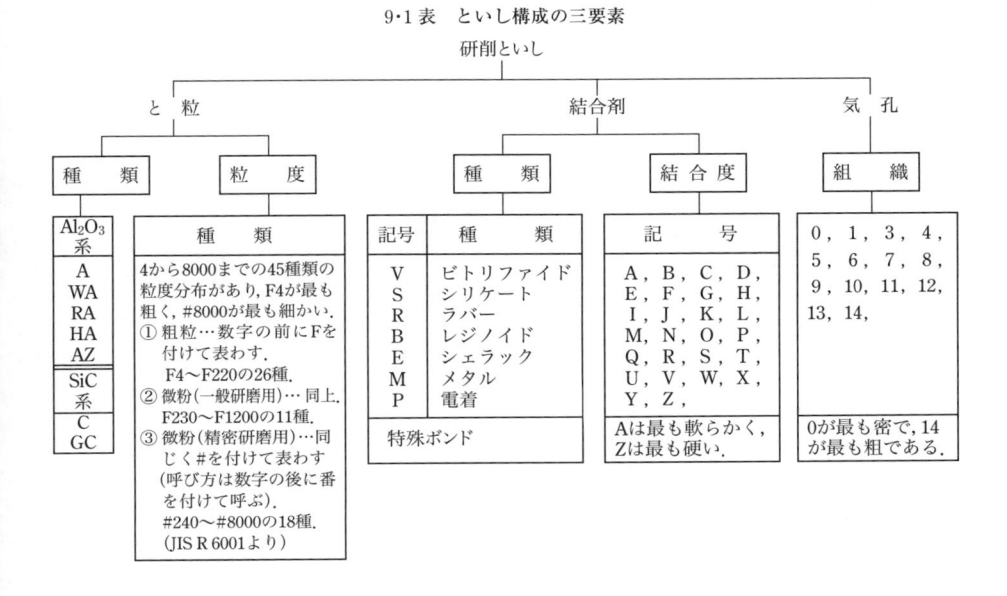

と粒		結合剤		気孔
種類	粒度	種類	結合度	組織

と粒・種類：
- Al_2O_3系：A, WA, RA, HA, AZ
- SiC系：C, GC

と粒・粒度・種類：
4から8000までの45種類の粒度分布があり，F4が最も粗く，#8000が最も細かい．
① 粗粒…数字の前にFを付けて表わす．F4〜F220の26種．
② 微粉(一般研磨用)…同上．F230〜F1200の11種．
③ 微粉(精密研磨用)…同じく#を付けて表わす(呼び方は数字の後に番を付けて呼ぶ)．#240〜#8000の18種．(JIS R 6001より)

結合剤・種類：

記号	種類
V	ビトリファイド
S	シリケート
R	ラバー
B	レジノイド
E	シェラック
M	メタル
P	電着

特殊ボンド

結合剤・結合度・記号：
A, B, C, D,
E, F, G, H,
I, J, K, L,
M, N, O, P,
Q, R, S, T,
U, V, W, X,
Y, Z．

Aは最も軟らかく，Zは最も硬い．

気孔・組織：
0, 1, 3, 4,
5, 6, 7, 8,
9, 10, 11, 12,
13, 14．

0が最も密で，14が最も粗である．

9・2表　と粒の種類と用途．

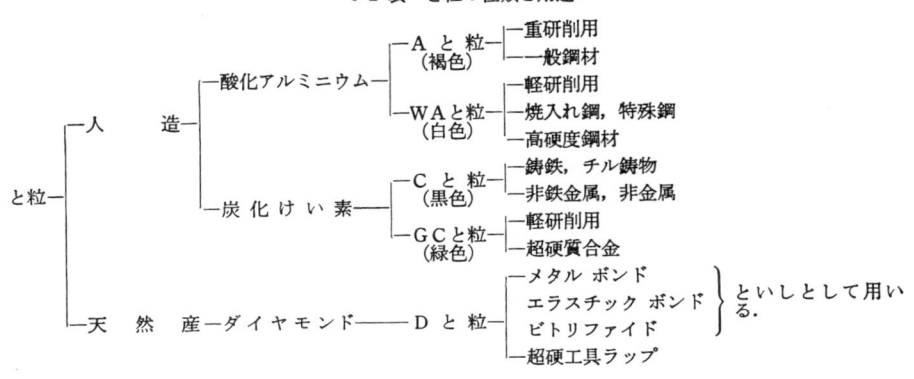

と粒
- 人造
  - 酸化アルミニウム
    - Aと粒(褐色)：重研削用，一般鋼材
    - WAと粒(白色)：軽研削用，焼入れ鋼，特殊鋼，高硬度鋼材
  - 炭化けい素
    - Cと粒(黒色)：鋳鉄，チル鋳物，非鉄金属，非金属
    - GCと粒(緑色)：軽研削用，超硬質合金
- 天然産―ダイヤモンド―Dと粒
  - メタルボンド ┐
  - エラスチックボンド │といしとして用いる．
  - ビトリファイド ┘
  - 超硬工具ラップ

る．この結合剤は，強くかつ柔軟性のある薄いといしをつくるのに適している．切断用，心なし研削盤の調整といし車，鏡面仕上げといし車などに用いられる．**レジノイド**は，熱硬化性樹脂であるフェノール樹脂，メラミン樹脂，ユリア樹脂などを主体として加熱成形したものである．強度が大きく高速回転ができるので，鋳ばり取り，湯口切りのポータブルグラインダ用に使われる．

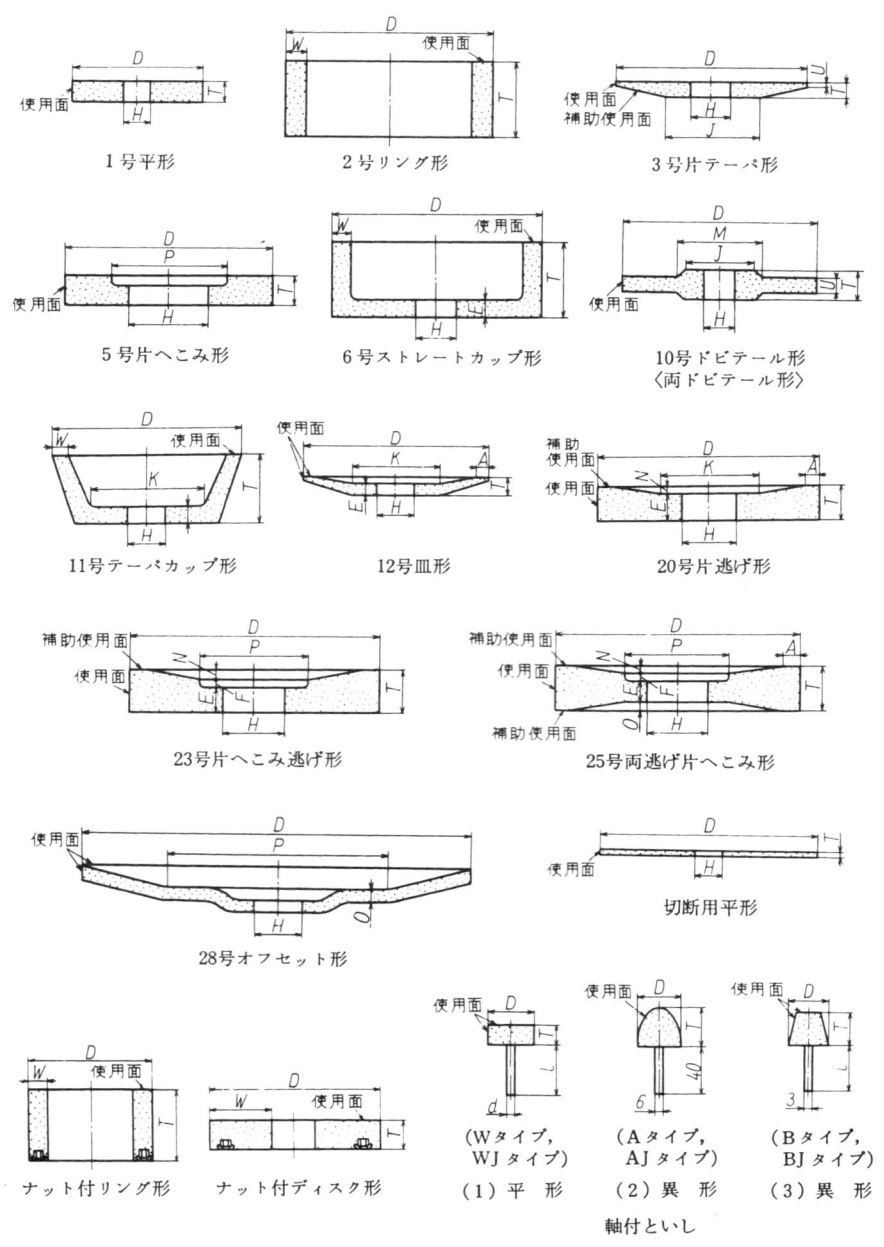

1号平形　　2号リング形　　3号片テーパ形

5号片へこみ形　　6号ストレートカップ形　　10号ドビテール形〈両ドビテール形〉

11号テーパカップ形　　12号皿形　　20号片逃げ形

23号片へこみ逃げ形　　25号両逃げ片へこみ形

28号オフセット形　　切断用平形

ナット付リング形　　ナット付ディスク形

(1) 平形 (Wタイプ, WJタイプ)
(2) 異形 (Aタイプ, AJタイプ)
(3) 異形 (Bタイプ, BJタイプ)

軸付といし

9・5図　研削といしの標準的な形状.

(4) 研削といしの形状　といし(砥石)は，目的に応じていろいろの形状のものが用いられるが，9・5図は，標準的な形状を示したものである．

また，といしの縁形もいろいろあり，9・6図は標準的なものである．

(5) といしの表わしかた　といし(砥石)を選ぶには，さきに述べたといしの五因子のほかに，寸法と形状を合わせた六つの要素を考えて，最も適したものを用いなくてはならない．といしの五因子，形状などを表示するには，記号や数字を一定の順序に並べて簡単に示すようにしている．

つぎに，といしの表示項目の一例を示す．

〔例〕　規格番号 JIS R 6210

　　　　形状：1号

　　　　縁形：D

9・6図　研削といしの標準的な縁形．

　　　　寸法：外径 205 mm，厚さ 19 mm，孔径 19.05 mm

　　　　研磨材の種類，または細分記号および種類：A，または 51 A

　　　　研磨材の粒度：F 36

　　　　結合度：K

　　　　組織：7

　　　　結合剤の種類および細分記号：V 23

　　　　最高使用周速度：33 m/s

なお，上記の内容の製品であれば，つぎのように表示できる．

　　　　JIS R 6210，V 23，33 m/s，○○KK

2. 研削条件

(1) といし車の周速度　研削といし(砥石)車の周速度は工作方法といしの種類によって適当に選ぶべきものである．周速度が小さいと，といしの消耗が大

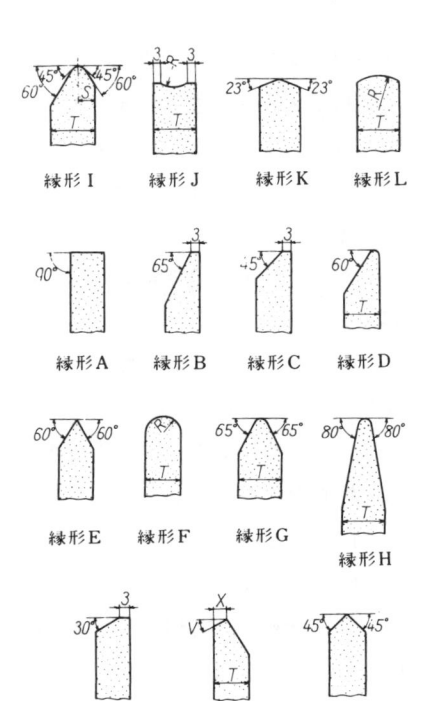

きく研削能率が悪い．ゆえに径の小さいものは回転数を大きくする必要がある．逆に，周速度が大きすぎると，目つぶれ現象が起こり発熱する．9・3 表は，一般に用いられる常用周速度である．

また，9・4 表は円筒研削における加工物の周速度の標準を示したものである．

（2） **といし車の切込み** 一般に荒研削では深く切り込み仕上げ研削では浅くする．これによって表面あらさが良くなり，また，表面変質層を削りとることができる．9・5 表は鋼研削の切込み量を示したものである．

（3） **研削液** 切削加工に切削剤を用いるのと同じように，研削には各種の研削液が用いられる．これは作業中，といし（砥石）車の目づまりを防ぐとともに発熱量を少なくし，切り粉やと（砥）粒くずを容易に流し去って，仕上げ面を傷つけることがないようにするためである．

9・3 表 といし車の周速度 (m/s)

作業の種類	(m/s)
円筒研削	28〜33
内面研削	10〜33
平面研削	20〜33
切断	45〜62
鋳ばり取り（ビトリファイド）	25〜33
鋳ばり取り（レジノイドラバー）	35〜48
工具研削	23〜33
湿式工具研削	25〜33
超硬合金工具研削	15〜25

9・4 表 加工物の周速度 (m/min)

研削程度 材質	荒研削	仕上げ研削	精密仕上げ研削
軟鋼	9〜15	6〜10	5〜8
焼入れ鋼	10〜16	6〜10	5〜8
鋳鉄	9〜15	6〜10	5〜8
銅合金	15〜20	14〜16	—
軽合金	24〜40	18〜20	—

9・5 表 鋼研削の切込み (mm)

研削方式	荒研削	仕上げ研削
円筒研削	0.01〜0.04	0.0025〜0.005
内面研削	0.02〜0.04	0.0025〜0.005
平面研削	0.01〜0.07	0.0025〜0.005
工具研削	0.07	0.02

一般に研削液は冷却性にすぐれ，潤滑性，流動性がよく，機械や材料を腐食させたりすることのないことが必要条件である．流動性については，ある程度悪いほうが仕上げ面を良くするが，それ以上に流動性が悪くなるとかえって仕上げ面は悪くなる．

研削液の種類を大別すると，水溶液，乳化液，不溶液の3種類になる．水溶液は炭酸塩，ほう砂を水に溶かしたもので，これは冷却性や流動性がすぐれている．乳化液は鉱油中にせっけん（石鹸）を 5〜25 ％ 溶かしたもので，これを水と混合して用いる．潤滑性，流動性もよく，発熱も防がれ，仕上げ面も良好になるので，最も多く用いられている．不溶液は，鉱油や鉱油と動植物油との混合油であり，一般に精密研削用に用いている．

9・3 研削盤
1. 研削盤の種類

(1) 円筒研削盤(cylindrical grinder)　これは最も一般的な研削盤で，円筒外周の研削に用いている．といし(砥石)車と加工物との関係運動の点から，**縦送り研削**(traverse cut)と，**切込み研削**(plunge cut)とに大別される．前者は 9・7 図 (a)，(b)，(c)に示すように，加工物あるいはといしがベッドすべり面上を長手方向に往復し，切込みは折返しの両側または片方で行なわれるものであり，後者は同図(d)，(e)に示すように，といしの切込みだけを掛けてゆく方式である．このほうが，前者に比べて研削能率がよく，量産に適する．

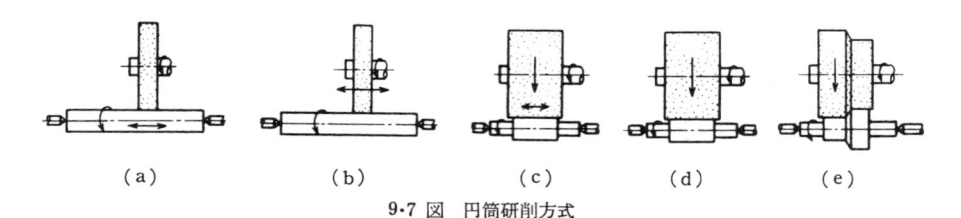

9・7 図　円筒研削方式

(2) 万能研削盤(universal grinder)　これは，ふつうの円筒研削のほかに，テーパの研削，端面研削，および内面研削を行なうことのできる構造のものである．そのために，主軸台は 90°以上の旋回ができ，といし(砥石)台は 180°以上の旋回と内面研削用といし頭の取付けができるようになっている．

9・8 図　万能研削盤

円筒研削盤に比較して剛性が減じ，といし車も構造上小径になり，生産的作業に不向きとなり，主として工具工場用として万能的作業に用いられる．

9・8 図は万能研削盤を示したものである．

(3) 心なし研削盤(centerless grinder)　これは，主として円筒外周の研削

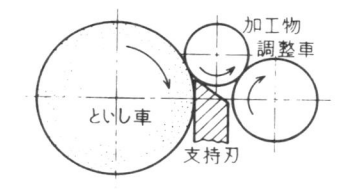

9・9 図　心なし研削の原理

9・10 図　心なし研削盤

をするものであるが，センタを用いないで，研削用といし(砥石)車のほかに，加工物に回転を与えるためにもう1個の車と支持刃を使って研削する．比較的小径の加工物には，きわめて研削効率がよいが，大径のものには不向きである．9・9 図は，心なし研削の原理を示したものであり，9・10 図はその一例を示したものである．

（4）**平面研削盤**(surface grinder)　平面研削の方式を大別すると，平形といし車の外周で研削するものとカップ形，輪形といし車その他を使うものとになる．平面研削盤としては，9・11 図に示したように，前者に対しては水平といし軸，後者には垂直といし軸の形式をとるのがふつうである．加工物を取り付けたテーブルの運動には，双方ともに往復形と回転形とがある．といし車と加工物の接触面の関係から，水平といし軸のものは高精度の軽研削に適し，垂直といし軸のものは重研削に適している．9・12 図は平面研削盤の例を示したものである．

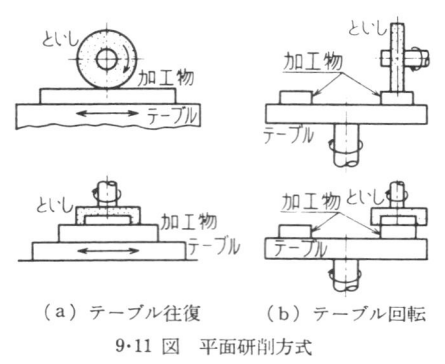

（a）テーブル往復　　（b）テーブル回転
9・11 図　平面研削方式

（5）**内面研削盤**(internal grinder)　内面研削の方式には，9・13 図に示すように，加工物がチャックまたは特別の取付け具にくわえられて回転し，これに高速回転のといし(砥石)車が相対往復運動をしながら切り込まれるものと，固定した加

工物に対して，といし軸が遊星運動(planetary motion)をしながら，相互に往復運動をして研削するものがある．

最近では，後者の研削盤はあとで述べるホーニング盤に加工分野をとられてしまい，前者の形式のものが多くなっている．

9・14 図は，内面研削盤の一例を示したものである．

(6) **工具研削盤**(tool grinder) これは，いろいろな切削工具の刃部を，正規の角度に研削するものである．

超硬工具研削盤では，ダイヤモンドといし車が用いられる．

フライス，ホブ，リーマ，タップなどの再研削に使用される研削盤は，多数の付属装置を用いて，ほとんど万能性をもっているので一般に**万能工具研削盤**といわれている．9・15 図は，超硬工具研削盤を示したものである．

(7) **その他の研削盤** 研削加工において精度を高める工作がその範囲をひろめ，**ロール研削盤**をはじめとして**クランク軸研削盤**，**カム研削盤**，**スプライン研削盤**，**ねじ研削盤**，**歯車研削盤**などのように特殊の目的に使用される研削盤がつくられている．

9・12 図 平面研削盤(テーブル往復形)

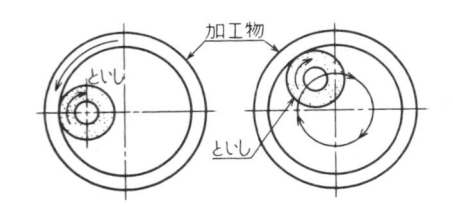

9・13 図 内面研削方式

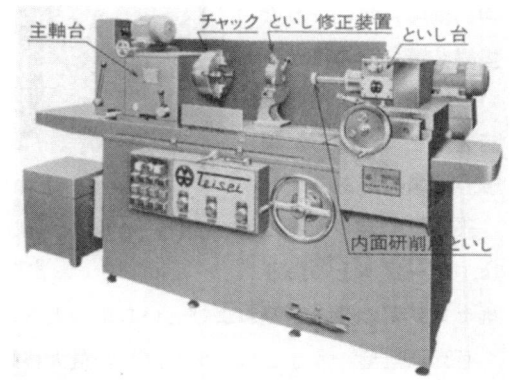

9・14 図 内面研削盤

2. 研削盤の構造 9・16 図は円筒研削盤の一例であって，これを構成するおもな要素は，ベッド，そのうえで左右にしゅう(摺)動するテーブル，テーブル上の主軸台と心押し台，テーブルに対して，急速前後進と精密な切込み運動をするといし(砥石)台，これら相互の関連動作を円滑，簡便に整調する電装と油圧機構，前面に集約された操縦装置，そのほかといし修正装置，冷却液装置などで，さらに種種の付属品がある．

円筒研削盤の大きさは，テーブル上の振り

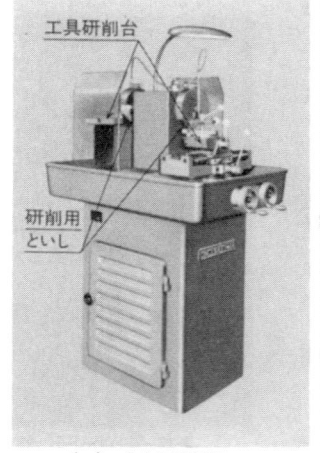

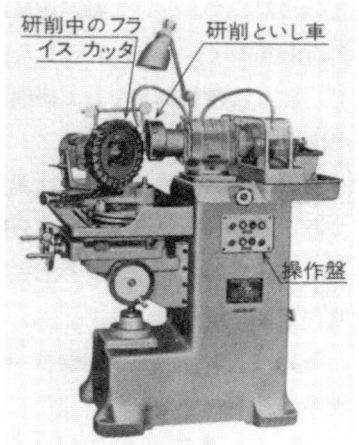

(a) バイト研削盤　　(b) 超硬工具研削盤
9・15 図　工具研削盤

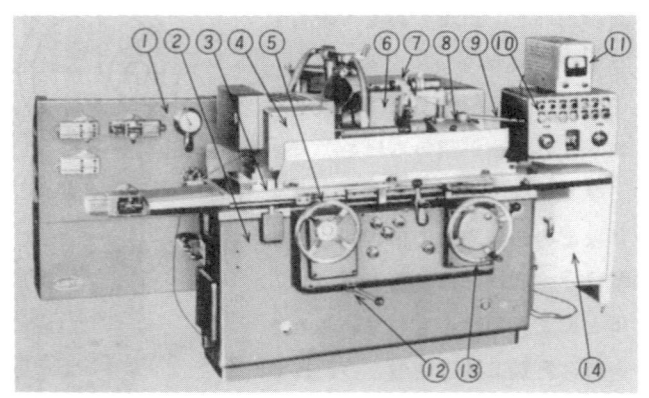

①タンクユニット　②ベッド　③テーブル　④主軸台　⑤手動ハンドル　⑥といし台　⑦測定子　⑧心押し台　⑨心押し台ハンドル　⑩操作盤　⑪アンプ　⑫切換えレバー　⑬前後送りハンドル　⑭配電盤
9・16 図　円筒研削盤の構造．

両センタ間の最大距離およびといし車の大きさ（外径×厚さ）で表わす．

平面研削盤の大きさは，テーブルの最大移動距離とその大きさ（長さ×幅），テーブル面からといし車の下面までの最大距離およびといし車の大きさ（外径×厚さ）で表わす．

（1）**主軸台**　円筒研削盤の主軸台は，旋盤とちがって，加工物の長さや形状に

よって，テーブル上の適当な位置に移動することができる．

主軸台の内部には，加工物に回転を与える単独の電動機と速度変換装置を備えている．

センタは回転しないで，主軸台の回し板が駆動され，これによって加工物に回転を伝える点も旋盤とちがっている．万能研削盤の主軸台は，9・17図に示したように，90°以上の旋回が可能である．

9・17 図　主軸台（万能研削盤）

(2) **心押し台**

心押し台も，テーブル上の適当な位置に固定できる．心押し軸は，研削による

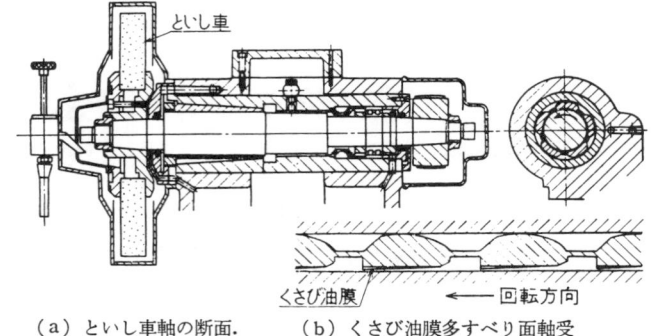

(a) といし車軸の断面．　(b) くさび油膜多すべり面軸受くさびこう配形成図

9・18 図　といし車軸

発熱のために加工物に起こる熱膨張の影響を除くために，つねにばねによって押しつけ，軸方向にわずかの伸縮を許している．

(3) **といし台**　といし（砥石）車を駆動させる台全体をといし台という．これはテーブルと直角なすべり面にのっている．といし車の駆動は，電動機からベルトによって行なわれる．9・18 図はといし車軸を示したものである．

(4) **テーブル送りの油圧駆動**　研削盤の送り機構には，油圧動作を応用したものが多い．これは，油圧が複雑な制御によく適応し，小形にでき経済的であるためである．9・19 図はその一例を示したものである．ギヤポンプで吐き出された圧力油は，主バルブの作用により，シリンダを左右に往復させる．方向切換え速度調整弁は，テーブルの往復運動の切換えの際の衝撃を最小限に止める作用をする．

(5) **といし修正装置**　切込み研削を行なう研削盤では，油圧サーボ機構による

といし(砥石)車修正装置が付属品として準備されている．9・20 図は，油圧によるならい(倣)といし修正装置を示したものである．これをといし台の裏側に装置する．

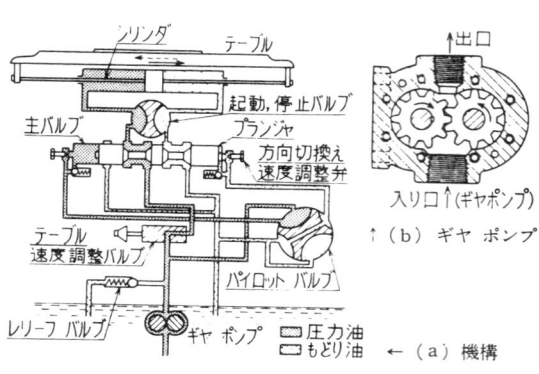

9・19 図　油圧によるテーブル送り機構．

9・20 図　油圧ならいといし車修正装置

(6) 万能研削盤の内面研削装置　9・21 図は，万能研削盤の内面研削装置を示したものである．付属品としてといし(砥石)台上に取り付けることができる．使用するときは，前方に回転するようにして前面のすり合わせ面で固定して用いる．

(a) 内面研削の場合．　　　　　(b) 円筒研削の場合．
9・21 図　内面研削装置(万能研削盤)

(7) 自動定寸装置　自動定寸装置 (automatic sizing device) は，工作物を研削しながら寸法を測定し，所要の寸法に達すると，加工を停止させる装置である．9・22 図は空気マイクロメータを利用した円筒研削盤の自動定寸装置の原理である．加工中に工作物が所要の寸法に達すると，工作物に接触する触針の動きが，空

気流出口のすきまを小さくし，空気圧が高くなる．この圧力変化によってベローズがのびて，マイクロスイッチを接触させる．これによって電磁回路に電流が流れ自動停止機構のストッパをはずし，といし台後退用のハンドルを作動させ，といし車が後退し加工が完了する．

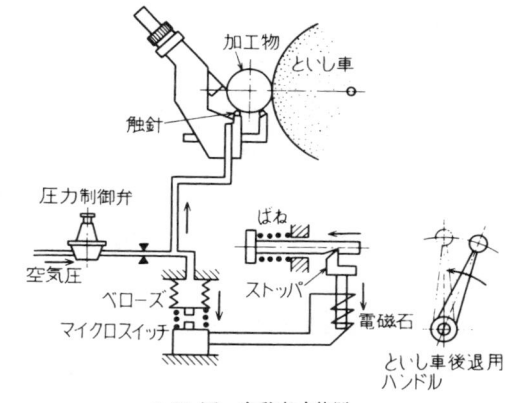

9・22 図　自動定寸装置

3. 心なし研削盤

(1) 心なし研削法　一般に行なわれる方式には，通し送り法と送込み法との二つがある．

通し送り法(through feed method)　は，加工物が加工部分の全長にわたって一様な直径の場合に，所定の間隔に調整された研削といし(砥石)車と調整車との間を，支持刃の上で軸方向に通過させて研削する方法である．

送込み法(in feed method)は，つば物，段付き軸，テーパ軸，総形のものなどの場合に行なわれる方法で，加工物を軸方向に送らずに，一定の場所で研削する．

9・23 図は，二つの心なし研削方式を示したものである．

(2) 送りの理論　通し送りの場合は，加工物に送りを与えるために，調整車の軸をといし(砥石)車軸に対してある角度だけ傾ける．こうすると，9・24 図に示すように，調整車の水平分速度が水平方向に生じて，加工物を送ることになる．調整車の直径を d (mm)，傾き角を α とすると，調整車1回転で長手に送られる量 a (mm) は

$$a = \pi d \sin \alpha$$

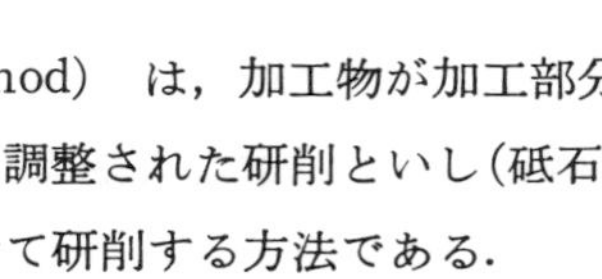

(a) 通し送り法　(b) 送込み法
9・23 図　心なし研削方式

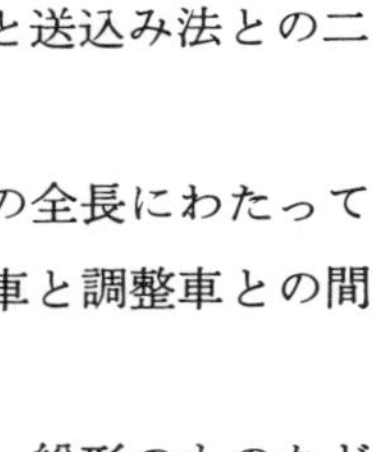

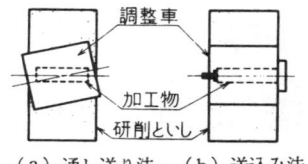

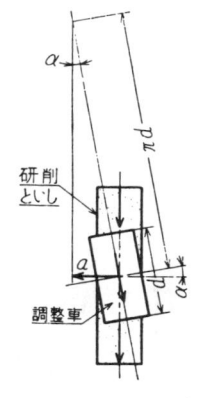

9・24 図　送りの理論

ゆえに，送りの速さは，回転数を変えるか α を変えることによって得られるが，一般には回転数を変える方法を

用いている．αの値は，ふつう 3° 前後にする．

(3) **自動研削サイクル**　送込み研削をする場合には，切込み研削 (plunge cut) の場合と同じ要領で研削作業が行なわれるので，自動研削サイクル制御装置によって，9・25 図に示す自動研削サイクルを行なうことができる．すなわち，材料を支持刃の上に置いてスイッチを押すと，自動的に，早送り→切込み→スパーク アウト→急速もどりの運動を繰り返し，加工物は所定の寸法に仕上げられる．

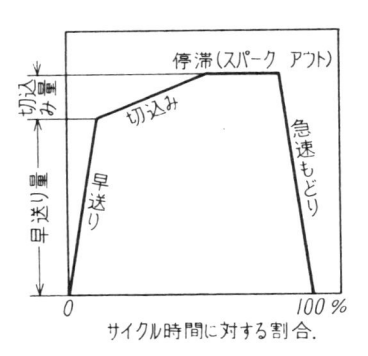

9・25 図　自動研削サイクル

4. 平面研削盤

(1) **往復テーブル形**　最も一般的な形式は，9・12 図に示したもので，といし車の切込みはといし頭の微動で行なわれ，送りはテーブルの縦送りによって行なわれる．加工物をテーブルに取り付けるには，鋳鉄や鋼に対してはふつう**マグネチック チャック** (magnetic chuck) が用いられる．外径が複雑であったり大形のものは，ボルトや押え金を用いる．

(2) **回転テーブル形**　9・26 図は，円形あるいは小形の加工物の平面研削に用いられる回転テーブル形の平面研削盤を示したものである．といし車軸が水平のものと立て軸のものとがあるが，一般に水平軸の平面研削は，表面あらさ，寸法精度

9・26 図　平面研削盤(回転テーブル形) 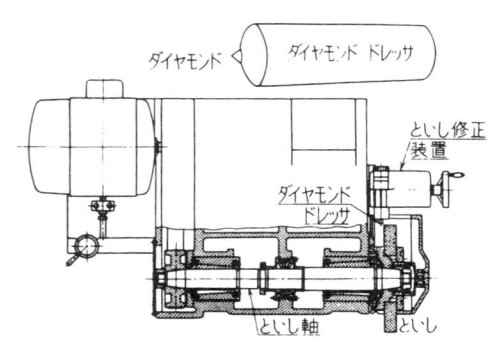　　9・27 図　平面研削盤といし軸といし車修正装置．

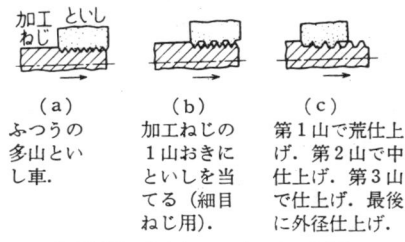

9・28 図　多山といし車による研削.

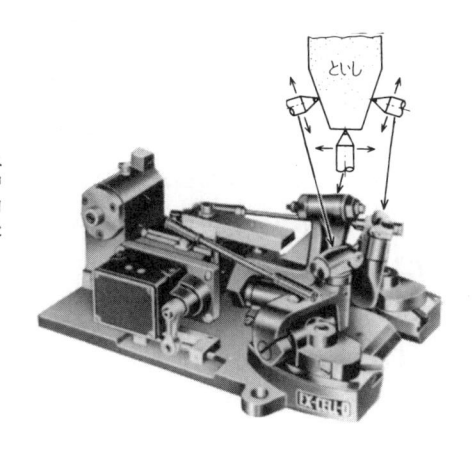

(a) ふつうの多山といし車.
(b) 加工ねじの1山おきにといしを当てる（細目ねじ用）.
(c) 第1山で荒仕上げ.第2山で中仕上げ.第3山で仕上げ.最後に外径仕上げ.

がきわめてよい．9・27図は，といし車軸とダイヤモンド ドレッサによる，といし修正装置を示したものである．

9・29 図　ねじ研削といし修正装置

といし車軸が立て形の平面研削盤は，といし車の側面を使って研削するもので，加工物との接触面積が広いので，荒削り作業に適している．

工作物の取付けには，円形 マグネット チャック が多く用いられる．

5. ねじ研削盤

精密度ねじ，ねじゲージなどの研削に用いられている．研削方式には1山といし（砥石）車を使うものと多山といし車を用いるものとがある．前者は高精度の仕上げ用に，後者は生産性に重点をおく場合に採用される．多山といしに車よる研削方式には，9・28 図 に 示す三つの方法がある．

いずれの方式でも，といし車はねじれ角度だけ傾けてセットされる．

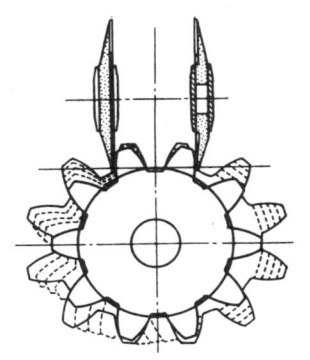

ねじ研削盤は，とくに精度が良くなければならない．すなわち，親ねじとこれにかみあうナットの精度と，ねじ山を研削するといし車の形状の寸法精度がとくに良くなければならない．

9・29 図は，ねじ研削盤に取り付けるといし修正装置を示したものである．

6. 歯車研削盤

熱処理された歯車や，とくに高精度が要求される歯車の歯形を研削するものである．歯車研削は，ラ

9・30 図　創成法による歯車研削．

ック形刃物による歯切りの理論を応用して，2枚の皿形といし(砥石)車を用い，ラック歯形を形成させて研削する方式が最も多く採用されている．

9・30図は，片面のといし(砥石)車2枚を平行に設置して，いくつかの歯をはさんで研削する創成法による歯車研削盤の原理を示したものである．

このほか，ホブ状のといし(砥石)を用い，ホブ盤と全く同じ原理によって研削する方式もある．この方式は，生産性が高く，比較的小さいモジュールの歯車に適している．

10
特殊加工法

　機械部品は，その表面をなめらかに仕上げるほど摩耗に耐え，機械的な抵抗力が増すものである．そのため工作物に要求される表面あらさや寸法精度を高めるために，また，切削加工，研削加工では加工しにくい材料に対する工作法として，いろいろ特殊な加工法がある．

　すなわち，切削加工の誤差を修正して，よい仕上げ面を得るためのホーニング加工，あるいは超仕上げ加工，各種のゲージの仕上げに行なわれるラッピング，焼入れ鋼や超硬合金を加工する放電加工，電解加工，そのほかダイヤモンド，陶器などかたくてもろい材料に対する超音波加工，また電子の流れを用いる電子ビーム加工やプラズマ加工，レーザ加工も脚光をあびてきた．以上のほかにも，表面の性質をよくし，しかも経済的に加工するショットピーニング，製品ととぎ（砥）料と酸，アルカリなどの薬品を箱の中で回転させて研磨するバレル仕上げなどがある．

10・1　精密表面加工
1.　ホーニング
　ホーニング(honing)は，といし（砥石）を適当な圧力で加工物に押し当て，研削液を注ぎながら，といしあるいは加工物に回転運動と同時に往復運動を与えて仕上げる方法である．この方法によって前加工の加工誤差を修正し，安価に，能率的に，しかも高精度の優秀な仕上げ面が得られる．

　ホーニング盤は円筒内面の仕上げを目的としたものであるが，円筒外面や平面の

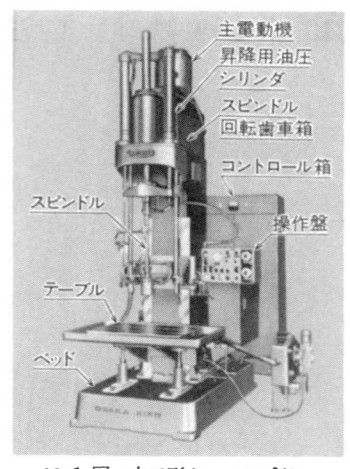

10・1 図　立て形ホーニング盤
10・2 図　横形ホーニング盤 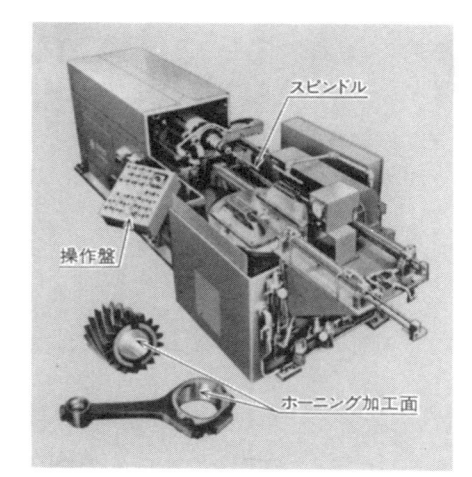

仕上げにも応用される．

（1）**ホーニング盤の構造**　10・1 図は立て形ホーニング盤を，10・2 図は横形のそれを示したものである．いずれもスピンドルにといしを組み合わせた**ホーニング ヘッド**（honing head）と呼ぶ工具を取り付ける．スピンドルには回転運動と同時に往復運動が与えられる．この種のホーニング盤は自動車，航空機，舶用機関，水圧機械，ポンプ，圧縮機械などのシリンダ，スリーブ，コンロッド，歯車の穴内面の仕上げに広く用いられる．

（2）**ホーニング ヘッド**　10・3 図は，ふつうの内面仕上げ用のものを示したもので，このホーニング ヘッドは10・4 図に示したようなといし軸の先に取り付ける．といし軸は ユニバーサル ジョイントを用い，軸心が浮遊した状態におかれている．

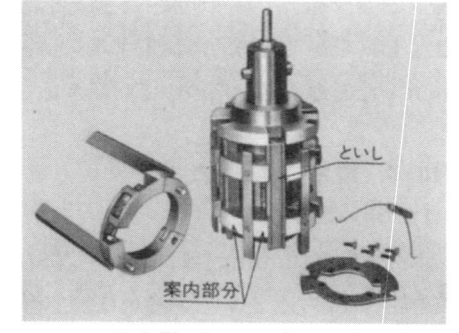

ホーニング ヘッドの周囲には 棒状と

10・3 図　ホーニング ヘッド

いしが取り付けられ，一様に保持されている．このといしは油圧によって張られるか，または中心の円すい（錐）の移動にともなうくさび（楔）作用によって半径方向に

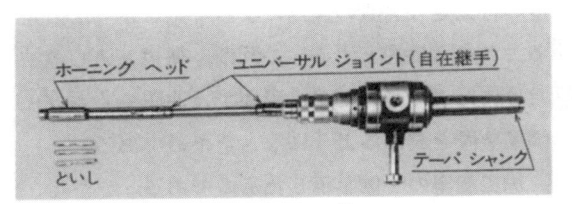

10・4 図　といし軸

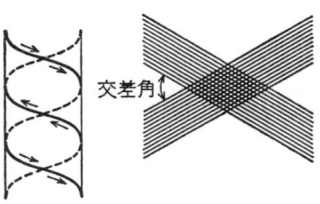

10・5 図　ホーニングといしの運動の軌跡.

拡張される．この機構によってといしの研削抵抗によっても後退することはなく，確実に力の伝達が行なわれる．

（3）**といしの運動と圧力**　といしの運動は，ホーニング ヘッド の回転運動と往復運動の合成によって得られ，これによってと（砥）粒の運動方向が絶えず変化するために，つねに鋭利な切れ刃が発生する．ホーニング盤に用いられるといしは通常棒状であるが，いま1個の棒状といしの内面上の運動を示すと，10・5 図のようになる．この交差じま（縞）をなす角度を交差角と呼び，交差角は作業において広範囲に調整されるものである．交差角が大きい場合，すなわち往復速度が大きく回転速度を小さくした場合は，単位時間における切削量は増大する．ホーニング速度は合成されたといし速度をいい，その値は10・1 表のようである．

といし圧力は加工物にと（砥）粒を切り込ませるのに必要な力であって，粗加工の場合は $100〜300\,\mathrm{N/cm^2}$，仕上げ加工の場合は $70〜150\,\mathrm{N/cm^2}$ である．

10・1 表　ホーニング速度

材　質	ホーニング速度 (m/min)
硬　　鋼	23〜36
軟　　鋼	36〜48
鋳　　鉄	60〜69
青　　銅	60〜75
アルミニウム	69〜75

（4）**ホーニング盤研削液**　研削液の果たす作用は，良好な切り粉をつくりだして研削能率と寸法精度を良くし，切り粉や脱落と粒を洗い流す，加工物や工具から熱を取り去る，仕上げ加工の場合の潤滑剤のはたらきをするなどである．10・2 表は，一般に用いられる研削液の種類を示したものである．

10・2 表　研削液と材料.

加工材料	研　削　液
鋳　　　　鉄	灯油，鉱物油
鋼　　　　管	豚油＋灯油＋硫化油
硬　　　　鋼	軸油＋灯油＋硫化油
ガラスまたはもろい材料	テルペン油
青銅およびやわらかい材料	豚　油
特　殊　青　銅	硫化油

（5）**ホーニング盤の加工能率**　ホーニングは，表面あらさだけを良くすることを目的とするばかりでなく，現在においては，前加工の真円度，真直度の狂いを修

10章 特殊加工法

10·3 表 加工能率

加工材料	加工能率 (mm/min)
軟金属	0.5
鋳鉄	0.38～0.46
硬鋼	0.15～0.31

正し，高精度の自動定寸装置の採用によって正しい寸法公差の製品を得ることをも目的とする．これは，従来といしの拡張を遠心力だけにたよっていたが，現在では油圧やくさびによる切込み調節装置を設けるようになったためである．

10·3 表は，加工能率の一例を示したものである．

表面あらさは 0.1μ 程度にすることができ，また加工層の厚さが小さく，しかも方向性のない仕上げ面がえられるのもホーニング加工の特色である．

（6） 外面ホーニング仕上げ 外面ホーニング盤は横形で，加工物はチャックでつかむか，両センタでささえる．また，10·6 図に示したような手動用の工具を用いて，10·7 図のように人の手によって工具を往復させるものもある．

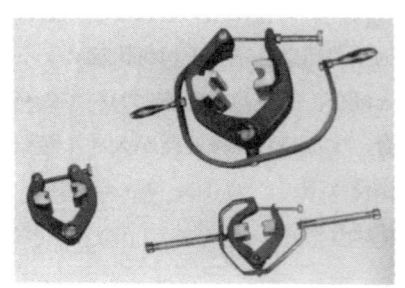

10·6 図 外面ホーニング ヘッド（手動用） 　　10·7 図 外径ホーニング加工例（手動用）

2. 超仕上げ

（1） 超仕上げの機構 超仕上げ(super finishing)は，粒度のいちじるしく細かい結合度の比較的低い微粒といし(砥石)を，低圧力で加工物に接触させ，といし

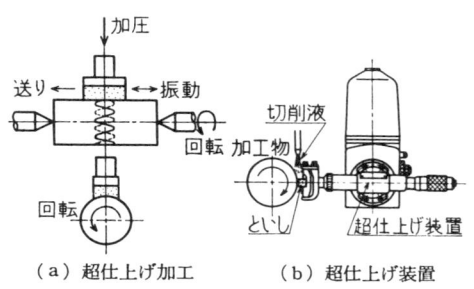

（a）超仕上げ加工　　（b）超仕上げ装置
10·8 図 超仕上げといしの振動．

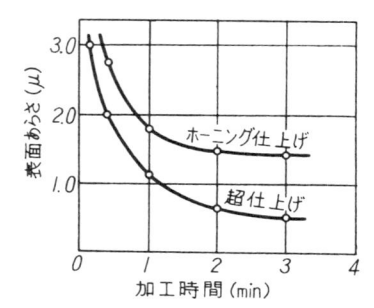

10·9 図 といしによる表面あらさ．

には，10·8 図に示すように行程の短い急速な往復振動を与えて，表面変質層がきわめて少なく，かつ平滑な鏡面に仕上げる加工法である．超仕上げによる仕上げは，円筒面，平面，曲面のいずれに対しても適用できるが，最も一般的で効果のあるのは，回転軸のジャーナルで代表される円筒外面である．

超仕上げによって仕上げ面が完成してゆく過程は，10·9 図に示すように，ホーニングの場合と同様である．仕上げ面は，はじめに急速にあらさが減り，ある時間ののち一定値を示すようになる．この前段はといしが加工表面を研削している部分であり，後段はといしの研削作用は停止し，軸とといしのすり合わせ運動によって微細な凹凸を平滑化しているような仕上げが行なわれる部分である．後段の仕上げで鏡面状態に達する．

といしの運動は，一般に振幅が 1～5 mm，振動数が毎分 500～2000 回である．といしに加える圧力は，といしの結合度と密接な関係にあるが，初期の研削の行なわれるところでは 12～20 N/cm²，最後の仕上げが行なわれるところでは 8～10 N/cm² くらいが適当である．

加工物は，円筒外面の場合には，円筒研削盤または旋盤のように，両センタ間に支持する．加工物の回転数は，表面速度が荒い仕上げで 5～10 m/min，精密仕上げで 15～30 m/min，になるようにする．

表面あらさは，以上の速度で 0.1～0.5 μm 程度に仕上げられる．

（2） 超仕上げ用研削液　超仕上げは加工面に発熱現象はないが，加工物とといしとの間にできる切り粉やと(砥)粒を流し去るために研削液が必要である．また油の粘性を加減することによってといしの研削作用を調節することも一つの目的である．すなわち，超仕上げ加工が進んで加工面がなめらかになるころ，といしのほうも細かい切り粉によって目詰まりを生じ，加工表面がなめらかになる．この場合といしの表面と加工物の表面が研削油にへだてられて研削作用は行なわれず，いわゆる"なじみ"によって鏡面に仕上げられるのである．

超仕上げ用研削液としては，灯油または軽油が最もよく用いられる．鏡面仕上げには，やや粘性の高いスピンドル油などを 10～30％混合するとよい．

（3） 超仕上げ加工の特徴　超仕上げ加工によれば，第一に，精密でなめらかな仕上げ面が得られるので，これを機械部分に用いた場合に，摩擦や摩耗がきわめて

少ない．また，有効接触面積が増すので，回転の初めから円滑に運転できる．

第二に，加工時間が短いという特徴がある．また，切削や研削では加工面に多くの熱が発生し，圧力が加えられるので，加工物の表面層は相当変質し，この変質層のために摩耗しやすくなるが，超仕上げではといしの圧力とその速度がともに小さいので，加工中の発熱はほとんどない．したがって，変質層ができず，金属の結晶面が現われる．

(4) **超仕上げ盤** といしの運動はカム機構によるものや，油圧，空気圧によるものがある．

前者は運動が確実だが，しゅう(摺)動する部分の耐久度が低い．また後者は運動が円滑で寿命も長いが，低圧での運動がやや不確実である．

といしに圧力を与える機構はばね式，空気圧式がふつうである．

10·10 図は旋盤用の超仕上げユニット (super finishing unit) の一例を示したもので，10·11 図は，旋盤にこのユニットを取り付けて加工している状態を示したものである．

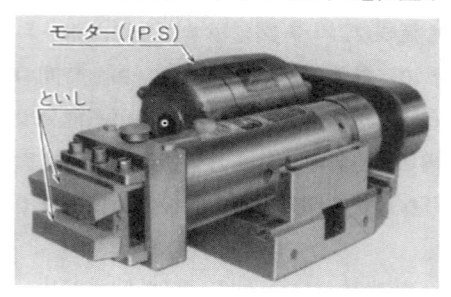

10·10 図　超仕上げユニット(大物用)

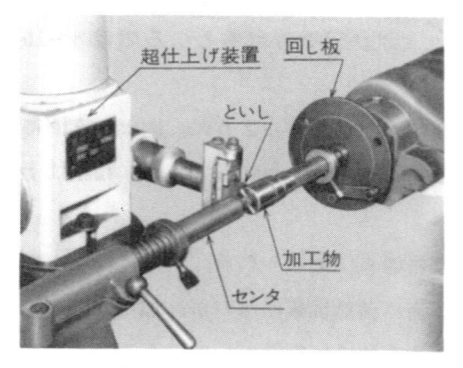

10·11 図　超仕上げユニット(小物用)

3.　ラッピング

(1) **ラッピングの原理**　ラッピング(lapping)は，加工しようとする理想形状に近い**ラップ**(lap)と称する工具を用い，加工物との間に**ラップ剤**(lapping powder)のと(砥)粒を入れて，これをすり合わせ，加工物にラップの形をうつしとる仕上げ法である．ラッピングの取りしろは 1/100～2/100 mm 程度である．10·12 図は，正しい平面をもったラップ定盤に小面積の平面をすり合わせて，精度を向上

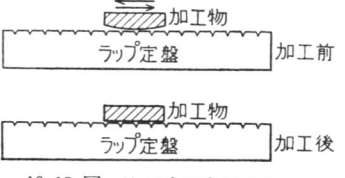

10·12 図　ラッピングの原理．

させているラッピングの一例である．ラップ定盤は，このために絶えず正しい平面を保たせておかなければならない．

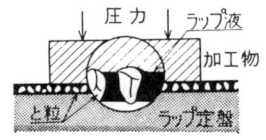

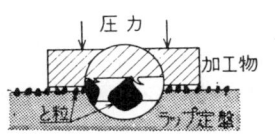

10・13 図　湿式法と乾式法．

（2）湿式法と乾式法　ラッピングには，ラップ液の用いかたにより，湿式法と乾式法とがある．

湿式法(wet method)は，と(砥)粒であるラップ剤と石油などのラップ液とを混ぜたものを，仕上げる部分に多量に置いて仕上げる方法である．10・13 図(a)に示すように，この場合は加工物がラップ剤の粒子のころがりによる切削を受け，なし(梨)地の仕上げ面になる．

乾式法(dry method)は，ラップ剤，ラップ液は使用するが，ラップ定盤の上に一様に埋め込まれた粒子以外の余分のラップ剤，ラップ液は全部ふき取り，乾燥状態でラッピングを行なう方法である．同図(b)は，この状態を示したものである．この場合は，と粒の引っかきによる加工が行なわれる．

湿式法は，あら仕上げに用いられ，比較的高速度で行なわれるので作業能率が高い．乾式法は本仕上げでつや(艶)出しも目的としている仕上げ量はきわめてわずかであるが $0.1\,\mu m$ 程度の表面あらさが得られる．10・14 図は，研削盤による仕上げ面と超仕上げ，ラッピングの面を比較したものである．

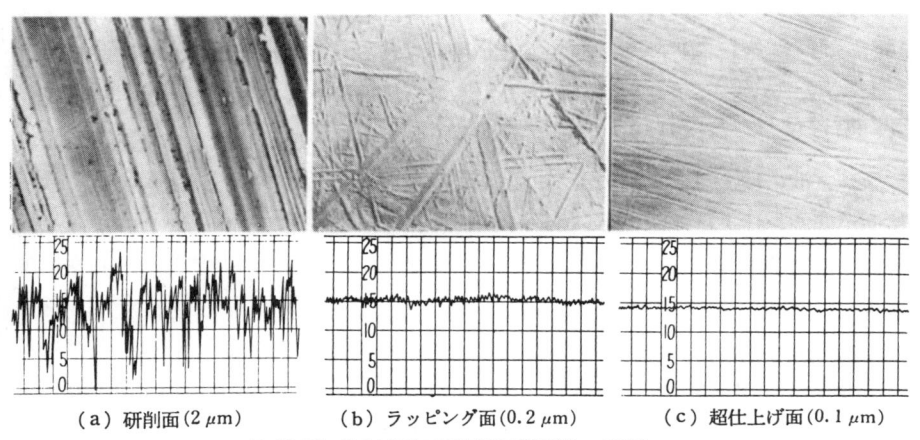

(a) 研削面($2\,\mu m$)　　(b) ラッピング面($0.2\,\mu m$)　　(c) 超仕上げ面($0.1\,\mu m$)

10・14 図　仕上げ面の比較(電子顕微鏡 ×2000)．

(3) ラッピング速度と圧力 加工物のラップ面とラップとの相対速度は，仕上げ結果にたいして影響を与えないが，乾式法のときには速度が大きいと発熱してラップ焼けの現象が起こる．焼入れ鋼のラッピングの速度は一般に 20～30 m/min 程度にする．

ラップ面に対する圧力は切削量，仕上げの結果に大きな関係がある．この圧力が不足すると，美しい面が得られない．湿式法と乾式法では，圧力が相違する．湿式法でも高い圧力を加えて行なうと，乾式法のような結果になる．湿式法の圧力は鋼に対して 0.5 kgf/cm² くらい，乾式法では 10～15 N/cm² くらいが適当とされている．ラッピングの取りしろはできるだけ少なくすることが望ましい．

(4) ラップとラップ剤 ラップの役目はラップ剤を保持し正確な表面形状を加工物に移すことにあるので，加工物よりやわらかくしかも材質がち(緻)密で摩耗しにくいものでなければならない．ゆえにラップの材質としては一般に，鋳鉄，銅および銅合金，活字合金，ウッド合金などが用いられ，このうち鋳鉄は焼入れ鋼のラッピング用として最も多く用いられる．これは，組織がち密で，またグラファイトをもっているために，ラップ剤を加えなくてもグラファイトが遊離して最終仕上げを行なうことができるからである．ラップ盤では，定盤をパーライト鋳鉄またはミーハナイト鋳鉄でつくって，精度がくずれないようにしている．

10·4 表 ラップ剤の大きさ．

ラップ剤	粒子の大きさ(μm)
酸 化 鉄	0.3～1
酸化クロム	1～1.5
酸化アルミニウム	4～14
炭化けい素	11～211

ラップ剤としては，炭化けい(珪)素，酸化アルミニウム，酸化クロム，酸化鉄(べんがら)などが用いられる．その粒度はきわめて細目のもの，あるいは微粉のものである．10·4 表はラップ剤の大きさの一例を示したものである．

ラップ液には，ラップ面の冷却によって熱の放散がよく行なわれるもので，かつ粘性が低く，仕上げ能率のよいものが用いられる．一般に石油類，オリーブ油，白絞油，菜種油が用いられる．ラップ剤とラップ液の混合は，容量比で 1 : 1 が標準である．

(5) ハンドラッピング 平面をラッピングによって仕上げるには，基準になる定盤をラップとして，これにラップ剤，ラップ液を施し，圧力を加えてすり動かして仕上げるが，ラップする面積がせまい部品の場合には，平面を維持するために

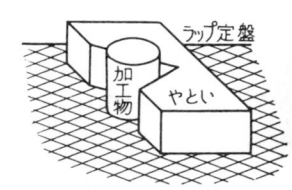

10・15 図　やといを用いた
　　　　　ラッピング.

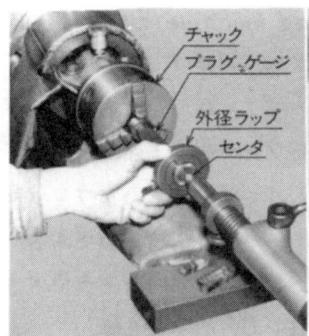

10・16 図　せんゲージの外径
　　　　　のラッピング.

10・17 図　リングゲージの内径
　　　　　のラッピング.

種種のやとい (holder) を用いてラッピングを行なう. 10・15 図は, その一例を示したものである.

　10・16 図は, せん(栓)ゲージ(plug gauge)の外径をラッピングしている状態を示したものである. 旋盤の主軸にせん(栓)ゲージを取り付け, ラップホルダにはめられた外径ラップを用いて, 前後左右に動かして仕上げる.

　10・17 図は, リングゲージ(ring gauge)の内径をラッピングしている状態を示したものである. この場合は, せん(栓)ゲージの場合とは反対に, リングゲージを手でささえ, 主軸に取り付けられた内径ラップにそって移動させて仕上げる.

　(6) ラップ盤　ラッピングは, ラップと加工物との"ともずり"の原理によって精度をあげるものであるから, ラップ盤の精度は, 一般の工作機械なみであれば

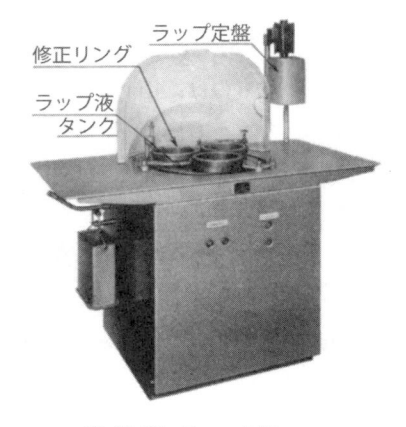

10・18 図　ラップ盤

10・19 図　ラップ盤の主要部.

充分である．**ラップ盤**(lapping machine)の種類は，平面ラップ盤，円筒ラップ盤，鋼球ラップ盤，歯車ラップ盤，バルブシートラップ盤などがあるが，一般には 10·18 図に示す平面，円筒の加工に用いられる立て形ラップ盤のことをさしている．立て形ラップ盤には，2 面ラップ形と 1 面ラップ形とがある．

10·19 図において，中心にあって回転するのが**ラップ定盤**である．ラップ定盤は摩耗が少なく，組織のち密なミーハナイト鋳鉄製である．**修正リング**はラップ定盤の上にのり，自由に自転できる．外周は**案内ローラ**でささえられながら，加工中，つねに定盤の上をすべり，定盤の部分的摩耗を修正し，一様な平面度を保っている．

修正リングの中には**ホルダ**が置かれ，加工物が並べられる．ラップ液も修正リングで定盤上に一様に分布される．

10·20 図は，修正リングの自転の様子を示したものである．図でわかるように，定盤が θ だけ回転すると，リングの A 点は a だけ動かされる．同様に B 点は b だけ動かされることになり，結局リングは矢印の方向に自転する．

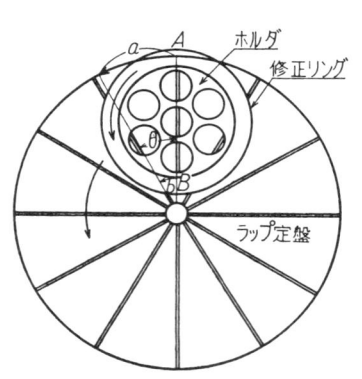

10·20 図 修正リングの自転．

ラップ盤による加工は，10·21 図に示すように，加工物をホルダに並べ，軽いときは加圧板を置いておもりを置く．自重でラップ圧が加えられるときは，ホルダで位置決めするだけで仕上げる．ラップ圧はふつう $0.5 \sim 1.0 \mathrm{kgf/cm^2}$ である．加工に当たってラップ定盤が回転すると，定盤の外周部にあるものは，中心部のものより速い速度をもつことになるので，加工物は遊星運動をすることになり，多方向か

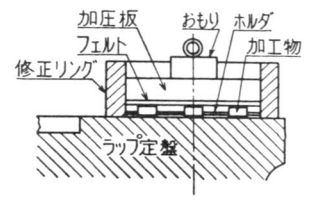

10·21 図 ラップ盤による加工．

10·5 表 ラップ剤の適用範囲．

仕上げ程度	粒　度(メッシュ)
荒 ラッピング	180～320 (Cと粒カーボランダム)
中 ラッピング	400～600 (Cと粒カーボランダム)
精密ラッピング	800～1500 (Aと粒アランダム)
鏡面ラッピング	酸化クロム

ら削られて仕上げ面はなめらかになる.

10・5 表はラップ剤の適用範囲の一例を示したものである.

10・2 特殊加工法
1. 放電加工

(1) 放電加工の原理 最近の工業の発展は高度の精密加工が求められ，また材料に関しては高温に於ても強さを失わない材料, 耐摩耗性の材料, 耐蝕性の材料, 脆い材料などの加工が容易にできると

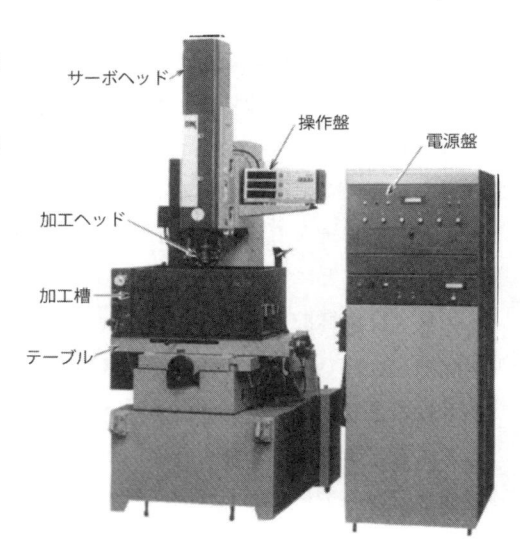

10・22 図 放電加工機の外観.

いう点などが求められている. 従来これらの材料に対する機械加工では，材料の硬度・強度・耐熱性と工具のそれとの差を利用して行なってきたが，限界の材料になれば, 工具と材料の性質の差が少なくなって加工が困難になってくる. 従って従来の加工法に比べて根本的に異った原理によって即ち材料を構成する原子に直接エネルギを加えて加工する方法が研究されてきた. このような方式の加工が電気加工である. アーク溶接なども放電現象を利用する電気加工であるが放電加工(electric discharge machining)は工作物と工具の電極に電源を接続して，パルス的に電気エネルギを供給し, 放電を発生させることによって加工を行なうものである. 1回の放電

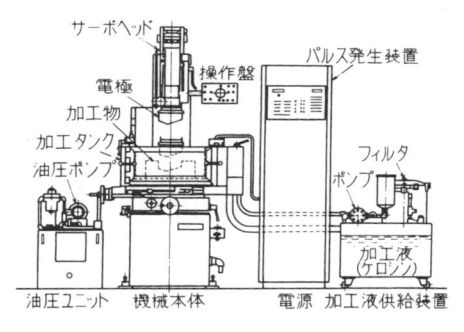

10・23 図 放電加工機の構成.

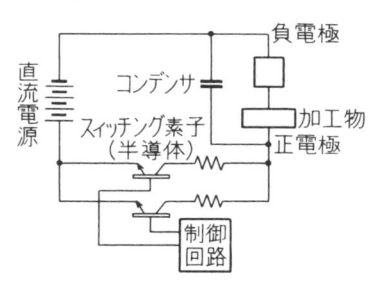

10・24 図 放電加工機のトランジスタ制御付きコンデンサ放電回路.

によって両極の作用点の金属は僅かであるが飛散するので，この放電を繰り返すことによって一方の電極即ち加工物を消耗させるという加工方法である．10・22図はその加工機の外観である．加工電源は10・23図の構成図にみられるようなパルス発生装置であり，この電源装置の内容は10・24図に示すようなスイッチング回路である．このスイッチを1秒間に仕上げ加工では 10^6 回以上，荒加工では400回程度の開閉を行なうことによって，両極間で繰り返し放電が行なわれて加工が行なわれる．

この加工は絶縁油の中で行なわれ，その放電の強さと繰返しが適当に制御され，放電間隙が広ければ狭く，また狭ければ広く，常に電極と工作物の間隙が適当に維持されるようになっている．また電極と工作物が接触した場合にも放電間隙をすぐもとにもどす機構がつけられている．このような加工方法であるから，一方の主軸電極を所要の形にしておけば，他方の電極即ち加工物にはその形状が刻み込まれる．10・25図は電極と成形が終わった加工物を示したものである．

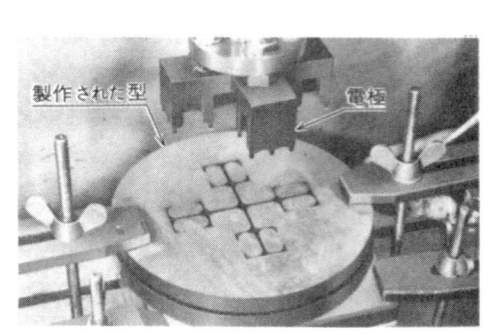

10・25 図　電極と製作された型.

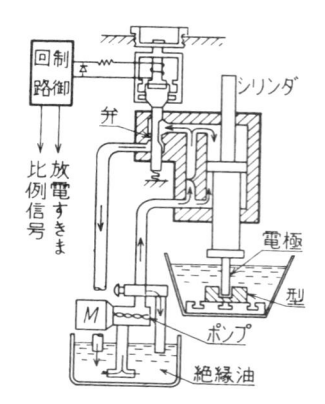

10・26 図　電極の制御(油圧バルブ方式).

(2) 電極の位置制御　一般に，加工物である電極のほうは固定しておいて，工具電極を移動させるのがふつうである．これには，両極間の電圧，電流を検出する方法が用いられている．電極駆動の方式には，モータを用いるもの，油圧バルブとシリンダによるもの，電磁石によるものなどがある．10・26図は油圧バルブ方式の駆動法を示したものである．

(3) 電極材料　電極には種種の材料が用いられるが，電極の形状そのままに加工物が成形されるので，消耗が少ないこと，電極の成形が容易であること，価格が

安いことなどの条件を備えていることが必要である．

現在用いられている電極材料について，その成形法と適用例を 10・6 表に示しておく．また，10・27 図は，銀，タングステンを電極材料にして成形した打抜き型の一例を示したものである．

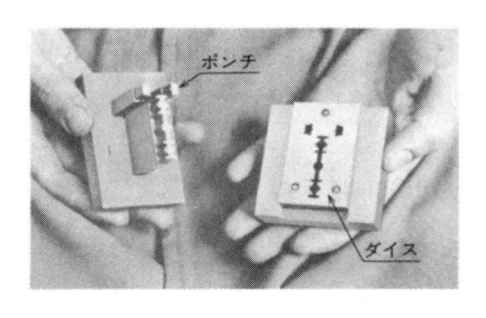

(a) 両刃安全かみそり刃打抜き型
(b) ポンチ
(c) ダイス

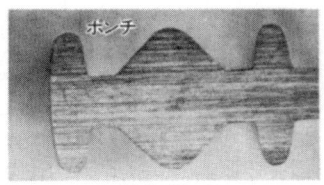

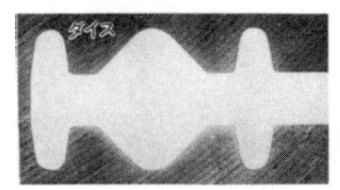

10・27 図　放電加工法による打抜き型．

10・6 表　電極材料

電極材料	成形法	適用例
黄　　　銅	切削, 鋳造	せん断型
鋼	切削	ほとんどの金型.
銅, タングステン	切削, 研削	せん断型, 押出し型
銀, タングステン	切削, 研削	せん断型, 押出し型
グラファイト	切削, 研削	ほとんどの金型.
亜鉛合金	鋳造	鍛造型

10・7 表　加工速度と表面のあらさ．

加工速度 (g/min)	表面のあらさ (μRz)
0.5～0.7	20～25
0.3～0.4	10～15
0.07～0.1	7～10
0.04～0.06	8～10
0.025～0.03	6～8
0.015～0.02	4～6

(4) 放電加工の速度と精度　放電加工の加工速度は，単位時間に消失する加工物の量を，容積あるいは重量で表わす．10・7 表は，黄銅の電極で焼入れした鋼を加工した場合の，加工速度と表面のあらさの関係を示したものである．

(5) ワイヤカット放電加工　型彫り放電加工方式に対してワイヤ電極 (0.02～0.3 mm 程度) を巻取りながら，糸鋸式に二次元の輪郭を加工するワイヤカット放電加工機があって，10・28 図に示すように，機械加工では不可能な製品の加

10・28 図　ワイヤカット放電加工機による製品．

工に用いられている．その構成は10・29図に示すように加工物が所定の形状になるために動く制御装置，加工物を取り付けるテーブルとワイヤを一定の張力で精度よく走行させるワイヤ駆動の機構，それに加工電源と加工液供給装置などである．この加工方式ではワイヤ自身が走行するので消耗による加工誤差はないしワイヤの垂直精度によって精度の高い加工ができる．加工液はイオン交換樹脂などを通すことによって適当な電導度に保たれた水が用いられている．加工速度を10・30図に示す．黄銅系ワイヤの方が速いのは抗張力の相違によるものである．この加工機によってプレス抜型・押出し，引抜きダイスなどの金型・放電加工電極などが作られている．ワイヤカット放電加工機の外観を10・31図に示す．

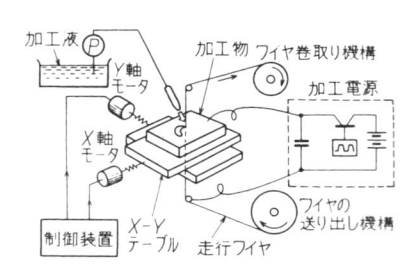

10・29図　ワイヤカット放電加工機の構成．

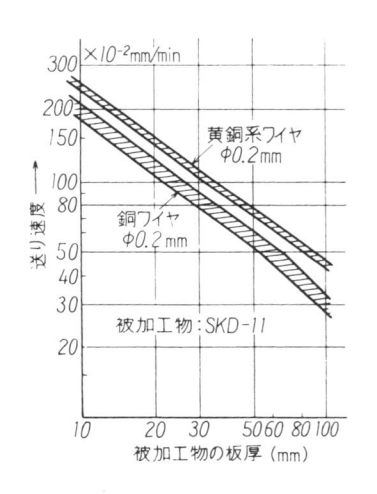

10・30図　ワイヤカット放電加工速度

10・31図　ワイヤカット放電加工機の外観．

2. 電解加工

(1) 電解加工の原理 電解加工 (electro chemical machining) は金属の電気分解を利用した加工法である．電気めっきとは逆に電気化学的な溶解によりわずかずつ加工物を取り除いて，切削加工が困難な高張力鋼，超硬合金などの材料に穴あけ，形彫りなどを平滑な仕上げ面に加工するものである．一般に電気分解では陽極金属はイオンとなり電解液の中に溶けるが，陰極では水素ガスが発生するだけで，電極の消耗は起こらない．加工速度はファラデーの法則から電気量を増せばそれに比例してあげることができる．

(2) 電解加工機の構造 10・32 図は**電解形ほり機**である．図において，電極工具の中心のノズルから，電解液，主に食塩水を噴出させる．加工を終えた液は水酸化鉄または酸化鉄の形の加工粉末を含みかっ色か黒色になるので，この加工粉末を沈でんそう，ろ過機または遠心分離機により除去し再び加工液として使用する．そのほか電解加工機には，電極送り装置，加工物の取付け装置，加工そうなどが付属する．

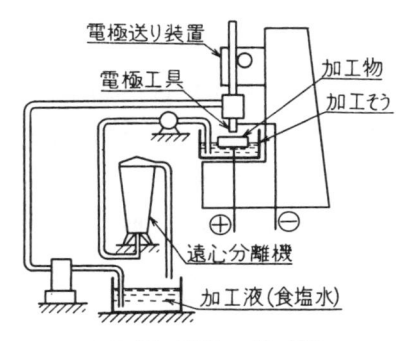

10・32 図 電解加工機の構造．

電源は一般に三相交流を整流して得られる直流を使い，電極工具を陰極に，加工物を陽極に接続する．二次電圧はふつう 5〜20 V が用いられ，電流密度は 200 A/cm² 程度で加工が行なわれる．電極工具の設計や加工条件がよければ，表面あらさ数 μ，加工精度 5/100 mm 程度は容易に得られる．

(3) 電極と電極の送り 電極工具の材質としては，電気および熱の良導体である銅または黄銅が多く用いられる．材質は電気化学的反応に直接関係しないので何でもよいが，加工精度が電極の精度に左右されるので，製作精度の出しやすい材質を選ぶべきである．また，電極工具の表面にめっき沈でん物が付着し，これが転写されて加工物の精度を悪くするから，こうしたものが付着しない材質が望ましい．こうした点を考えると，黄銅またはステンレス鋼に硬質クロムめっきを行なったものが材質的にすぐれている．

電極工具の形は，加工面に加工液が均一に流れるようにくふうされ，また，この

電極は加工物との間げき（隙）をつねに一定に保つために，送りにはサーボ機構が用いられている．電極間げきは 0.2～0.6 mm 程度である．

（4） **電解研削加工**　10・33 図は電解研削盤 (electrochemical grinder) を示したものである．この研削盤による加工原理は，10・34 図，10・35 図に示すように，機械研削と同様，加工物をメタルボンドのダイヤモンド砥石に接触させ，その間に電解液を注ぎ込んで，加工物と砥石間に直流の低電圧（12～25 V），大電流（150～1200 A）を流す．このため電解液の作用で陽極の加工物は電気分解をし，一方砥石側では水素ガスが発生する．この時陽極の加工物に酸化

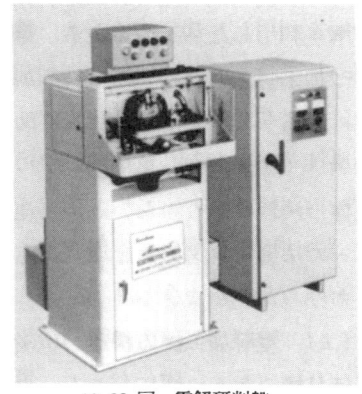

10・33 図　電解研削盤

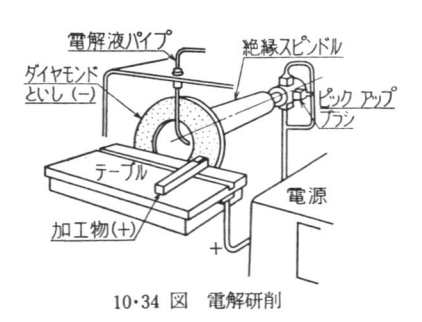

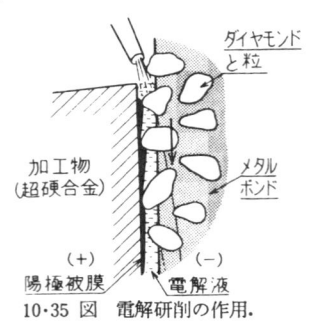

10・34 図　電解研削

10・35 図　電解研削の作用．

皮膜ができて絶縁体になるのでこの酸化物を砥石で機械的に削り取り，加工物の表面を常にきれいにして化学反応を持続させながら研削する．砥石の粒は酸化皮膜を除去するばかりでなく，砥石と加工物の間隙を 0.03～0.05 mm に保って放電の防止また電解液の供給などの役目をしている．電解研削では電解作用による研削量が 80～90 % といわれている．電解研削は超硬バイトの研削からはじめられたが現在ではその他の研削にも利用されている．

（5）**電解研摩**　電解液をみたした容器の中に加工物を入れて電流を流すと，陽極にした加工物の表面の最も突出した部分が電解して取り去られ，平滑な光沢のある仕上げ面が得られる．これを**電解研摩** (electrolytic polishing) といっている．陰極には鉛がよく使われるが，加工物と同じ材質のものでもよい．電解液にはりん

酸・硫酸・クロム酸などの溶液が使用され，ステンレス鋼，アルミニウム材の仕上げ，また銅・黄銅・炭素鋼・タングステン材の研摩に用いられている．

3. 超音波加工

超音波加工（ultrasonic machining）は，振動による衝撃的な力で加工物を破砕して加工するものである．この加工法は加工材料の電気伝導度とは無関係に加工ができるので，焼入れ鋼，超硬合金，ゲルマニウムのほか，非金属のダイヤモンド，陶器・宝石・水晶などの穴あけ・切断・研削・彫刻などに用いられる．10・36 図に示すように，と粒と水または油との混合液の中で振動工具と一定の圧力で接触させ，加工が進むにつれて振動工具を追従させて加工する．振動数は低周波の 100 ～ 400 Hz 程度から一般的な超音波としては 15 ～ 30 kHz 程度の振動を利用している．

振動子の材料として，加工用にはうず電流による内部損失は大きくて能率はよくないが破壊力が大きくホーンとのろう付けが容易なニッケルなどが用いられる．

加工する時振動工具には 10 ～ 80 μm 程度の変位が必要であるが，振動子の材料疲労を避けるために振動子の端の振幅は小さくしてホーンによって振幅増幅を行なって工具の振動を得ている．10・37 図は超音波加工機の外観である．

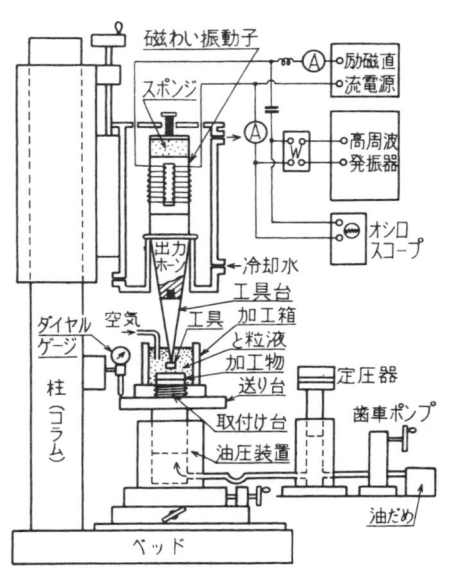

10・36 図　超音波加工機

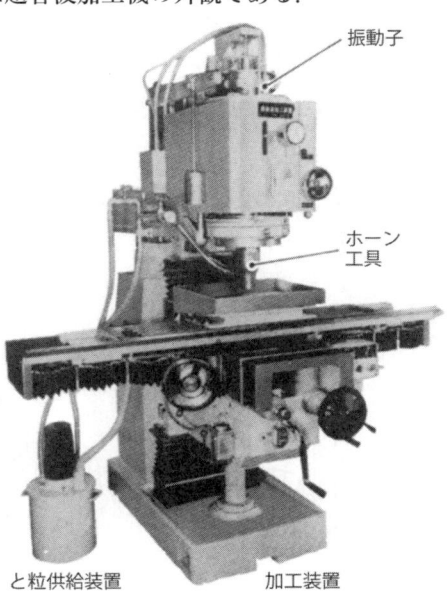

10・37 図　超音波加工機の外観．

このほか超音波加工によって溶接も行なわれている．原理は摩擦熱による圧接である．この方法の溶接では溶接温度が低くそのため結晶の粗粒化もないので箔のような薄い板，エレクトロニクス（半導体）のリード線の溶接，金属とプラスチックなどのほか異種の金属の接合に用いられている． 10・38図は超音波による各種の加工方式を示している．

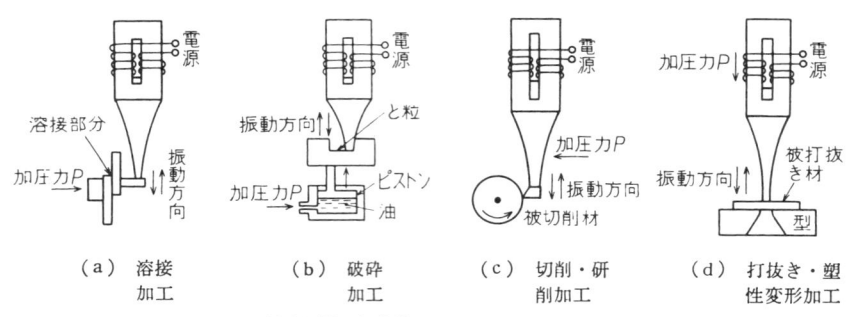

（a）溶接加工　（b）破砕加工　（c）切削・研削加工　（d）打抜き・塑性変形加工

10・38 図　超音波による各種加工法．

4. 電子ビーム加工

電子ビーム加工（electron beam machining）は真空中で電子を静電的に光の速度の1/2位まで加速して，その高速の電子ビームを集めて加工物材料に衝突させて加工する方法である．衝突した電子のエネルギの大部分が熱になりこれで加工が行なわれる． 10・39図は電子ビーム加工装置図である．穴あけ，溶接，塗料乾燥等に利用されている．電子ビームは加工物の表面上に$5\sim10\ \mu m\phi$の大きさに集中させることができる．

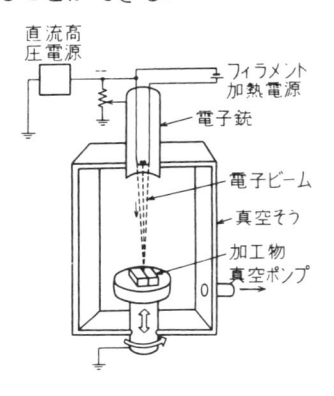

10・39 図　電子ビーム加工装置

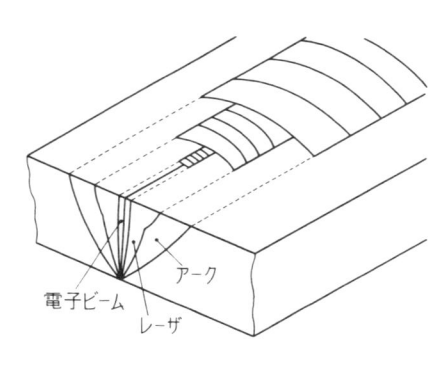

10・40 図　溶け込みの深い電子ビーム溶接．

溶接に用いる場合も電流・電圧等を変化させるだけでほぼ同じ装置が用いられ，10・40図に示すように他の溶接方法と比較して，幅の狭い溶込みの深い溶接ができ，超耐熱材でも電導体でも不電導体でも加工することができる．また，電子ビーム加工は真空装置のついた真空容器の中で行なわれるので，溶接部は酸化されない等の利点もあるが，装置が高価であるから大きさが限定され，大形のものには適さない．なお，X線を発生するので，その対策がとられている．10・41図は電子ビーム溶接機の外観を示したものである．

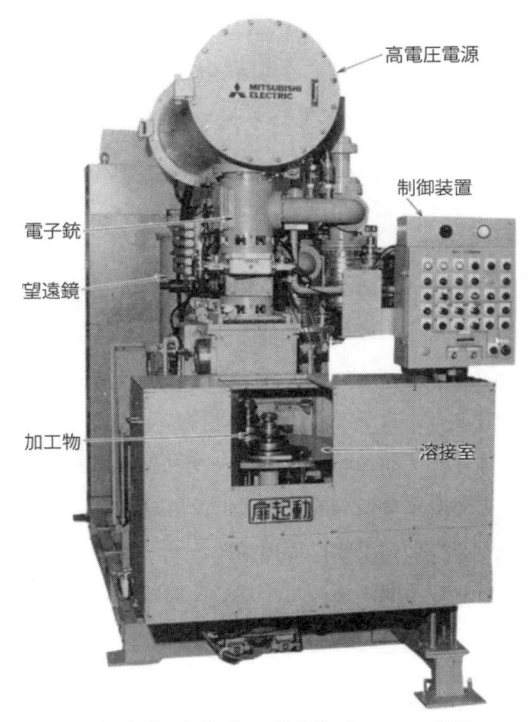

10・41 図　電子ビーム溶接機（パッケージ形）

5. プラズマ加工 (plasma machining)

高圧ガスの中でアーク放電をつくったときに電離イオンと電子がほぼ同数混りあった状態をプラズマ (plasma) と呼んでいる．これは溶接のアーク，酸素・アセチレン炎などに比較して熱源としての温度が高く（約5000℃）プラズマ流の速度も速くまた熱源から加工物への熱移行もよいので加工用の熱源として切断・溶接・合金の粉末製造などに用いられている．10・42図はプラズマ溶接の図である．電極とノズルの間にアークを発生させ，ガスがアークを通過するときに電離してできる超高速で高温のプラズマジェットを利用して溶接する．溶接部が空気中の酸素によって酸化されないようにノズルの周りにシールドガスを流して防

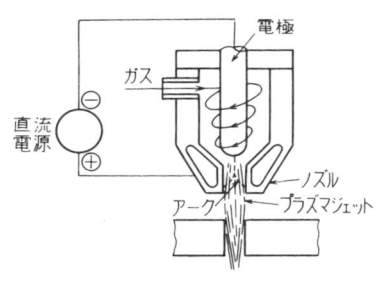

10・42 図　プラズマ溶接の原理．

ぐ．アルミニウムの溶接にはアルゴンガスやヘリウムガス，ステンレス鋼の場合にはアルゴンガスとヘリウムガスの混合ガスが用いられる．ごく薄い板の溶接もでき 0.02 mm 以下のアルミニウム・ステンレス鋼，また 0.15 mm 以下のチタン溶接も可能である．

6. レーザビーム加工 (LASER beam machining)*

レーザ光は極めて良く位相のそろった単色光で，気体・液体・固体・半導体のいずれの状態のものもレーザ光を発生させることができる物質がある．10・43 図に示すように，レーザ加工ヘッドのレーザ共振器によって発振したこの光を集光レンズによって集めこれを加工物に照射する．レーザ光は広がりの角度が極めて小さい平行線のた

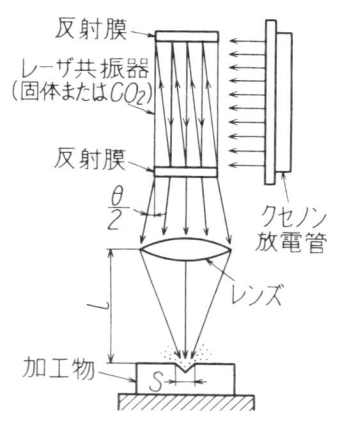

10・43 図　レーザ加工ヘッドの概略図．

材質：陶器　板厚：6 mm
加工時間：57 秒

10・44 図　炭酸ガスレーザ加工機と加工物の一例．

---

* LASER は light amplification by stimulated emisson of radiation（誘導放射による光の増幅）の略記号．

めに遠くまでこれを送ることができる．また集光度が極めて良く，狭いスポットにエネルギを集中させることができるので，部分的に10000℃に達するともいわれる．非常な高温になるため，溶接，穴あけ，医療などに利用されている．10·44図は切断用に利用されている炭酸ガスレーザ加工機である．出力250Wで厚さ6mmのチタン板を50 mm/s，3 mm鉄板を10 mm/s切り口幅1 mmで切断できた例もある．

10·3 その他の加工法

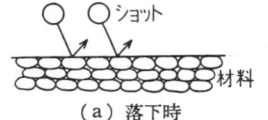

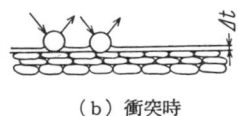

1. ショット ピーニング

(1) **ショット ピーニングの原理** 径が0.4〜0.9 mm，かたさがロックウェルで61〜64程度の鋼鉄製の小球，いわゆる**ショット**(shot)を製品に打ちつけて，表面を硬化させる方法を**ショット ピーニング**(shot peening)という．

10·45図のように，ショットを材料の表面に吹き付けると，凹凸ができる．この衝撃が荷重として作用し，塑性変形を起こして表層部に加工硬化が生じる．これを**ピーニング効果**(peening effect)と呼んでいる．この効果は，薄い工作物ほど大きい．ばね，軸，歯車，ロッドなどに用いられるのはこのためである．加工硬化層の厚さは，0.3〜0.6 mm程度である．ショットには溶けた鋳鉄を圧縮空気で空気中に吹き飛ばし，表面張力によって球形になったものを水中に散布させて急冷硬化してつくったものと，鋼線を直径と等しい長さに切断し，さらにくず鉄などを吹き付けて角を取ったカット ワイヤ ショットがある．

10·45図 ショット ピーニングの原理．
(a) 落下時　(b) 衝突時

(2) **吹付け方法** 鋳物の表面処理の場合に，ショットを用いて表面の砂取りをする方法をショットブラストというが，ショット ピーニングの吹付けは，この方法と同じである．吹付け方法には，空気圧縮式と遠心吹付け式とがある．

空気圧縮式は，10·46図のように，圧縮空気をノズルから吹き出させ，ショットを混ぜて吹き付ける方法

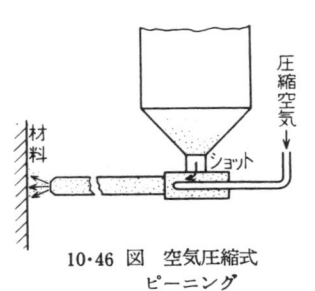

10·46図 空気圧縮式ピーニング

である．もちろん，ショットの回収とか作業者の健康管理とかは，機械の構造上で考慮されている．この方法の特色はノズル方式であるため携帯に便利で，複雑な部分の加工がしやすいことにある．しかし，大形製品の加工に対しては能率が上がらない．

遠心吹付け式は，10·47 図のように，遠心力を利用したものである．

この式のものは，多量のショットを高速度で吹付けることができるので，吹付け方向の変換も容易であり，また能率的である．

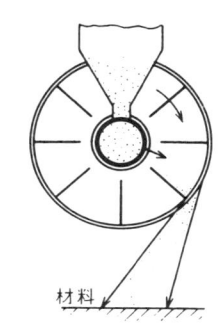

10·47 図　遠心吹付け式ピーニング

2. バレル仕上げ

（1）**バレル仕上げの原理**　バレル(barrel)という箱の中に製品とメディア(と料)とコンパウンド(活性剤または潤滑剤.)を入れて回転させ，三者の接触や衝突により表面をなめらかにする加工法を**バレル仕上げ**(barrel finishing)という．

バレル仕上げの目的は，表面の凹凸を取り除くカッティング(cutting)と，つや出しをするポリシング(polishing)との二つに大きく分けられる．バレルは低速度で回転され，数時間をかけて加工物を仕上げるのである．

10·48 図は，バレル仕上げが行なわれる作用を示したものである．工作物をメディアおよびコンパウンドとともにバレル内に入れ，バレルを回転させると，加工物とメディアがバレルの回転につれて上昇し，A層に達すると落下しないで斜めにすべり始める．このすべり作用によりカッティング，ポリシングが行なわれる．

さらに，A層からすべった加工物とメディアは，B層でバレルに衝突し，カッティングが行なわれる．

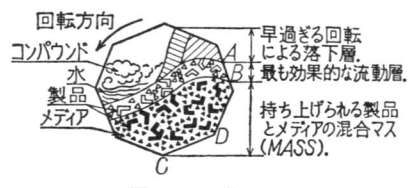

10·48 図　バレル仕上げの原理．

バレル内で $ABCD$ 内の加工物とメディアは，バレルの回転によって混合し，その間に重力と摩擦力でバレル仕上げが進行する．10·49 図は，以上のバレル仕上げの内容を分析して示したものであり，10·50 図

は回転式バレル仕上げ機を示したものである.

(2) メディア(と料) メディアには天然産のものとバレル仕上げ専用のものがある, 10·8 表は, 一般的なメディアを示したものである. 最近は, 焼結アルミナを円すい(錐)状, 球状, ひし(菱)形にして研磨力を増加させるとともに, メディアの寿命を長くしたものがつくられている. 鋼をメディアとして使用する場合は, 球状, 卵状, 円すい状にして, 最終的な仕上げ用として用いる. 加工物とメディアとの混合割合は, 容積比で 1:6〜1:2 がふつうである.

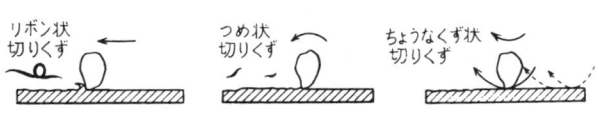

(a) 横すべり加工　(b) ころがり加工　(c) 衝突加工
10·49 図　バレル仕上げの内容.

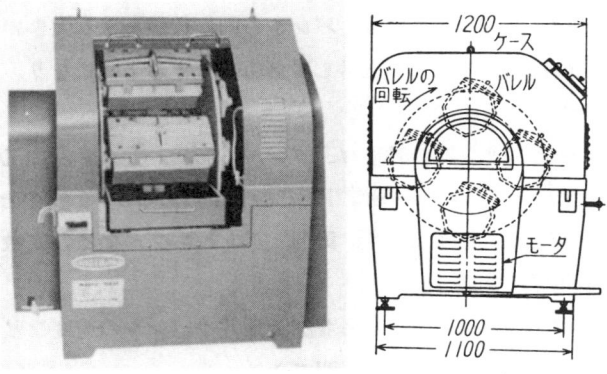

(a) 外観　(b) 内部
10·50 図　バレル仕上げ機(回転式)

10·8 表　メディアの種類.

成　分	種　　　類
鉱物質メディア	石英, 大理石, 石灰石, 砂利
有機物メディア	木材, 皮, プラスティック, くるみの殻.
金属メディア	軟鋼, 硬鋼, ダイカスト亜鉛片.
結合メディア	焼結アルミナ, カーボランダム.

メディアの量を多くすると工作物どうしの衝突を防ぎ, 衝突によるきず(疵)が避けられ, 工作物の仕上げ量が増す.

(3) コンパウンド　コンパウンドは, ふつう 1〜2% の水溶液とし, 加工物の洗浄, 潤滑, 緩衝, 防せい(錆)などを目的として使用する.

鉄鋼の場合は三つのコンパウンドに分類できる. 第一は, 塩酸, 硫酸などの酸を用い, 主としてスケールを除去するもの, 第二は, 炭酸ソーダ, かせい(苛性)ソーダ, シアン化ソーダなどのアルカリ性のもので, 酸性コンパウンドの中和, 鉄鋼荒仕上げのときさび(錆)の出るのを防ぎ, 光沢を保持するもの, 第三に, せっけんを用いて光沢を出させるもの, または粉せっけんを用いて光沢と研磨を兼ねさせるも

のである．その他切削剤なども用いられる．

　銅合金や軽合金の加工物に対しては，おもに仕上げ光沢用としてせっけんを用いている．コンパウンドの選択も重要であるが，水溶液にする水の性質を考慮することもたいせつである．硬水は加工物の表面に汚れやぶつぶつを生じることがあるので，軟水を使用すべきである．

　（**4**）　**バレルの速度**　バレルの回転数があまり大きいと加工物が遠心力で 10・48 図の落下層の上まで上昇して自由落下するようになり，バレル仕上げに必要なすべり運動がなくなる．

　一般にバレルの速度は，バレルの形状，大きさ，加工物の大きさ，仕上がりの度合によって異なる．通常 10～30 rpm であるが，小物のときは 35 rpm にまですることがある．加工物が銅，黄銅，アルミニウムなどの軟金属の場合は，鉄鋼のときより低速にする．

　仕上げ時間もいろいろな加工条件やバレルの速度などによってちがってくるが，通常の作業では 1～6 時間である．

11
手仕上げと組立て

　機械による加工技術の進歩によって，手による仕上げ加工の分野はしだいにせばめられてきた．しかし，加工の対象となるものは，必ずしも機械による多量生産を必要とするものばかりではなく，少量生産のものもあれば，機械加工では不充分なものもある．たとえば，けがき作業を始めとして，たがね，やすりによる切削，あるいは穴あけ，ねじ立てなど，また工作機械を組み立てるときのすり合わせ部分のきさげ切削などは，精度向上のため今日なお高度の熟練技術を要求されている．また，各種ゲージの製作においても，手仕上げは欠くことのできない工作法である．

　組立ては，機械，器具製作の最終の工程で，組立て図のとおりに製品を完成させるものであるが，互換性のある部品を組立てラインに乗せて流れ作業によって多量生産する自動車，ミシン，カメラ，オルゴールなどといったものや，工作機械のように完全な流れ作業による組立てが不可能に近いものもある．しかし，いずれもその内容としては，ねじの締付け，軸受の組立て，はめあい関係の作業などの簡単なものから，心出しやすべり面のあたりを出す高級な技術を要するものまで，各種のものがある．最近，組立て作業の自動化が研究されて，電気部品などの組立ての分野において能率をあげている．

11・1　手 仕 上 げ
1.　たがね仕上げ

　最近，たがねによるはつり作業はあまり行なわれなくなった．これは，機械による切削加工が多くなったためである．はつり作業も空気式はつり機で行なうことが

多い．11・1 図は，ばり取り作業を空気式はつり機で行なっているところを示したものである．

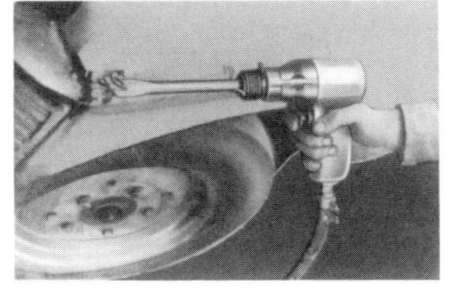

しかし手による作業のひとつである片手ハンマとたがねによる**はつり作業**は，棒材の切断，板金の切断，軸受メタルの油みぞ切削などとともに，小規模の工場においてはいまなお用いられている．たがねの材質は炭素工具鋼で，焼入れ，焼きもどしを施して用いる．

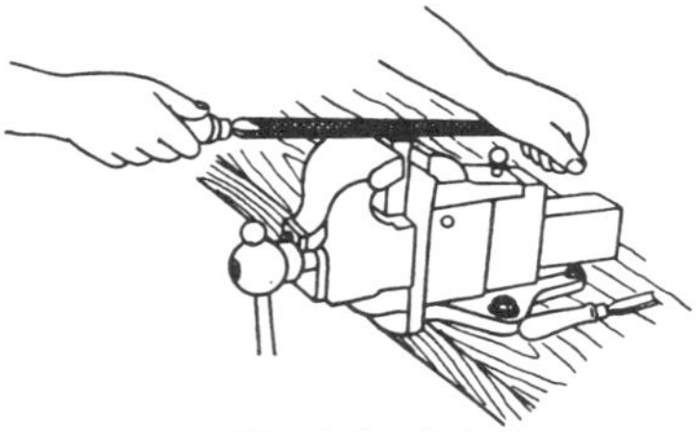

2. やすり仕上げ

手仕上げのうちで最も多い作業がやすり仕上げである．工作物を**万力**(vice)にはさみ**やすり**(file)を用いて，平面削り，曲面削りの作業をする．11・2図は，やすり仕上げの作業の例を示したものである．

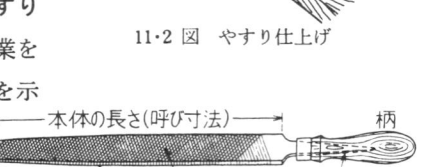

やすり仕上げは，工作機械による切削に比べると能率が悪く，熟練を必要とするが，個数の少ない品物の製作や，ジグ，金型の製作に，あるいは機械の組立てに必ず必要とされている．やすりは簡単な工具であるが，熟練すると 1/100 mm 程度の精度が得られる．

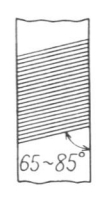

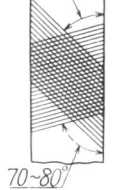

11・1 図　空気はつり機によるたがね作業．

11・2 図　やすり仕上げ

11・3 図　鉄工やすり（平形）

11・4 図　やすりの目．
(a) 単目　(b) 複目

（1）**鉄工やすり**　11・3 図は，平形やすりを示したものである．各部はそれぞれ図に示す名称で呼ぶ．断面形には平形のほか，半丸，丸，角，三角などのものがある．

（2）**組やすり**　これは各種断面のやすりを一組にしたもので，"こみ"が長く，柄を用いないで使用する．5本組，8本組，10本組，12本組がある．5本組は最も目が荒く，12本組は最も細かい．精密仕上げや細かい作業に便利である．

（3）**回転やすり**　11・5図に示すのは，高速グラインダやボール盤などに取り

付け，きわめて高速度で回転して，金型の研削，鋳物の面仕上げ，溶接部の面仕上げなどを行なう超硬合金製の回転やすりである．

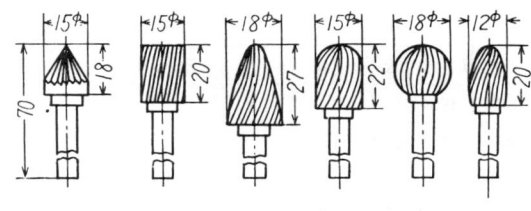

11・5 図　回転やすり

3.　きさげ仕上げ

平面や曲面の精密仕上げとして，機械仕上げ，やすり仕上げの後で**きさげ**(scraper)という工具を用いてごく少量ずつ表面を削り取る．表面の小さな凹凸をなくして表面あらさをよくし，同時に広い表面全体の平面度をよくすることができる．

(1) きさげの種類と用途　使用する目的によって，11・6 図に示すように**平きさげとささばきさげ**がある．11・7 図は，きさげ仕上げの要領を示す．

きさげは，ふつう炭素工具鋼，高速度鋼でつくられるが超硬合金のチップをろう付けしたものもある．また，11・8 図のような自動きさげ機もある．

(2) きさげの刃先角　きさげの切れ味は，材質，焼入れ，刃先角，切削角に関係する．11・9 図は，刃先角と切削角の状態を，また，11・1 表は被削材に対する角度の大きさを示したものである．

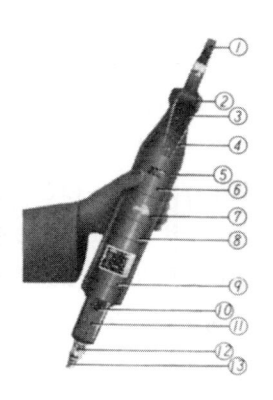

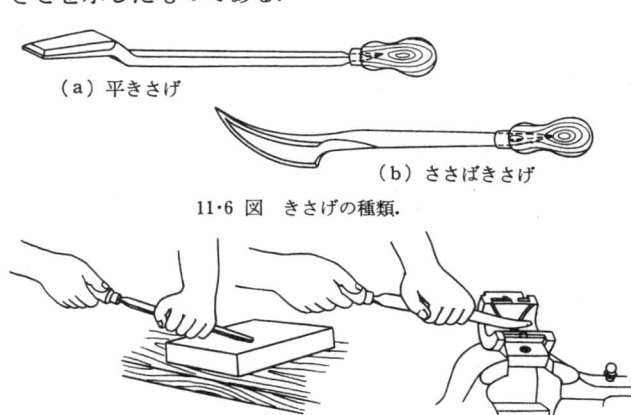

(a) 平きさげ

(b) ささばきさげ

11・6 図　きさげの種類．

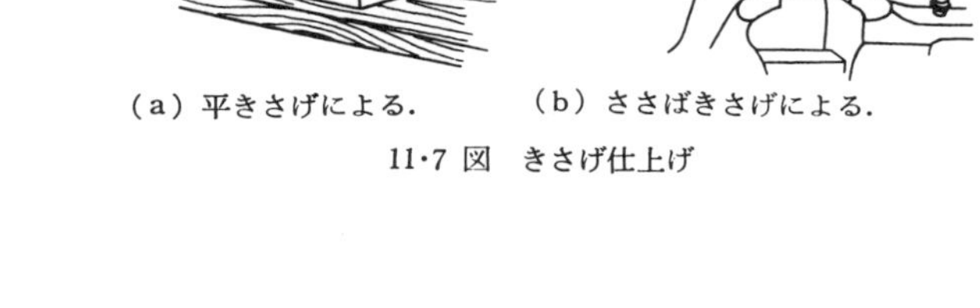

(a) 平きさげによる．　(b) ささばきさげによる．

11・7 図　きさげ仕上げ

① 標準切れ刃　② 特定支点　③ 補助バンド　④ 特殊スプリング機構　⑤ ストローク調整輪　⑥ マイクロ スイッチ　⑦ カム ローラ機構　⑧ 太陽, 遊星, インタナル ギヤ機構　⑨ インスタント ブレーキ モータ　⑩ 低速, 高速切り換えスイッチ　⑪ グリップ　⑫ コネクタ　⑬ コード

11・8 図　自動きさげ機

11・1 表　きさげの刃先角と切削角.

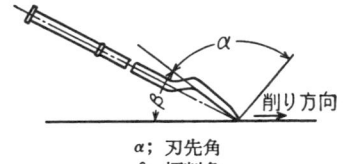

刃先角(α)	切削角(β)
軟鋼，鋳鉄の荒仕上げ 80°	一般に 20～30°
軟鋼，鋳鉄の仕上げ 90°～120°	
青銅，ホワイトメタルの仕上げ 60° 以下	軟金属では小さくしないと食い込みすぎる.

α；刃先角
β；切削角

11・9 図　きさげの刃先角と切削角.

（3）**すり合わせとあたり**　きさげによるすり合わせは油で溶いた光明丹を精密な定盤に塗って，加工面をすり合わせ，光明丹がついて赤くなっている高い部分，すなわち赤あたりの部分を削り取って平面に仕上げる．つぎに，加工物に光明丹を塗り，定盤とすり合わせる．このときは，加工物の高い部分が黒光りをしてくるので黒あたりと呼ぶ．この部分をきさげで削り，精密な面に仕上げてゆく．

（4）**定盤の三枚合わせ**　精度の高い完全な平面を得る方法に三枚合わせの方法がある．これはきさげ仕上げ独特の妙味のある方法である．

いま，3個の定盤 A, B, C が機械で仕上げてあるものとする．これを 11・10 図に示すように，A の平面を基準にして B のあたりを取り，これをすり合わせる．つぎにまた，A の平面を基準にして C のあたりを取り，これをすり合わせる．この後，B, C 両面が正確に合えば，3板は正確な平面をもつことになる．これが合わないときは平面でないので，3枚を一対ずつ交互にすり合わせて，3枚とも正確に合うようにする．基準定盤は，このようにしてつくられたものである．11・11 図は，表面あらさと平面度の状態を示したものである．

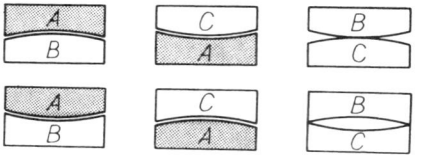

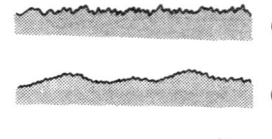

11・10 図　定盤の三枚合わせ.

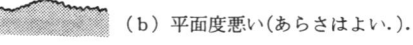

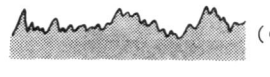

(a) 平面度よい（あらさは悪い.）.
(b) 平面度悪い（あらさはよい.）.
(c) 平面度悪い（あらさも悪い.）.
(d) 平面度大変よい（あらさも大変よい.）.

11・11 図　表面あらさと平面度.

4. けがき

手仕上げ，機械仕上げを問わず，その準備作業に**けがき**(marking)が行なわれる．これは，工作物を図面どおりに削ったり，穴あけしたりするために，けがき用各種工具を用いて加工面に切削の目やす線を引いたり，穴あけの中心点に印をつけたりする作業である．

加工する表面に鋳放しのものであれば，ご(胡)粉（$CaCO_3$）とにかわ（膠）を混ぜた白い塗料をあらかじめ塗り，かわかしておく．また，切削面の場合は青竹（prussian blue）または硫酸銅の溶液を塗ってかわかしておく．そして，これらの面にけがきを行なう．

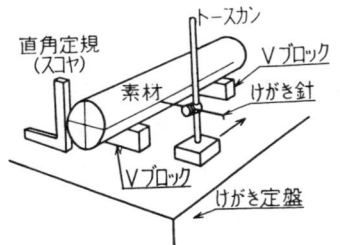

このけがきをたよって切削加工や穴あけが行なわれるので，けがきが正しくないと図面どおりの製品ができない．11・12 図は，けがきが行なわれている一例を示したものである．

11・12 図　けがき作業

（1）けがき定盤と金ます　けがき定盤(marking off plate)は，鋳鉄製平削り盤仕上げのものが多く，長さ 300 mm，幅 300 mm，高さ 50 mm のものから，長さ 1800 mm，幅 900 mm，高さ 150 mm の大きさのものまで各種ある．11・13 図は，この定盤と丸棒その他のけがきに用いる**金ます**を示したものである．Vみぞだけをもつ**Vブロック**も用途が多い．

11・13 図　けがき定盤と金ます．

（2）けがき用工具　けがき用の工具には，いろいろのものがある．11・14 図は，そのおもなものを示したものである．

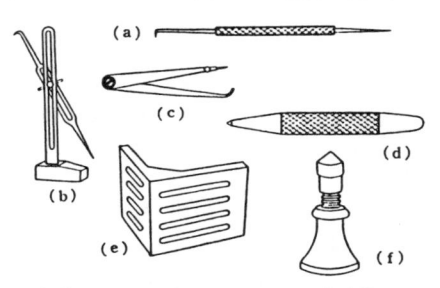

けがき針(scriber)は，定規や型板に沿って加工物にけがき線を入れるときに用いる．鋼製で先端には焼きが入っている．**ト**

(a)けがき針　(b)トースカン　(c)片パス
(d)ポンチ　(e)アングルプレート　(f)豆ジャッキ

11・14 図　けがき用工具

ースカン (surface gauge) は，定盤の上をすべらせて工作物に平行線を引いたり，平行面の検査や心出しに用いる．トースカンの針先の高さは，**尺立て**に立てた鋼尺で測る．**コンパス** (compass) は，円のけがき，線の分割に用いる．

丸棒や穴の中心を求めるには**片パス** (scribing caliper) が用いられる．**ポンチ**は，けがき線を明瞭にするためにけがき線上や中心点に**ポンチ マーク**を打つ工具である．**定規**はけがき線の規準に用いるもので直線用には**直定規** (straight edge) 直角用には**直角定規** (square)，角度用には**角度定規** (berel protractor) などがそれぞれ用いられる．**アングル プレート** (angle plate) は，これに加工物をボルトなどで取り付けて，けがきを行なうものである．**豆ジャッキ**は，複雑な形をした大きな加工物をささえるときに用いる．ねじを出し入れして高さを加減することができる．

5. ねじ立て

機械部品にはねじで締結する部分が多い．おねじを切る工具は**ダイス** (die) と呼び，めねじを切る工具を**タップ** (tap) という．11・15 図は，タップとダイスを示したものである．もちろん機械でねじを切ることが多いが，手仕上げで行なう場合も多い．

(1) **タップ** 11・16 図に示すのは手仕上げ用の**ハンドタップ** (hand tap) である．ふつう3本一組で 11・17 図(a)に示したのは荒タップ，中タップ，仕上げタップである．3本とも径の等しい**等径タップ**であるが，下穴に食い付きやすくするために先端が荒タップは7山，中タップは3山，仕上げタップは1山こう(勾)配になっている．同図(b)は，**増径タップ**を示したものである．これは1番タップの径が最も小さく，つぎに2番タップ，最後の仕上げタップの径は正しい寸法に

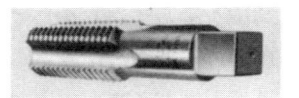

(a) タップ
(b) 調整丸ダイス
11・15 図 タップとダイス．

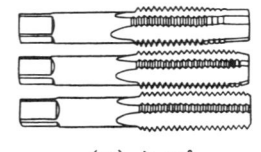

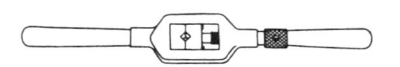

(a) タップ
(b) タップ ハンドル
11・16 図 タップとタップ ハンドル．

つくられている．精度のよいねじ立てや粘り強い材料のねじ立てに用いる．ねじ立て盤やボール盤に取り付けてねじを立てるタップを**機械タップ** (machine tap) と

いう．これは，1本のタップでねじを立てる．

タップの切れ刃は，円筒面の軸方向に刻まれた3～4本のみぞ(溝)とすくい(掬)角および逃げ角からできている．みぞは切り粉を除く役目もする．11・18 図はタップの切れ刃を示したものである．刃幅の 1/3 を同心円に，残りの 2/3 に逃げ角を与えて，切れ刃が摩耗したとき，すくい面をとぎ直しても径が変化しないようになっている．材質は合金工具鋼や高速度鋼が用いられている．

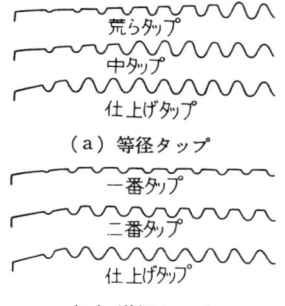

(a) 等径タップ
荒らタップ／中タップ／仕上げタップ

(b) 増径タップ
一番タップ／二番タップ／仕上げタップ

11・17 図　タップ

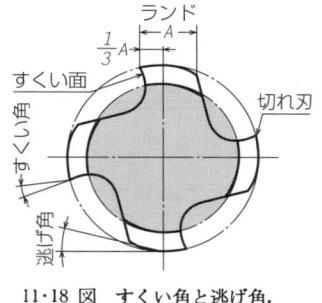

11・18 図　すくい角と逃げ角．

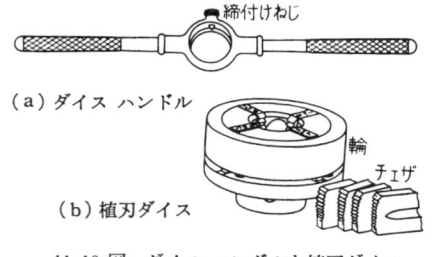

11・19 図　ダイス ハンドルと植刃ダイス．
(a) ダイス ハンドル
(b) 植刃ダイス

(2) ダイス　おねじを切る手工具にねじ切り丸ダイスがある．ねじ径 6 mm 程度までのものには **ソリッド ダイス**(solid die)が用いられるが，それ以上のものには，内径を調節できるようにした**調整丸ダイス**(split die)が用いられる．また，大径のねじ切りには**植刃ダイス**(inserted chaser die)を用いる．調整丸ダイスにはすり割りがあり，これに調整ねじ付きと調整ねじなしの2種類がある．ダイスは，11・19 図(a)に示す **ダイス ハンドル** に入れて，ねじで締め付けて用いる．このねじがダイスの開きを止める．同図(b)に示す植刃ダイスは，**チェザ**(chaser)と呼ぶ4枚が一組になり，テーパ穴をもつ輪にはめ込まれている．輪のねじ込み加減でチェザの直径が若干変わるようになっている．

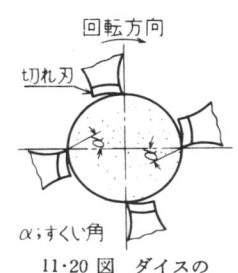

ダイスの切れ刃の形状はタップと同じであるがダイスの表面で 2～2.5 山，裏面に 1～1.5 山のこう(勾)配切れ刃の食付き部がある．11・20 図は，ダイスの切れ刃の断面を示したものである．

11・20 図　ダイスの切れ刃．

6. リーマ仕上げ

ドリルなどであけられた穴は，真円度，真直度が精密さを欠く場合が多い．また，内面の仕上げ程度も悪いので，真円のなめらかな穴を必要とするときには，11・21 図に示す**リーマ**（reamer）と呼ぶ工具をハンドルにつけて，穴をわずかに削りひろげて仕上げる．もちろんリーマの先端はテーパになっているので，この部分が案内になる．最初ドリルで下穴をあけるときに仕上げしろがあまりに多いと，リーマの寿命が短くなり，仕上げ精度も悪くなる．

リーマ作業は，切削剤を用い，一定の速さで右回しに切削する．リーマを逆に左回しにすると刃が欠けるおそれがある．

（a）ハンド リーマ
（b）テーパ ピン リーマ
（c）テーパ リーマ
11・21 図 リーマの種類．

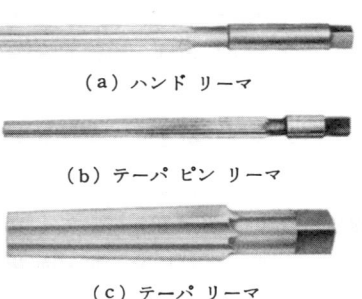

（1） リーマの種類 リーマは構造によって，11・22 図（a）に示すような，刃とシャンクが一体になっている**ソリッド リーマ**（solid reamer）と，同図（b）に示すように，刃の取替えおよび径の調節のできる**調整リーマ**（adjustable reamer）がある．またテーパ穴の仕上げに用いるリーマを**テーパ リーマ**（teper reamer）という．

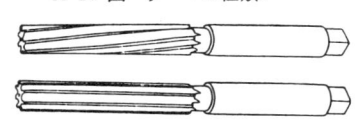

リーマは，リーマ ハンドル にはめ込んで 用いるので，シャンクの端に四角部が設けられている．

（a）ソリッド リーマ
（b）調整リーマ
11・22 図 リーマの種類．

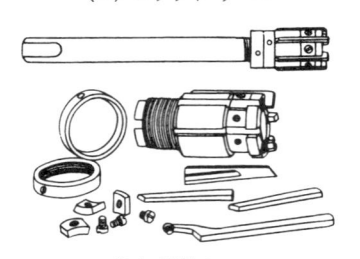

（2） リーマの切れ刃 リーマには，円筒の軸線に平行な直線刃と，ねじれ刃になっているものとがある．ねじれは一般に左巻きのものが用いられる．刃数は偶数で，相対する刃をもって一組とし，各組の間隔を不等にして切れ味をよくするとともに，びびりを防ぐ．

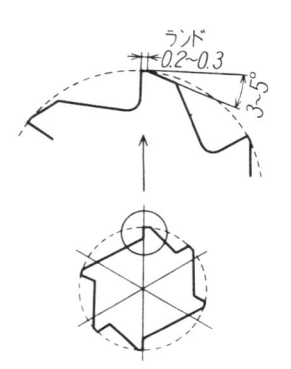

刃部は11・23 図 に示すように，0.2〜0.3 mm のランド

偶数不等ピッチ刃
11・23 図 リーマの切れ刃．

があって，逃げ角が 3～5° つけてある．とぎ直しは刃裏をみぞに沿ってとぐ．リーマの材質は，合金工具鋼や高速度鋼のものが多いが，超硬合金のチップを刃先にろう付けしたものもできている．

11・2 組 立 て

1. 組立て作業の内容

機械の部品がそろったら組立て図にもとづいて各部品を正しい関係に組み合わせ1台の機械を完成するのが **組立て** (assembly) である．その方式は，製品の種類や工場の規模によって異なる．大規模な工場で多量生産をする場合には，11・24図に示すように，コンベアなどの組立てラインによって流れ作業で行なわれるが，小規模の工場や製品によっては，1台ごとに調整しながら組み立ててゆく方式をとっている．いずれの場合でも，組み立てられた完成品は，性能，精度，寸法などの検査をすることが必要である．

これらの組立て作業の内容には，組付け，心出し，すり合わせなどがある．**組付け**には，リベット締め，溶接，圧入，焼きばめなどのように永久に取りはずすことのないものもあるが，組

11・24 図　円筒研削盤コンベア組立てライン

立て作業で最も多いのは，ねじ，ピン，キー，コッタなどによる締結作業である．**心出し**は，締結作業に伴う重要な準備作業であり，これを容易に行なうために，組立てジグを用いることが多い．**すり合わせ**は，工作機械のベッド，軸受と軸のように，相互に運動する部分のあたりを完全にしながら組み立てる作業である．

2. 組立て作業方式と互換性

組立て作業を1台1台**現物合わせ**をしながら組み立てる単一生産方式では，機械が精密になればなるほど熟練した技術が要求される．

これに対して，各工程を単純な作業にし，同一作業を連続的に繰り返すようにす

る**流れ組立て作業**が可能な製品であれば，よどみなく作業が進行して，能率があがることは当然であり，多量生産ができる．そのために必要な条件は，それぞれの部品が互換性をもっていることである．**互換性**(interchangeability)とは，多数生産された2種またはそれ以上の部品が，ただちに組み立てられ，かつ所定の機能をもつものになることである．

1章で述べたように，組立て品の各部品の**はめあい**(fit)には，たとえば穴と軸のはめあい，多面はめあい，ねじはめあいなどがある．そして，これらのはめあい部品の相互の間には，適当な**すきま**(clearance)または**しめしろ**(interference)がある．流れ組立て作業の場合は，すきまばめの部品を組み付ける作業が多い．

3. 組立て用工具

組立て用工具には，仕上げ用工具も含まれているが，とくにボルト，ナットを回すスパナ類，小ねじ類を回すねじ回しなどがある．

(1) **スパナ類** ふつうのスパナ(spanner)には両口と片口とがあって，非常に広範に使われている．口幅の寸法で大きさを表わす．

めがねレンチ(ring wrench)は，おもに自動車の組立てや整備に用いられる．

箱スパナ(socket wrench)は，使いやすく，かつ強力なスパナで，その用途も機械，自動車，電気器，航空機など広範囲である．

インパクトレンチ(impact wrench)は圧縮空気を用いて，ボルトおよびナットの取付け，取外しに用い，組立てラインに欠かせない工具である．11・25図にスパナを，11・26

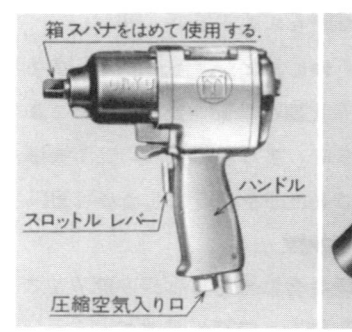

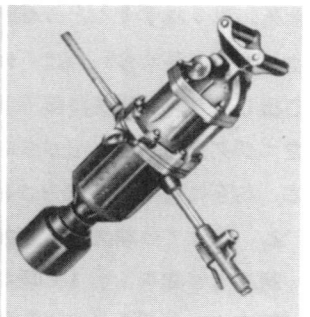

(a) 両口スパナ

(b) めがねレンチ

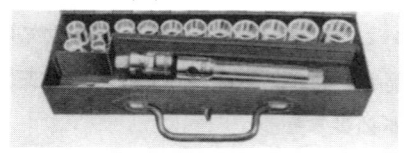

(c) 箱スパナ

11・25 図　スパナ類

(a) 片手用　　　(b) 大形レンチ

11・26 図　インパクトレンチ

図には，インパクトレンチを示し，11·27 図にインパクトレンチの機構を示しておいた．

(2) 自在スパナ (adjustable spanner) は，11·28 図に示すような，口幅が調節できるスパナである．**クレセント形**〔同図(a)〕，**モンキスパナ**〔同図(b)〕，**パイプレンチ**〔同図(c)〕，**トルクレンチ** (torgue wrench) の 4 種類がある．11·29 図はトルクレンチで，箱スパナのソケットを先端にはめてボルトやナットを締めるとハンドルに与えた力で腕がたわみ，軸に固定された指針は腕に固定されたトルクの目盛り板をさすようになっている．

(3) ねじ回し，ペンチ，プライヤ，ニッパ ねじ回し (driver) には，ふつうに用いられる先端が一文字のねじ回しと，十字穴付きねじに用いる十字ねじ回しがある．電気用のものは柄がプラスティック製になっている．

11·30 図に示すものは，圧縮空気を用いるトルクコントロールねじ回しである．これは，一定の回転力が加わると，自動的にクラッチがはずれるようになっている．回転の機構はインパクトレンチの主軸回転と同じである．圧縮空気の

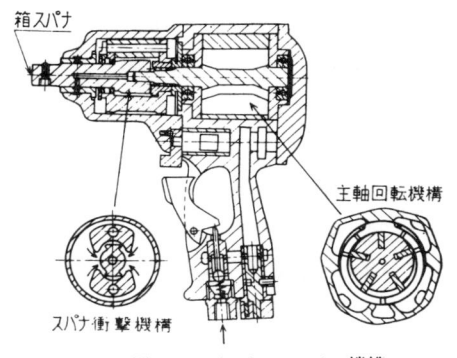

11·27 図 インパクトレンチの機構.

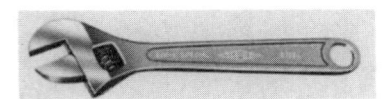

(a) クレセント形

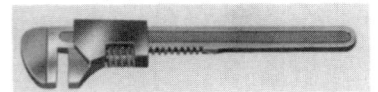

(b) モンキレンチ

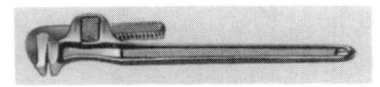

(c) パイプレンチ
11·28 図 自在スパナ

(a) 外観

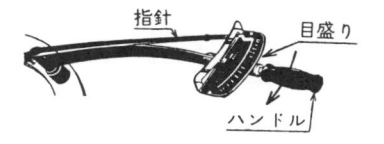

(b) 使用法
11·29 図 トルクレンチ

代わりに電力による電気ねじ回しがある．11・31 図に示すペンチ，プライヤ，ニッパは，配線関係の作業に用いることが多い．

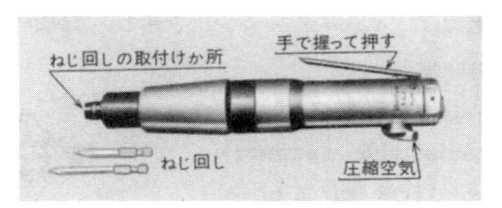

11・30 図　トルク コントロールねじ回し

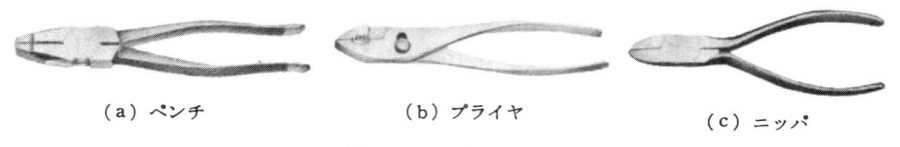

(a) ペンチ　　(b) プライヤ　　(c) ニッパ

11・31 図　ペンチ，プライヤ，ニッパ

12
精密測定

　機械の製作にあたって最も重要なことは，部品や組立て後の形状，寸法および表面の仕上げが，図面に指示されているとおりに工作されているかどうかということである．そこで，部品の加工中または完成後には，形状，寸法を測定して，決められた基準に合っているかどうかを調べることが必要である．しかもその測定では，機械がますます高精度になってきているので，それに応じて精密な測定が要求される．また，精密測定は，部品や完成品の測定だけでなく，ゲージや精密機器そのものの精度を調べるときにも欠くことのできないものである．

12・1　長さの測定
1.　ブロック ゲージ

　ブロック ゲージ(block gauge)は，工場における測定の寸法の基準となるものである．各種ゲージ類の製作，管理や各種の比較測定器類の目盛りの検査などに用いられる．30×9mm または 35×9mm の長方形断面のもので，その両端の測定面間が $0.1 \sim 0.01 \mu m$ の精度で，呼び寸法に正確に仕上げられている．12・1図は，103個のゲージをセットにしたブロック ゲージを示したもので，その寸法の組合わせは，12・1表に示すようになっている．このセットの中からいくつかを選び出し，各ブロックを押しつけながらすべらせて密着させると，所要の

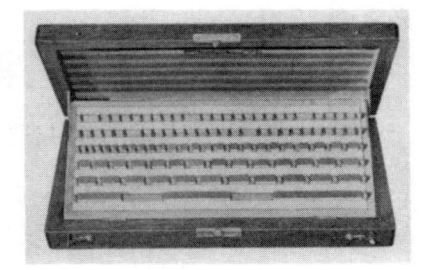

12・1図　ブロック ゲージ(103セット)

寸法をつくることができる．このようにブロックを密着させることを**リンギング**(wringing)という．リンギングしたブロックは，すべらせない限り相当大きな力で引きはなそうとしてもはなれない．

ブロックゲージで所要の寸法をつくるには，まず第一に最小数をとり，数字の右のほうから左のほうに進み，最大数を最後に選んでリンギングする．たとえばつぎのとおりである．

12･1表 103個セットのブロックゲージの寸法組合わせ．

呼び寸法(mm)	個数
1.005	1
1.01〜1.49(0.01飛び)	49
0.50〜24.50(0.5飛び)	49
25	1
50	1
75	1
100	1
計	103

26.345	60.93	95.45
1.005	1.43	1.45
1.340	9.50	19.00
24.000	50.00	75.00
26.345	60.93	95.45

ブロックゲージは，その精度順に，K級(参照用)，0級(標準用・検査用)，1級(検査用・工作用)，2級(工作用)の4等級に分けられている．ブロックゲージを使用した後は，ゲージを相互にすべらせて離し，入念に清浄してから防せい油を塗って箱に納めておく．

2. ノギス

12･2図は，一般に用いられる**ノギス**(vernier calipers)の一例を示したものである．図でわかるように，一端が直角に曲げられた本尺に対して，**副尺**(vernier)がこれに沿ってしゅう(摺)動し，パスのはたらきをするようになっている．

本尺は1mm目盛りで，副尺には19mmを20等分した目盛りが施してある．したがって，本尺の1目盛りと副尺の1目盛りとの差は0.05mmである．

測定物の寸法を求めるには，まず副尺の0目盛り線の左側で本尺の目盛りaを読

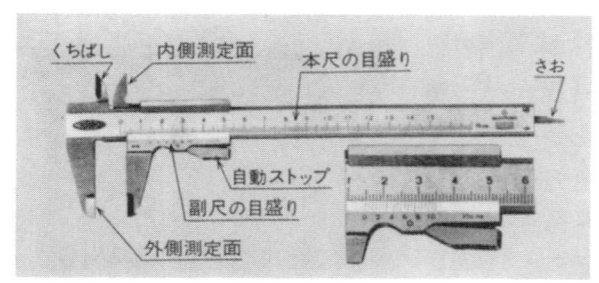

12･2図 ノギス

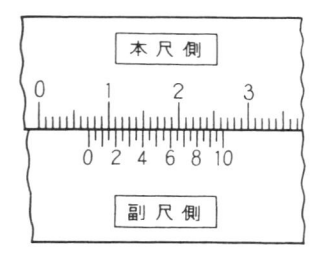

12･3図 ノギスの読みかた．

む.つぎに副尺の目盛り線と本尺の目盛り線とが合った位置までの副尺の目盛り数 n を読みとると,測定物の寸法は $a+0.05\times n(\mathrm{mm})$ になる.たとえば,12・3 図では,副尺の4本目の目盛り線が合致しているから,本尺の読み 7 mm に $(0.05\times 4)=0.2$ mm を加えて 7.2 mm と読むのである.7.2 mm と読みやすいように副尺の4本目の目盛り線には 2 と刻印されている.

ノギスには,外側測定面と内側測定面とがついているので,工作物の外径や穴径などを測定することができるし,さおは深さの測定などに利用することができる.

3. マイクロメータ

12・4 図は,外径などを測る外側用の**マイクロメータ** (micrometer)を示したもので,ねじの進退で工作物をアンビルにはさみ,最小 0.01 mm までの寸法を読み取ることができるようにした測定器である.外側ス

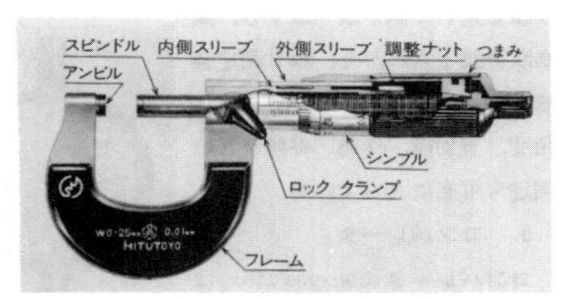

12・4 図 マイクロメータ

リーブには 0.5 mm の目盛りが刻んであり,シンブルにはその円周を 50 等分した目盛りが施してある.ねじのピッチは 0.5 mm なので,シンブルを 1 目盛り回すと,スピンドルは $0.5\times 1/50=0.01$ mm 移動することになる.したがって,マイクロメータで寸法を読み取るには,まず,シンブルの端部に最も近いスリーブ上の目盛り a を読む.つぎに,スリーブの基準線とシンブルの目盛り線とが合った点でシンブルの目盛り数 n を読むと,測定物の寸法は $a+0.01\times n(\mathrm{mm})$ になる.

マイクロメータで測定するときには,測定物を一定の圧力ではさむことが必要である.そのために,つまみは図のようなフリクション ストップ機構にしたり,ラチェット ストップ機構が採用されている.ロック クランプは,スピンドルを希望の寸法に固定して,これをキャリパ ゲージのように使用する場合に利用する.

マイクロメータには,外側マイクロメータのほか,内側マイクロメータ,指示マイクロメータ,ねじマイクロメータ,デプスマイクロメータなどがある.

4. 測 長 機

測長機(measuring machine)は,標準尺と顕微鏡との併用によって,読み精度

を高くしたものである．精密な工具や部品，ゲージ類の測定などに用いられる．

12・5 図はその一例で，測定長さ 0～1000 mm までを最小読取り 0.001 mm までの絶対測定ができる．また，この測長機では，読取り顕微鏡の 1 個を取りはずし，観察顕微鏡と入れかえ，ねじ測定装置を併用すれば，ねじのピッチ，角度，有効径，外径，谷径などの測定も可能になっている．

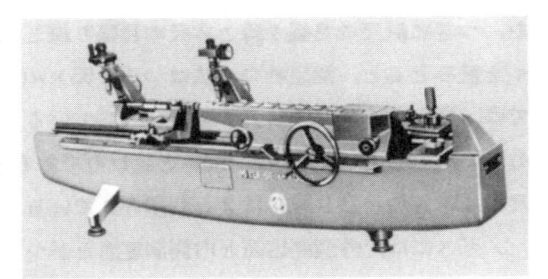

12・5 図　測長機

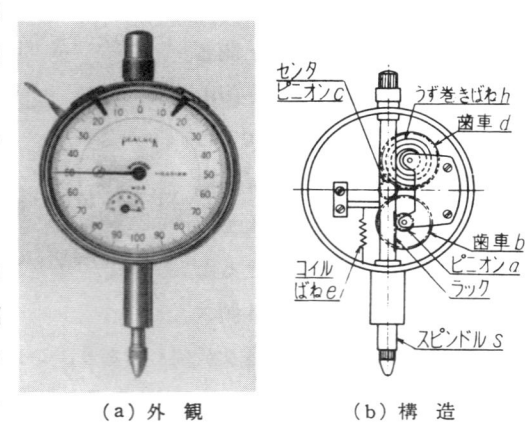

5.　コンパレータ

コンパレータ(comparator)は測定物と基準寸法との差を比較測定することを，目的としたものである．ブロックゲージで零位を決めれば，寸法差だけではなく，絶対寸法を知ることもできる．

(a) 外観　　　(b) 構造

12・6 図　ダイヤルゲージ

(1)　**ダイヤルゲージ**(dial gauge)　これは，コンパレータの代表的なものである．12・6図は，ふつうのダイヤルゲージを示したもので，その構造は同図(b)に示すように，スピンドルの先端の測定子の移動を歯車で拡大して，センタピニオンに取り付けてある針の回転によって目盛り盤でその移動量を読み取るようになっている．うず巻きばねは歯車のバックラッシによって起こる誤差を防ぐためのものであり，コイルばねはスピンドルをひきもどし，測定圧を与えるものである．最小目盛りは 0.01 mm のものと 0.001 mm のものとがあり，測定範囲はふつう 1～10 mm になっている．

このような機械的拡大装置をもったコンパレータには，レバー式のミニメータ，レバーと歯車を用いたオルトテスタなどがある．

（2） 空気マイクロメータ（air micrometer）　定圧空気源からの空気をノズルと測定物とのすきまに噴出させたとき，すきまの微少の差が背圧にいちじるしい変化を与えるという原理を利用したコンパレータである．使用圧力によって低圧式，高圧式があり，水柱式，水銀柱式，流量式などがある．

12・7図（a），（b）は，流量式空気マイクロメータの外観と構造を示したもので，0.0005 mm くらいまでの測定値を読み取ることができ，内径，外径，長さ，幅などの測定，あるいは真直度，平行度，偏心の程度などを測定するのに用いる．

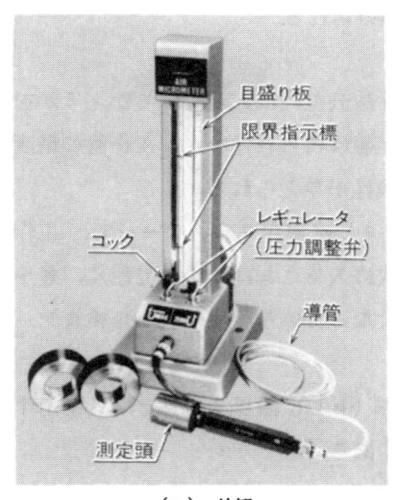

（a） 外観 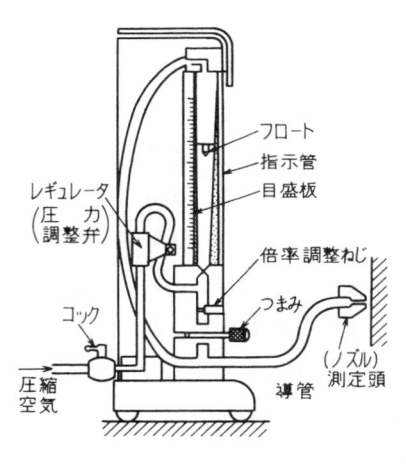　　　　　　　　　　（b） 構造

12・7 図　空気マイクロメータ

（3） 電気マイクロメータ（electric micrometer）　これは，長さの微小な変化を電気的な量に変えて測定するものである．

12・8 図は電気マイクロメータの一種であって，12・9 図は，その原理を示したものである．可変誘導コイルとブリッジ回路とからなっており，コイルの中にはばねと一体になった鉄片がある．この鉄片が両コイルの中央にあるときには，ブリッジは平衡していて電流が流れること

12・8 図　電気マイクロメータ

はないが，測定端子が動いて，鉄片がわずかでも移動すると，ブリッジは平衡がくずれて，電流が流れる．測定端子の変位量と電流の指示とは比例するのだから，ブロックゲージで調整しておけば電流の指示で長さの微小偏差を読み取ることができる．

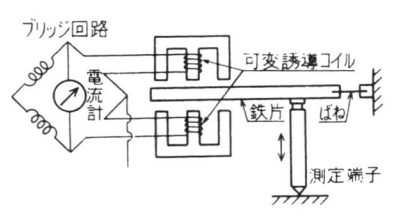

12・9 図　電気マイクロメータの原理．

電気マイクロメータは，長さの微少偏差だけでなく，電気ゲージとして，あるいは量産部品の選別や研削の定寸機構などにも用いられる．

6. 限界ゲージ

限界ゲージ (limit gauge) は品物がある寸法公差内に入っているかどうかを調べるゲージである．このゲージは工作物の測定値は得られないが，工作物の精度が一定の範囲内に保たれて，工作物に完全な互換性が与えられる．

（1）**栓ゲージ**（plug gauge）　12・10 図（a）は限界プラグゲージで，工作物の穴検査に使う．最大寸法を持つ止まり側は穴に入ることはないので短く，最小寸法を持つ通り側は穴に入って摩耗するので長くなっている．使用上から検査ゲージと工作ゲージに区分されている．

（2）**リングゲージ**（ring gauge）　12・10 図（b）に限界リングゲージを示す．軸用のゲージで通り側・止まり側のみのものもある．

（3）**はさみゲージ**（snap gauge）リングゲージと同じ目的の軸用ゲージである．

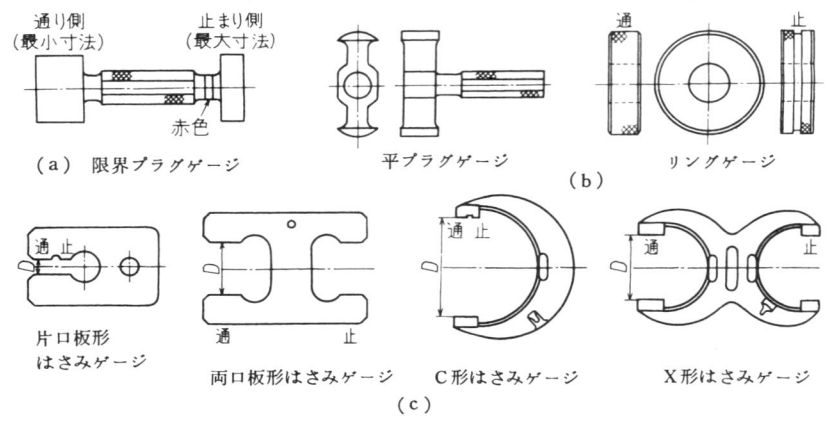

（a）限界プラグゲージ　　平プラグゲージ　　リングゲージ
　　　　　　　　　　　　　　　　（b）

片口板形はさみゲージ　両口板形はさみゲージ　C形はさみゲージ　X形はさみゲージ
（c）

12・10 図　限界ゲージ

12・2 角度の測定

1. 角度ゲージ

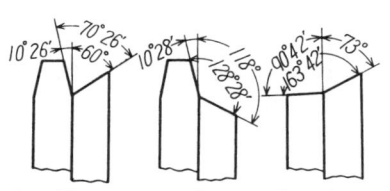

角度ゲージ(angle gauge)は，ブロックゲージと同じように，角度の基準として，角度の異なる鋼片を組み合わせたものである．これにはヨハンソン式アングル ブロック ゲージとウェッジ ブロック ゲージとがある．ヨハンソン式アングル ブロック ゲージは，12・11 図に示したように，2個のゲージを組み合わせて角度をつくるものであり，ウェッジ ブロック ゲージは，12・12 図に示すように，2個以上のブロックを密着して組み合わせ，任意の角度をつくるものである．ウェッジ ブロック ゲージは 1°，3°，9°，14°，30°，45°，1′，2′，3′，9′，25′，50′ の 12 個組が標準組合わせになっている．角度ゲージは，角度を基準とした精密工具，ゲージ，ジグなどの工作，検査に用いられる．

12・11 図 ヨハンソン式 アングル ブロック ゲージの組合わせかた．

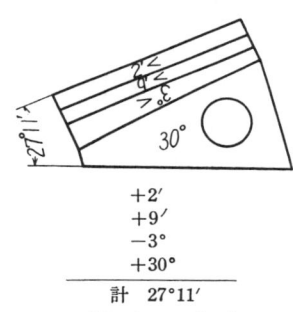

```
 +2′
 +9′
 −3°
+30°
―――
計 27°11′
```

12・12 図 ウェッジ ブロック ゲージの組合わせ例．

2. 角度定規

角度の直接測定器として**角度定規**(bevel protructor)が用いられる．12・13 図はその一例を示したものである．度盛り板には副尺がついていて，5′まで読めるようになっている．直定規にはみぞがあってすべらせることができ，両端は 30°と 45°になっているので角度ゲージの役をする．

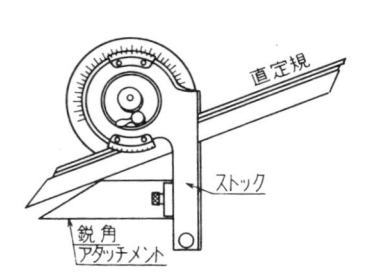

12・13 図 角度定規

3. サイン バー

ブロック ゲージと併用し，三角関数の sin を利用して角度をつくる測定具が**サイン バー**(sin bar)である．12・14 図に示すようにサイン バーは本体に2個のローラを固着してあり，ローラの中心距離 L は，計算しやすいようにふつう 100 mm，200 mm，300 mm

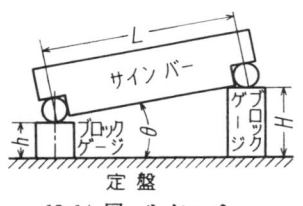

12・14 図 サイン バー

になっている．ローラがのっているブロック ゲージの寸法をそれぞれ H, h とすると $\sin\theta = H-h/L$ となる．

センタ付きサイン バーを用いれば，テーパ プラグ ゲージなどのテーパを測定することができる．

4. オート コリメータ

オート コリメータ(auto collimetor)は光学的角度測定器の一種で，微小の角度や真直度の測定などに用いられる．12・15 図がそれで，同図(b)は光学系の原理を示したものである．L は光源，O は対物レンズ，M は反射鏡で，光源から出た光は H を通過してガラス板 G_1 上に S の像 S' を結ぶようになっている．

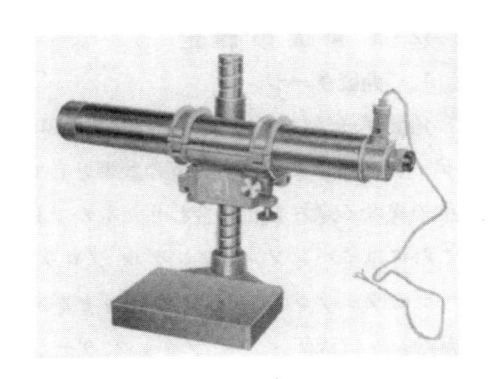

（a）外観

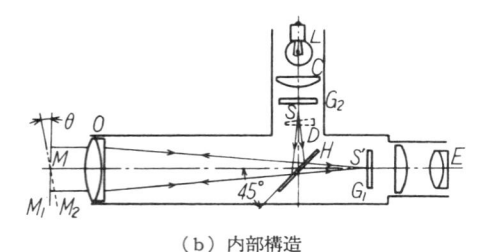

（b）内部構造

12・15 図　オート コリメータ

いま，反射鏡 M が θ だけ傾くと，反射光線は 2θ だけ振れる．その結果 S' の像が s だけ移動したとし，対物レンズの焦点を f とすると，$s = 2f\cdot\theta$ となる．s の値を目盛りで読めるようにしておけば，傾き θ の値を知ることができる．

12・3　ねじの測定

1. ねじの精度

ねじゲージをはじめ，自動車，航空機，工作機械などに用いられるねじには，きわめて高い精度が要求される．ねじの精度で重要なものは，有効径，ピッチ，ねじ山の角度および外径と谷径である．このうち有効径が最も重要であり，ねじの精度の生命であるといえる．

理論的に正確なねじを考えると，対応する斜面は必ず平行であるはずである．したがって，任意の点でねじの軸に直角な直線を引くと，この直線が斜面と交わる二点間の距離はつねに同一であって，これが有効径に相当する．しかしこの場合，角

度やピッチなどに誤差があれば，有効径は決まらなくなる．

ピッチの誤差には，呼称ピッチから漸次に遠ざかってゆく漸進誤差や，一定の間隔で同一誤差が繰り返される周期的な誤差などがある．

これらは，多くの場合，ねじ切り機械の親ねじの誤差や，主軸と親ねじとの間の換え歯車の不完全さによって起こる．

2. 有効径の測定

(1) ねじマイクロメータ 有効径を最も手軽に測定するには，12·16 図に示すような**ねじマイクロメータ**(thread micrometer)を用いる．ふつうのマイクロメータと外観は同じであるがアンビル b はその中心位置でV形になり，スピンドルの先端 a は円すい(錐)形になっている．いま，このマイクロメータで測定するねじをはさんでその両端面の寸法を読み，つぎにねじを取り去って測定片だけを接触させ，その寸法を測れば，両寸法の差で有効径 d が求まる．

12·16 図 ねじマイクロメータによる有効径の測定．

(2) 三針法 三針法 (three wire method) は，精密に仕上げられた3本の針を，12·17 図に示すように，ねじの断面に対して正しく接触させ，M の寸法をマイクロメータで測定して有効径 d を求める方法である．

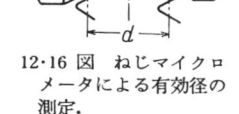

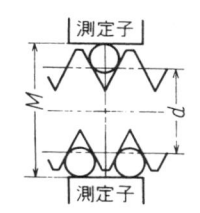

12·17 図 三針法による有効径測定．

いま，針の径を d_0，ねじ山の角度を 2α，ねじのピッチを p とすれば，有効径 d は次式のようになる．

$$d = M - d_0\left(1 + \frac{1}{\sin \alpha}\right) + \frac{1}{2}p \cot \alpha$$

この場合，針の径 d_0 は，ねじの斜面の中央で接するような寸法のものを用いることが必要で，その値は次式のとおりである．

$$d_0 = \frac{p}{2 \cos \alpha}$$

(3) 測定顕微鏡 一般に工具顕微鏡と呼ばれていたもので，ねじ，総形バイト，フライ

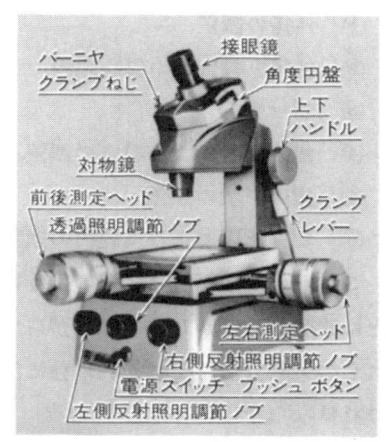

12·18 図 測定顕微鏡

ス，アーバなどの長さ，角度および形状などを測定する光学的測定機である．

とくに，おねじのねじ山角度，外径，谷径，有効径その他の測定に便利である．

12・18図は，小形の測定顕微鏡の外観である．テーブルの前面と右側面に測定ヘッド（マイクロメータ）があって，これによってテーブルを互いに直角に動かすようになっている．接眼レンズの下には，12・19図のような**型板**(temple)があって，測定の基準線が刻まれている．

12・19図　測定顕微用型板

ねじを測定するときには，測定しようとするねじを支持台の両センタに取り付け，ねじの軸線を左右の送り方向に一致させ，接眼レンズをのぞきながら型板の基準線と合わせてマイクロメータを移動させ，それを読み取るのである．

12・4　歯車の測定

1. 歯車の精度

歯車の精度は，本来その運転に及ぼす影響および加工法などが評価されるべきものである．

歯車の誤差はきわめて多岐にわたっていて，それにはつぎのようなものがある．

① 外径の誤差．
② 外径と軸穴との偏心誤差．
③ ピッチ誤差
④ 歯の高さおよび厚さの誤差．
⑤ 歯の形状の誤差．
⑥ ピッチ円および基礎円の誤差．

これらの誤差が互いにどのように影響しあうかということは確認がむずかしい．したがって，歯車においては，これらの実際寸法をそれぞれ単独に測定して精度を表わさなければならない．

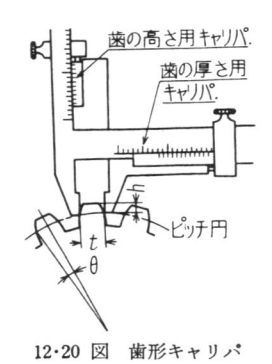

12・20図　歯形キャリパ

2. 歯厚の測定

（1） 歯形キャリパ　12·20 図に示すような**歯形キャリパ**(gear tooth calipers)は，歯の高さ(刻み円周から歯先までの距離.)と歯の厚さを手軽に測定するのに使用される．

その使用法は，垂直方向の目盛りを上歯の寸法に合わせ，水平方向の目盛りをピッチ サークル上の歯の厚さの寸法に合わせて，歯の上にまたがせるのである．このとき，水平目盛り尺のジョーが歯面に接して，垂直目盛り尺と歯との間に間げき(隙)が生じていれば，歯厚は規定寸法より大きく，その逆であれば歯厚は小さいことになる．

そこで，垂直，水平両目盛り尺を加減して誤差の大きさを知ることができる．

このほか，歯厚の測定器には，光学的に測定するようにくふうされたものや，ダイヤル ゲージでもっぱら歯厚の均等性を検査するようにしたものなどがある．

（2） またぎ歯厚マイクロメータ　12·21 図に示すように，数枚の歯をまたいでその幅(またぎ歯厚)を測定するものを**またぎ歯厚マイクロメータ**(tooth space micrometer)という．これによってインボリュート正歯車またはねじ歯車の歯厚，歯の有効バック ラッシ，歯形の均等性などが測定できる．

いま，$\alpha=$圧力角，$m=$モジュール，$Z=$歯数，$n=$またぎ歯数とすると，またぎ歯厚 E_n は

12·21 図　またぎ歯厚マイクロメータ

$\alpha=14.5°$ のとき

$E_n = (0.0053682\,Z + 3.04152\,n - 1.52076)\,m$

$\alpha=20°$ のとき

$E_n = (0.0140055\,Z + 2.95213\,n - 1.47606)\,m$

で求められる．

3. 歯車試験機

歯車の重要な要素である歯形，ピッチ，偏心などの誤差を，同一セットの状態で

分析的に測定できるようにした**歯車試験機**（gear tester）がある．

12・22 図はその一例を示したものである．

このほか，一般計器用歯車，時計用歯車，メータ用歯車などの**小形歯車かみ合い試験機**もある．その誤差は直読，自動記録ができ，かみ合い状態は拡大顕微鏡で見ることができるようになっている．

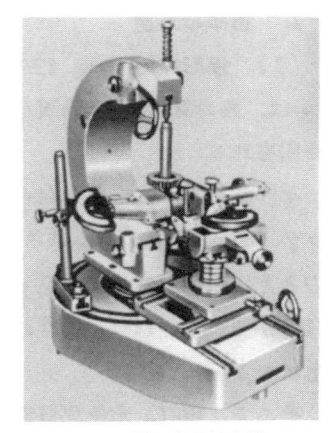

12・22 図　歯車試験機

主要参考文献

新機械工作：淺岡廣一ほか編（実教出版）
機械工作（上，下）：徳丸芳男著（実務出版）
機械工作（上，下）：林，一谷，白井共著（日本文化興業）
機械工作法（I，II）：米津栄著（朝倉書店）
機械工作（I，II）：米津栄ほか著（コロナ社）
機械工作便覧：機械工作便覧編集委員会編（理工学社）
現場技術シリーズ：会田啓之助ほか編（全国中小企業団体中央会）
工作機械（I）：粕谷藤一・三木亀三郎共著（彰国社）
工作機械の扱い方：斉藤・研井共著（日刊工業新聞社）
自動旋盤とその使い方：土井正志智著（共立出版）
初学者のための機械工作法：機械技術研究会編（理工学社）
新制金属講座：日本金属学会編（丸善）
図解放電加工のしくみと100%活用法：三菱電機（株）著（技術評論社）
精密工作法（上，下）：田中義信・津和秀夫共著（共立出版）
精密仕上と特殊加工：五十嵐正隆著（彰国社）
鋳鉄鋳物教本：加山延太郎著（共立出版）
特殊加工：井上潔著（プリント）
溶接便覧：溶接学会編（丸善）
よくわかる板金製カン作業法：大西久治著（理工学社）
機械工学便覧（β. デザイン編）：日本機械学会編（丸善）
JIS にもとづく標準機械製図集（第7版）：大柳・蓮見共著（理工学社）
Machine tool operation；H. D. Burghardt
Modern work shop Technology（I，II）；H. W. Baker
Press working of metals；C. W. Hinman

索引

〔ア〕

アーク 043
アーク炎 043
アーク切断 053
アーク溶接 043
アーク溶接棒 045
亜鉛合金 086
亜鉛めっき鋼板 078
赤あたり 244
上がり（鋳造） 020
亜共析鋼 102
アセチレン 040
遊び除去装置 161
圧延 069
圧縮成形 075
圧接 038
圧力鋳造法 074
穴あけ 083
穴基準式 007
穴抜き 065, 084
あり（木型） 015
アルミニウム板 079
アルミニウム合金 028
アルミニウム ペイント 015
アングル プレート 246
安全器 040
アンダ カット 050
案内ローラ 226

〔イ〕

鋳型 013
鋳型わく 021
鋳込み温度 025
板型 015
板取り 087
位置決め制御 190
鋳はだ不良 031
鋳ばり 030
異方性 070

鋳物 013
鋳物尺 016
インパクト レンチ 250
インボリュート フライス 160
いんろう 015

〔ウ〕

打抜き 083, 084
内張り 022

〔エ〕

S曲線 103
柄つきホビ 168
NC工作機械 177, 187
NC旋盤 194
NC装置 187
NCフライス盤 196
NCプログラム 187
NCボール盤 196
エプロン 045, 133
Mコード 193
エレクトロ スラグ溶接 038
円形試験片 024
遠心鋳造機 036
遠心鋳造法 036
遠心吹付け式 238
円テーブル 157
円筒研削盤 207
円筒ホブ 168
エンド ミル 160
塩浴窒化 107

〔オ〕

追込みコークス 023
黄銅 027
黄銅板 078
往復台 133
オーステナイト 097
オーステンパ 103
オート コリメータ 260

オープン ループ制御 188
送り換え歯車 166
送り機構 134
送込み法 213
送り桟 087
送り抜き型 085
押出し加工 068
押出し鍛造 069
押し湯 020
おとし（工具） 062
帯鋼 077
親ねじ 134
音響検査 052

〔カ〕

カーバイド 040
外観検査 051
外形検査 032
回転やすり 242
ガイド ポスト 086
開放鋳型 020
開放型 066
外面ホーニング仕上げ 202
換え歯車 140
かえり（せん断加工） 083
かき型 015
かき定規 021
過共析鋼 102
角度ゲージ 259
角度定規 259
角度フライス 160
加工硬化 056
加工度 071
加工変質層 201
重ね継手 039
かさ歯車歯切り盤 171
ガス圧接 038
ガス型 020
ガス浸炭法 107
ガス切断 052

索引

ガス切断用トーチ　053
ガス窒化　107
ガス抜き穴　020
ガス溶接　038
型上げ　021
型板　139
形削り盤　150
かたさ　032
型鍛造　059, 065
片手ハンマ　062
片パス　246
型わく　019
可鍛性　059
可鍛鋳鉄　026
活性切削油　119
可動鉄心形　044
かど継手　039
金型　014, 035, 072
金敷き　061
加熱法　114
金ます　245
カム研削盤　209
カム軸　185
可溶性　001
側フライス　159
完成バイト　116, 141
乾燥型　020

〔キ〕

キーシート　フライス　160
機械タップ　246
機械万力　157
木型　014
気孔　200
きさげ　243
きさげ仕上げ　243
基準尺　131
気抜き針　021
気ほう　031
逆火　040
逆再絞り法　091
ギャップ　シヤ　079
キャビティ　075
球状黒鉛鋳鉄　026
強度検査　032
鏡面仕上げ研削　202
許容限界寸法　004
切落とし旋盤　144
切り粉　109
切込み研削　207

切込み深さ　200
切取り　065
きりもみ　126
き裂形切削　110

〔ク〕

空気チャック　138
空気マイクロメータ　257
クッション剤　017
組立て　249
組立て用工具　250
組付け　249
組やすり　242
クランク軸研削盤　209
クランプ　バイト　141
グループ　040
黒あたり　244
クローズド　ループ制御　188
黒味　022

〔ケ〕

けい光浸透探傷試験　032
けい素鋼板　078
ケーブル　045
けがき　245
けがき定盤　245
けがき針　245
けずり型　015
結合剤　200
結合度　200
限界ゲージ　004
限界絞り率　090
原型　014
研削液　206
研削機構　199
研削作用　200
研削仕上げ面　201
研削条件　205
研削抵抗　201
研削といし　202
研削盤　207
研削焼け　202
研削割れ　202
現物合わせ　249

〔コ〕

コア　075
高温切削　113
恒温変態　103
恒温焼入れ　103

合金工具鋼　086, 115
合金鋳鋼　027
工具経路　190
工具研削盤　209
工具顕微鏡　261
工具旋盤　144
公差　004
公差域クラス　008
高周波焼入れ　107
後進溶接法　043
構成刃先　111
高速旋盤　144
高速度鋼　086, 115
高速度工具鋼　086, 115
高速度鋼バイト　142
後方押出し　068
硬ろう　039
互換性　007
黒鉛　022
黒心可鍛鋳鉄　026
こて　021
ゴム用金型　075
込め型　015
固溶体　097
コンテナ　068
コンパウンド　239
コンパス　246
コンパレータ　256

〔サ〕

サーボ機構　187
サーメット　118
再結晶　057
再結晶温度　057
最高加熱温度　059
再絞り　090
再絞り型　093
最小許容寸法　004
最小曲げ半径　088
最大許容寸法　004
材料記号　003
サイン　バー　259
先手　065
ささばきさげ　243
差動換え歯車装置　166
差動割出し法　165
サドル　133
さび形試験片　024
サブゼロ処理　106

索引

さらもみ　*126*
酸洗い　*031*
三針法　*261*
酸素ボンベ　*041*
サンドランド歯切り盤　*169*
サンド スリンガ　*022*
サンド ブラスト　*030*

〔シ〕

仕上げ温度　*059*
仕上げしろ　*016*
CNC　*177, 187*
C 形フレーム クランク プレス　*082*
G コード　*193*
シーム溶接　*049*
シェーク アウト　*030*
シェービング　*172, 173*
シェービング カッタ　*172*
地金　*064*
地金取り　*064*
ジグ　*177*
軸基準式　*007*
ジグ中ぐり盤　*130*
しごき　*092*
自在スパナ　*251*
七三黄銅　*027, 078*
自動ガス切断機　*153*
自動研削サイクル　*214*
自動旋盤　*185*
自動定寸装置　*212*
絞り加工　*089*
絞り縁切り型　*092*
絞り率　*090*
絞り力　*091*
しめしろ　*250*
シヤ角　*079*
尺立て　*246*
射出成形　*075, 076*
13 クロム鋼　*078*
修正リング　*226*
自由鍛造　*059, 064*
18 クロム鋼　*078*
18-8 ステンレス鋼　*078*
重油炉　*061*
重力金型鋳造法　*073*
樹脂型　*014*
主軸　*185*
主軸頭　*156*
主軸回転数　*122*
主軸台　*132*
ジュラルミン板　*079*
定規　*246*
定盤　*021*
定盤型　*021*
正面旋盤　*145*
正面フライス　*161*
触針　*139*
ショット ピーニング　*237*
ショット ブラスト　*030*
ジョルト スクイーズ式造型機　*021*
しわ押え　*090*
しわ押えスライド　*082*
しわ押え力　*091*
心押し台　*133*
真空成形　*075*
浸炭　*106*
浸炭剤　*106*
しんちゅう　*078*
心なし研削盤　*207, 213*
シンニング　*127*
心棒　*137*

〔ス〕

数値制御　*154*
数値制御工作機械　*177*
据込み　*064*
すきま　*083, 250*
筋目方向　*011*
スタッド　*047*
スタンプ　*021*
捨てざん　*017*
ステンレス鋼板　*078*
ストップ ピン　*085*
ストリッパ　*085*
ストレート シャンク　*127*
砂型鋳造法　*074*
砂ふるい機　*019*
砂ほぐし機　*019*
砂混ぜ機　*019*
スパナ　*250*
スピンドル　*122, 129*
スプライン研削盤　*209*
スプリング バック　*088*
すみ肉　*016*
すみ肉溶接　*039*
スラグ　*038, 045*
すり合わせ　*249*
スリーブ　*127*

スロー アウェイ式　*142*
寸法検査　*032*
寸法公差　*004*

〔セ〕

成形性　*017*
生産フライス盤　*156*
清浄器　*040*
青銅　*028*
青熱もろさ　*058*
精密中ぐり盤　*129*
精密表面加工　*217*
整流式直流アーク溶接機　*044*
せき（鋳型）　*020*
せぎり　*065*
セクタ　*165*
切削機構　*109*
切削工具　*114*
切削工作機械　*122*
切削剤　*118*
切削所要動力　*121*
切削性　*001*
切削速度　*112, 150*
切削抵抗　*120*
セミクローズド ループ制御　*189*
セメンタイト　*026, 097*
セラニックス　*015*
セラミックス　*118*
前進溶接法　*042*
センタ　*137*
せん断加工　*083*
せん断形切削　*110*
旋盤　*131*
前方押出し　*068*

〔ソ〕

線形フライス　*160*
増径タップ　*246*
総抜き型　*086*
副尺　*254*
測長機　*255*
測定顕微鏡　*261*
速練機　*019*
組織検査　*032*
塑性　*001, 055*
塑性加工　*055*
塑性変形　*055*
外丸フライス　*159*
そり　*088*

索引　269

ソリッド ダイス　247
ソルバイト　104

〔タ〕

ターニング センタ　196
ターボ送風機　022
ダイ　072
ダイ カスト　034, 074
ダイ カスト機　034
ダイ キャスト　074
耐食アルミニウム合金板　079
ダイス　247
ダイス ハンドル　247
ダイ セット　086
耐熱性　017
耐熱鋳鉄　026
ダイヤモンド旋盤　144
ダイヤモンド バイト　143
ダイヤル ゲージ　256
ダイヤル マシン　183
たがね　062
たがね仕上げ　241
卓上旋盤　145
卓上ボール盤　123
ダクタイル鋳鉄　026
多軸自動旋盤　185
多軸ボール盤　124
脱酸剤　029
タップ　062, 246
タップ立て　126
縦送り研削　207
立て形ブローチ盤　174
立て削り盤　153
立て旋盤　145
立て中ぐり盤　129
立てフライス装置　158
立てフライス盤　156
多頭ボール盤　124
だぼ　015
だれ　083
タレット旋盤　145
単一抜き型　084
炭酸ガス関口アーク溶接　047
単式割出し法　164
単軸自動旋盤　185
弾性　055
弾性変形　055
鍛接　038, 065
鍛造　058
鍛造用金型　073

炭素鋼　115
炭素工具鋼　086
単体型　015
単独チャック　138
ダンパ　060
タンブラ　030
タンブラ歯車　135
断面減少率　071

〔チ〕

チェザ　247
チゼル ポイント　127
縮みしろ　016
窒化　107
チャック　133, 138
中圧トーチ　041
鋳鋼　027
注水式アセチレン発生器　040
中性炎　041
鋳造　013
鋳造合金　086
鋳造性　014
鋳造用金型　073
中立面　088
超音波加工　233
超音波探傷試験　032
超硬合金　086, 117
超硬工具研削盤　209
超硬バイト　142
超仕上げ盤　222
超仕上げユニット　222
超仕上げ用研削液　221
調整丸ダイス　247
調整リーマ　248
直接再絞り法　091
直接割出し法　163
直線切削制御　190
直立ボール盤　123
チル　024

〔ツ〕

通気穴　092
通気性　017
通気度　018
通気度試験機　018
ツーリング　191
ツーリング シート　191
突合わせ継手　039
突合わせ溶接　039
突き棒　021

付け刃バイト　116, 141

〔テ〕

低圧鋳造機　035
低圧鋳造法　035, 074
低圧トーチ　041
DNC　177
ティグ溶接　046
抵抗高温計　100
抵抗溶接　038, 048
T継手　039
Tみぞフライス　160
テーパ削り装置　138
テーパ シャンク　127
テーパ ホブ　168
テーパ リーマ　248
鉄工やすり　242
テルミット溶接　038
転位　056
電解加工　231
電解形ほり機　231
電解研削盤　232
電気ドリル　125
電気マイクロ メータ　257
電極材料　228
電極の位置制御　228
電磁チャック　138
転造　067
点溶接　048
点溶接機　048

〔ト〕

といし構成の三要素　199
といしの五因子　200
等径タップ　246
同時1軸制御　196
銅板　078
通し送り法　213
トースカン　245
特殊加工法　227
特殊鋳鋼　027
特殊フライス盤　156
溶込み不足　050
トタン板　078
土間込め鋳型　019
止まりセンタ　137
トラニオンマシン　183
トランスファ成形　076
トランスファマシン　183
取付け具　177

索　引

とりべ　024
と粒　200
ドリル　122, 126
ドリル チャック　127
トルースタイト　103

〔ナ〕

内面研削盤　208
中ぐり　126
中ぐり盤　128
中ぐり棒　129
中子　016
中子造型機　022
中子取り　016
流れ形切削　110
流れ組立て作業　250
生型　020
ならい削り装置　139
ならい旋盤　144
軟ろう　039

〔ニ〕

にかわ　015
逃げ角　084
二番取り旋盤　144

〔ヌ〕

抜きこう配　016
抜き絞り型　092

〔ネ〕

ねじ切り送り機構　134
ねじ研削盤　209, 215
ねじ立て　246
ねじマイクロメータ　261
ねじり　065
ねずみ鋳鉄　025
熱間圧延　069
熱間圧延薄鋼板　077
熱間加工　058
熱処理　095
熱電高温計　024, 100
熱電対　100
粘結剤　017

〔ノ〕

ノギス　254
ノック アウト　089
伸ばし　065
伸び尺　016

のろ　023

〔ハ〕

パーライト　097
破壊検査　052
歯数割出し換え歯車　166
歯形キャリパ　263
歯切り盤　164
白心可鍛鋳鉄　026
羽口　060
白点　041
歯車研削盤　209, 215
歯車材　165
歯車箱　134
箱型　016
はだ焼き　106
はちの巣　061
バック ギヤ　135
初込めコークス　023
発電式直流アーク溶接機　045
はつり作業　242
幅木　016
はめあい　250
はめあい方式　004
刃物台　152
ばり　065
バレル　238
バレル仕上げ　238
バレルの速度　240
パワー プレス　082
板金加工　077
はんだ　039
ハンド シールド　045
ハンド タップ　246
ハンド ラッピング　224
万能研削盤　207
万能工具研削盤　209
万能フライス盤　156
万能ラジアル ボール盤　124
万能割出し台　158
ハンマ　062
半割りナット　134

〔ヒ〕

ビード　045
光温度計　024
光高温計　101
ひき（挽）型　015
引抜き　071
引抜き力　071

ひけ　031
ひずみ　051
火造り　059
引張り強さ　032
引張りプラグ　129
一焼き型　066
ピニオン形カッタ　170
非破壊検査　032, 051
火ばし　062
被覆剤　045
標準炎　041
表面硬化　095, 106
表面性状　008, 112
表面性状のパラメータ　009
表面性状の図示記号　010
平形ダイス式　067
平きさげ　243
平削り盤　148
平フライス　159

〔フ〕

ファイン セラミックス　118
Ｖ形曲げ　087
Ｖブロック　245
風圧計　023
フェライト　097
フェロース歯切り盤　170
不活性切削剤　119
吹かれ　031
複式刃物台　134
複動クランク プレス　082
複動チャック　138
縁桟　087
普通絞り型　092
普通旋盤　131, 144
フライス　154
フライス盤　154
フライス盤付属品　157
プラスチック接着剤　015
プラスチック用金型　075
フラッシュ溶接　049
振り　123
ブリキ板　078
プリセレクト装置　125, 126
プレス加工　077
プレス用金型　072
プレッシャ パッド　089
振れ止め　138
ブローチ盤　173
プロジェクション溶接　048

索引 271

ブロック ゲージ　253
分塊圧延　069

〔ヘ〕

平衡状態図　096
平面研削盤　208, 214
ペースト　039
ベーナイト　103
へし　062
ベッド　132
へら　021
へら絞り旋盤　094
へり継手　039
へり溶接　039
ヘルメット　045
偏析　105
変態　096
変態点　096
ベントナイト　017

〔ホ〕

砲金　028
放射式高温計　101
放射線透過試験　032
放電加工　227
ホーニング　217
ホーニング盤研削液　219
ホーニング盤の加工能率　219
ホーニング ヘッド　218
ボール盤　122
母材　039
ホブ盤　165
ホルダ　226
ポンチ　246
ポンチ スライド　082
ボンベ　040

〔マ〕

マーグ歯切り盤　169
マイクロメータ　255
マグネシウム合金　028
曲げ　065
曲げ加工　087
摩擦圧接　038
マシニング センタ　196
またぎ歯厚マイクロメータ
　263
マッチ プレート　022
豆ジャッキ　246
丸形ダイス式　067

マルクエンチ　104
マルテンサイト　098
マルテンパ　103
回し板　133
回し型　015
回りセンタ　137
回り台　156
マンガン青銅　028
マンネスマン製管法　071

〔ミ〕

みがき帯鋼　077
ミグ溶接　046
耳（板取り）　091

〔ム〕

むくバイト　141

〔メ〕

めがねレンチ　250
メタル ソー　159
メディア（と料）　239
面板　133, 137
面取り　016

〔モ〕

モールド　072
模型　014
もみ下げ　126

〔ヤ〕

焼入れ　095, 102
焼入れ温度　102
焼入れ剤　101
焼き型　020
焼きなまし　027, 095, 104
焼きならし　106
焼き減り　064
焼きもどし　095, 104
焼きもどしぜい性　104
やすり　242
やすり仕上げ　242

〔ユ〕

湯（溶融金属）　014
湯足　025
油圧駆動装置　149
油圧サーボ モータ　139
油圧式形削り盤　153
油圧制御弁　139

融合不良　050
融接　037
U曲げ型　089
湯口　020
湯口棒　021
湯出し　023
湯だまり　020
ユニオン メルト溶接機　047
ユニット ダイス　035
湯まわり不良　031
湯道　020

〔ヨ〕

溶解ポット　035
溶剤　042
溶接　037
溶接継手　039
溶接棒　042
溶接棒保持器　045
溶融池　043
横送り台　186
横形ブローチ盤　174
横座　065
横中ぐり盤　129
横フライス盤　155

〔ラ〕

ラジアル ボール盤　124
ラッピング　222
ラップ剤　224
ラップ定盤　226
ラップ盤　225
ラップ溶接　039
ラム　151

〔リ〕

リーマ　248
リーマ仕上げ　126, 248
粒度　018, 200
両口スパナ　250
両口パス　062
輪郭制御　190
リンギング　254
りん青銅　028
りん青銅板　078

〔ル〕

ルーツ送風機　022
るつぼ　028
るつぼ炉　028

索引

〔レ〕

冷間圧延　070
冷間圧延鋼板　077
冷間圧接　039
冷間加工　057
冷却剤　101
レジノイド　203
裂断形切削　110
連動チャック　138

〔ロ〕

ろう　039
ろう付け　039
ロータリ エンコーダ　189
ロール研削盤　209
六四黄銅　027, 078

〔ワ〕

ワード レオナード駆動方式　150
ワイヤ ブラシ　045
わく込め鋳型　019
割り型　015
割出し板　164
割出し定数　169
割れ　031　051

著者略歴

大西　久治（おおにし　ひさじ）（1907〜1980）

著作一覧			
板金板取りの仕方と溶接法	（1951年）	理工学社刊
板金板取り展開図集	（1952年）	同上
よくわかる板金・製カン作業法	（1962年）	同上
よくわかる仕上げ作業法（編著）	（1963年）	同上
初学者のための電気工学（共著）	（1965年）	同上
JISにもとづく電気製図法	（1967年）	同上
機械工作（Ⅰ），（Ⅱ）	（1971年）	同上

- 本書の内容に関する質問は，オーム社ホームページの「サポート」から，「お問合せ」の「書籍に関するお問合せ」をご参照いただくか，または書状にてオーム社編集局宛にお願いします．お受けできる質問は本書で紹介した内容に限らせていただきます．なお，電話での質問にはお答えできませんので，あらかじめご了承ください．
- 万一，落丁・乱丁の場合は，送料当社負担でお取替えいたします．当社販売課宛にお送りください．
- 本書の一部の複写複製を希望される場合は，本書扉裏を参照してください．
  JCOPY <出版者著作権管理機構　委託出版物>
- 本書籍は，理工学社から発行されていた『機械工作要論（第4版）』を，オーム社から版数，刷数を継承して発行するものです．

機械工作要論（第4版）

1971年 7月31日	第1版第 1 刷発行
1986年10月30日	第2版第 1 刷発行
1998年 2月 5日	第3版第 1 刷発行
2013年 4月 5日	第4版第 1 刷発行
2025年 3月10日	第4版第12刷発行

著　　者　大西久治
発行者　村上和夫
発行所　株式会社　オーム社
　　　　郵便番号　101-8460
　　　　東京都千代田区神田錦町3-1
　　　　電話　03(3233)0641（代表）
　　　　URL　https://www.ohmsha.co.jp/

© 大西久治 2013

印刷・製本　中央印刷
ISBN978-4-274-05008-4　Printed in Japan

● オーム社の好評図書

マンガでわかる 溶接作業
［漫画］野村宗弘 ＋ ［解説］野原英孝　　A5判　並製　168頁　本体1600円【税別】

大人気コミック『とろける鉄工所』のキャラクターたちが大活躍！
さと子のぶっとび溶接を手堅くフォローするのは溶接業界人材育成の第一人者による確かな解説。溶接作業の［初歩の初歩］が楽しく学べます。
［主要目次］　プロローグ　溶接は熱いっ、んで暑い！！　1　ようこそ！溶接の世界へ　2　溶接やる前、これ知っとこ　3　被覆アーク溶接は棒使い　4　「半自動アーク溶接」～スパッタとともに～　5　つやつや上品、TIG溶接　6　溶接実務のファーストステップ　エピローグ　さと子、資格試験に挑戦！　付録　溶接技能者資格について

JISにもとづく 標準製図法（第15全訂版）
大西 清 著　　A5判　上製　256頁　本体2000円【税別】

JISにもとづく 機械設計製図便覧（第13版）
津村利光 閲序／大西 清 著　　B6判　上製　720頁　本体4000円【税別】

AutoCAD LT2019 機械製図
間瀬喜夫・土肥美波子 共著　　B5判　並製　296頁　本体2800円【税別】

3日でわかる「AutoCAD」実務のキホン
土肥美波子 著　　B5判　並製　152頁　本体2000円【税別】

図でわかる 溶接作業の実技（第2版）
小林一清 著　　A5判　並製　272頁　本体2600円【税別】

機械工学基礎講座 工業力学（第2版）
入江敏博・山田元 共著　　A5判　並製　288頁　本体2800円【税別】

機械力学の基礎
堀野正俊 著　　A5判　並製　192頁　本体2200円【税別】

総説 機械材料（第4版）
落合 泰 著　　A5判　並製　192頁　本体1800円【税別】

機械工学入門シリーズ

書名	版	著者	仕様
生産管理入門	第5版　最新刊	坂本 著・細野 改訂	A5判　並製　240頁　本体2400円【税別】
機械材料入門	第3版	佐々木雅人 著	A5判　並製　232頁　本体2100円【税別】
機械力学入門	第3版	堀野正俊 著	A5判　並製　152頁　本体1800円【税別】
材料力学入門	第2版	堀野正俊 著	A5判　並製　176頁　本体2000円【税別】
機械設計入門	第4版	大西 清 著	A5判　並製　256頁　本体2300円【税別】

◎本体価格の変更、品切れが生じる場合もございますので、ご了承ください。
◎書店に商品がない場合または直接ご注文の場合は下記宛にご連絡ください。
TEL.03-3233-0643　FAX.03-3233-3440　https://www.ohmsha.co.jp/